最优化计算方法

黄正海　苗新河　编著

科学出版社

北京

内 容 简 介

最优化是运筹学的一个重要分支，在很多领域具有广泛的应用. 本书系统地介绍了线性规划、无约束优化及约束优化的基础理论和求解方法，主要内容包括：线性规划的对偶理论与最优性条件、无约束优化的最优性条件、约束优化的最优性条件与鞍点定理；求解线性规划的单纯形算法、内点算法、非内部连续化算法；求解无约束优化的最速下降法、牛顿法、共轭梯度法、拟牛顿法、非单调线搜索法、信赖域法；求解约束优化的序列无约束优化法、可行方向法、序列二次规划法等，也简单介绍了多目标规划的基本理论与求解方法. 本书内容丰富，力求深入浅出、通俗易懂，每章后都附有大量的习题，便于教学.

本书可作为高等院校数学专业高年级本科生和工科硕士研究生学习最优化理论的教材或教学参考书，也可作为从事应用数学、运筹学、系统工程、经济管理和工程设计等领域相关专业科研人员的参考书.

图书在版编目（CIP）数据

最优化计算方法/黄正海，苗新河编著. —北京：科学出版社，2015. 2
ISBN 978-7-03-043305-3

Ⅰ. ①最… Ⅱ. ①黄… ②苗… Ⅲ. ①最优化算法 Ⅳ. ①O242. 23

中国版本图书馆 CIP 数据核字（2015）第 021038 号

责任编辑：王 静 / 责任校对：钟 洋
责任印制：张 伟 / 封面设计：陈 敬

科 学 出 版 社 出版
北京东黄城根北街 16 号
邮政编码：100717
http://www.sciencep.com
北京凌奇印刷有限责任公司 印刷
科学出版社发行 各地新华书店经销
*
2015 年 2 月第 一 版 开本：720 × 1000 1/16
2022 年11月第十一次印刷 印张：14 3/4
字数：295 000

定价：49.00 元

（如有印装质量问题，我社负责调换）

前　言

最优化计算方法就是从众多的可行方案中选择最佳方案, 以达到最佳目标的一门学科. 20 世纪中期, 最优化计算方法发展成为运筹学的一个重要组成部分，广泛应用于各个部门和各个领域中. 例如, 在工程设计、经济、管理、交通运输、金融、计算机以及国防等领域中都有着重要的使用价值. 随着计算机科学的发展和应用, 应用最优化的计算方法所解决问题的领域不断扩大, 解决问题的深度不断深化，从而促进了最优化计算方法的迅速发展，并成为相关工程技术人员和管理人员所必备的基础知识. 目前最优化计算方法已经是各个高等院校普遍开设的一门课程.

为了给高等院校的数学专业高年级本科生和工科硕士研究生提供一本合适的、实用的“最优化”教材，作者结合多年来对“最优化理论与方法”这门课程的教学实践与体会，撰写了本书. 在介绍最基本、最重要的最优化理论和方法的同时，也介绍了一些新的有效的计算方法, 包括内点法、非内部连续化算法、非单调线搜索法等. 通过本课程的学习，学生在掌握基本的最优化理论和方法的同时，也能了解一些新的优化计算方法, 为进一步从事优化领域的研究以及应用优化计算方法从事相关研究打下良好的基础.

作为最优化理论与方法的入门书，本书系统地介绍了线性规划、无约束优化和约束优化的基本理论和数值求解方法，也简单介绍了多目标规划的基本理论和求解方法. 为了便于教学，在每章后面都附有大量的练习题. 本书力求深入浅出, 通俗易懂，在内容深度上力求能为具有微积分和线性代数知识基础的广大读者顺利接受，适合于教学和自学.

在本书的撰写过程中，天津大学数学系担任“最优化理论与方法”这门课程的各位教师对本书的撰写提出了宝贵的修改意见；同时，作者的研究生对本书的出版给予了很大的支持和帮助. 借此机会，作者对他们表示衷心的感谢！此外, 要特别感谢天津大学研究生院领导和培养处对本书的撰写给予的关心和帮助！感谢天津大学研究生院“研究生创新人才培养”项目对本书出版的资助.

限于作者水平，书中难免存在不妥之处，恳请同行专家和广大读者批评指正.

作　者

2014 年 11 月

目　　录

第1章　引　　论

本章首先介绍最优化问题的数学模型、基本概念及其分类, 然后介绍凸集和凸函数的概念及相关性质, 最后介绍线搜索迭代算法的一般框架、线搜索准则及其算法收敛性判别.

1.1　最优化问题概述

在现实社会中, 人们经常遇到这样一类问题: 判别在一个问题的众多解决方案中什么样的方案最佳, 以及如何找出最佳方案. 例如, 在资源分配中, 如何分配有限资源, 使得分配方案既能满足各方面的需求, 又能获得好的经济效益; 在工程设计中, 如何选择设计参数, 使得设计方案既能满足设计要求, 又能降低成本等. 这类问题就是在一定的限制条件下使得所关心的指标达到最优. 最优化就是为解决这类问题提供理论基础和求解方法的一门数学学科.

最优化问题的基本数学模型为

$$\begin{aligned} \min\quad & f(x) \\ \text{s.t.}\quad & c_i(x) \geqslant 0,\ \forall i \in I := \{1, 2, \cdots, p\}, \\ & c_i(x) = 0,\ \forall i \in E := \{p+1, p+2, \cdots, m\}, \end{aligned} \tag{1.1.1}$$

其中, min 是 minimize 的缩写, s.t. 是 subject to 的缩写, $x \in \mathbb{R}^n$ 称为决策向量, 函数 $f : \mathbb{R}^n \to \mathbb{R}$ 称为目标函数, 函数 $c_i(\cdot)$ $(i \in I)$ 称为不等式约束函数, 函数 $c_i(\cdot)$ $(i \in E)$ 称为等式约束函数, 不等式 $c_i(x) \geqslant 0$ $(i \in I)$ 称为不等式约束, 方程 $c_i(x) = 0$ $(i \in E)$ 称为等式约束, I 称为不等式约束的指标集, E 称为等式约束的指标集. 记

$$\mathscr{F} := \left\{ x \in \mathbb{R}^n \;\middle|\; \begin{array}{ll} c_i(x) \geqslant 0, & \forall i \in I = \{1, 2, \cdots, p\}; \\ c_i(x) = 0, & \forall i \in E = \{p+1, p+2, \cdots, m\} \end{array} \right\}. \tag{1.1.2}$$

那么, 称集合 $\mathscr{F}$ 为最优化问题 (1.1.1) 的可行域, $\mathscr{F}$ 中的每个点 x 称为最优化问题 (1.1.1) 的一个可行点. 若 $\mathscr{F} = \varnothing$, 则称问题 (1.1.1) 是不可行的; 否则称问题 (1.1.1) 是可行的. 因此, 最优化问题 (1.1.1) 就是在可行域 $\mathscr{F}$ 中寻找一点 x 使得它对应的目标函数值 $f(x)$ 不大于 $\mathscr{F}$ 中其他任何点所对应的目标函数值.

定义 1.1.1　假设可行域 $\mathscr{F}$ 由 (1.1.2) 式给出.

(i) 若 $x^* \in \mathscr{F}$, 且对所有的 $x \in \mathscr{F}$ 恒有 $f(x^*) \leqslant f(x)$, 则称 x^* 为最优化问题 (1.1.1) 的一个全局最优解.

(ii) 若 $x^* \in \mathscr{F}$, 且对所有的 $x \in \mathscr{F} \setminus \{x^*\}$ 恒有 $f(x^*) < f(x)$, 则称 x^* 为最优化问题 (1.1.1) 的严格全局最优解.

(iii) 若 $x^* \in \mathscr{F}$, 且存在 x^* 的某个邻域

$$\mathscr{N}_\varepsilon(x^*) := \{x \in \mathbb{R}^n \mid \|x - x^*\| < \varepsilon\}, \quad \varepsilon\text{为正实数且}\|\cdot\|\text{表示某种范数},$$

使得对所有的 $x \in \mathscr{F} \cap \mathscr{N}_\varepsilon(x^*)$ 恒有 $f(x^*) \leqslant f(x)$, 那么称 x^* 为最优化问题 (1.1.1) 的一个局部最优解.

(iv) 若 $x^* \in \mathscr{F}$, 且存在 x^* 的某个邻域 $\mathscr{N}_\varepsilon(x^*)$, 使得对所有的 $x \in \mathscr{F} \cap \mathscr{N}_\varepsilon(x^*) \setminus \{x^*\}$ 恒有 $f(x^*) < f(x)$, 那么称 x^* 为最优化问题 (1.1.1) 的一个严格局部最优解.

显然, 全局最优解一定是局部最优解; 而局部最优解不一定是全局最优解. 求解最优化问题 (1.1.1) 就是在可行域 $\mathscr{F}$ 上寻找问题 (1.1.1) 的全局最优解. 但是, 在一般情况下, 不容易求得全局最优解, 往往只能求出局部最优解. 以下若不做特别声明, 全局最优解简称最优解.

定义 1.1.2　对于最优化问题 (1.1.1), 称其最优解 x^* 对应的目标函数值 $f(x^*)$ 为此优化问题的最优值.

对于最优化问题 (1.1.1), 最优解不一定存在, 即使存在也不一定唯一; 但是, 若最优解存在, 则最优值必唯一. 以下用 $\mathcal{S}$ 表示最优化问题 (1.1.1) 的最优解集. 如果 $\mathcal{S} = \varnothing$, 那么最优化问题 (1.1.1) 无最优解; 否则最优化问题 (1.1.1) 有最优解. 显然, 若最优化问题 (1.1.1) 不可行; 或者该问题可行但它的目标函数值在可行域上无下界, 则最优化问题 (1.1.1) 都无最优解. 另外需要提到的一点是: 在实际中, 若需要极大化目标函数, 那么通过将目标函数前加负号可转化为极小化问题求解. 因此, 不失一般性, 本书中只考虑极小化问题.

最优化问题 (1.1.1) 也常被写成

$$\min \left\{ f(x) \,\middle|\, \begin{array}{ll} c_i(x) \geqslant 0, & \forall i \in I := \{1, 2, \cdots, p\}; \\ c_i(x) = 0, & \forall i \in E := \{p+1, p+2, \cdots, m\} \end{array} \right\},$$

或者 $\min\{f(x) \mid x \in \mathscr{F}\}$; 或者 $\min_{x\in\mathscr{F}} f(x)$; 或者 $x^* = \arg\min_{x\in\mathscr{F}} f(x)$ 等, 其中 $\arg\min$ 为 the argument of the minimum 的缩写.

最优化问题形形色色, 对应的最优化模型多种多样, 不同的优化模型, 其求解方法有很大的差异. 因此, 为了有效地求解最优化问题, 人们首先应能区分优化问题的类型. 下面从不同的角度对优化问题进行分类.

(1) **根据有无约束条件分为无约束优化和约束优化** 若 $\mathscr{F}=\mathbb{R}^n$, 则称问题 (1.1.1) 为无约束优化问题; 若 $\mathscr{F}\subseteq\mathbb{R}^n$ 且 $\mathscr{F}\neq\mathbb{R}^n$, 则称问题 (1.1.1) 为约束优化问题.

(2) **根据所涉及的函数是否线性分为线性规划和非线性规划** 若目标函数和约束函数都是线性的, 则称问题 (1.1.1) 为线性规划问题; 若目标函数和约束函数中至少有一个是非线性的, 则称问题 (1.1.1) 为非线性规划问题. 若目标函数是二次函数且所有约束函数都是线性函数, 则称问题 (1.1.1) 为二次规划问题. 二次规划是一类简单、特殊的非线性规划问题.

(3) **根据目标函数分为单目标规划和多目标规划** 若目标函数 f 是一个实值函数, 则称问题 (1.1.1) 为单目标规划问题; 若目标函数 f 是一个向量值函数, 则称问题 (1.1.1) 为多目标规划问题.

(4) **根据涉及函数的可微性质分为光滑优化和非光滑优化** 若目标函数和约束函数都是连续可微的, 则称问题 (1.1.1) 为光滑优化问题; 否则称为非光滑优化问题.

(5) **根据涉及函数的凸性分为凸规划和非凸规划** 若可行域 $\mathscr{F}$ 是凸集且目标函数 f 是凸函数, 则称问题 (1.1.1) 为凸规划问题; 否则称为非凸规划问题. 1.3 节将详细介绍凸规划.

(6) **根据可行点的个数情况分为连续优化和离散优化** 若可行域 $\mathscr{F}$ 中含有无穷多个点且可行域中的点连续变化, 则称问题 (1.1.1) 为连续优化问题. 若可行域 $\mathscr{F}$ 中含有有限个点或可数个点, 则称问题 (1.1.1) 为离散优化问题. 若所有决策变量取整数, 则称问题 (1.1.1) 为整数规划问题; 若部分决策变量取整数且其他决策变量连续变化, 则称问题 (1.1.1) 为混合整数规划问题. 在整数规划中, 如果决策变量只能取 0 和 1, 那么对应的优化问题称为 0-1 整数规划问题.

需要指出两点: 第一, 部分不同优化问题在某些情况下可以相互转化; 第二, 这里只是给出一些基本的分类, 最优化问题还有其他的一些分类.

本书主要讨论光滑的单目标无约束优化和约束优化问题的理论与求解算法, 对多目标规划只做简单的介绍.

1.2 预备知识

本节介绍在最优化理论与方法中经常使用的数学基础知识, 包括向量范数、矩阵范数、函数的梯度与 Hesse 阵、Taylor 展开式等.

1.2.1 向量范数与矩阵范数

本小节介绍向量范数与矩阵范数的定义以及几个重要不等式.

在本书中, 约定向量取列向量形式, 即 $x \in \mathbb{R}^n$ 是指 x 具有如下形式:

$$x := (x_1, x_2, \cdots, x_n)^{\mathrm{T}} = \begin{pmatrix} x_1 \\ x_2 \\ \vdots \\ x_n \end{pmatrix},$$

其中, $x_1, x_2, \cdots, x_n$ 分别是向量 x 的分量, 记号 “:=” 表示 “定义”. 此外, 对任意的 $x, y \in \mathbb{R}^n$, 常用的内积 $\langle x, y\rangle$ 定义为

$$\langle x, y\rangle := \sum_{i=1}^{n} x_i y_i = x^{\mathrm{T}} y.$$

定义 1.2.1　称映射 $\|\cdot\| : \mathbb{R}^n \to \mathbb{R}$. 为 $\mathbb{R}^n$ 上的范数, 当且仅当它具有下列性质:

(i) 对任意的 $x \in \mathbb{R}^n$, 有 $\|x\| \geqslant 0$, 且 $\|x\| = 0$ 当且仅当 $x = 0$;

(ii) 对任意的 $x \in \mathbb{R}^n$ 和任意的 $\alpha \in \mathbb{R}$, 有 $\|\alpha x\| = |\alpha|\|x\|$;

(iii) 对任意的 $x, y \in \mathbb{R}^n$, 有 $\|x + y\| \leqslant \|x\| + \|y\|$.

对任意的 $x \in \mathbb{R}^n$, 常用的向量范数如下.

(1) l_1-范数: $\|x\|_1 = \sum\limits_{i=1}^{n} |x_i|$;

(2) l_2-范数: $\|x\|_2 = \sqrt{x^{\mathrm{T}} x} = \sqrt{\sum\limits_{i=1}^{n} x_i^2}$;

(3) l_∞-范数: $\|x\|_\infty = \max\{|x_i| \mid i \in \{1, 2, \cdots, n\}\}$;

一般地, 对于 $p \in [1, \infty)$, l_p-范数定义为

(4) $\|x\|_p = \left(\sum\limits_{i=1}^{n} |x_i|^p\right)^{1/p}$.

注　在本书中, 向量范数 $\|\cdot\|_2$ 广为使用, 为了简便, 简写为 $\|\cdot\|$.

由上述各种范数的定义，容易验证: 对任意的 $x \in \mathbb{R}^n$, 有

$$\|x\|_\infty \leqslant \|x\|_2 \leqslant \|x\|_1 \leqslant n\|x\|_\infty.$$

向量范数等价性的定义如下.

命题 1.2.1　假设 $\|\cdot\|_\alpha$ 和 $\|\cdot\|_\beta$ 是定义在 $\mathbb{R}^n$ 上的任意两种范数. 那么总存在两个正数 ξ_1 和 ξ_2, 使得对任意的 $x \in \mathbb{R}^n$, 有 $\xi_1\|x\|_\alpha \leqslant \|x\|_\beta \leqslant \xi_2\|x\|_\alpha$.

因此，以上定义在 $\mathbb{R}^n$ 上的向量范数是等价的. 在最优化方法中, 常需要考察某个点列 $\{x^k\}$ 趋向于 x^* 的速率, 利用命题 1.2.1, 只需要按某种范数 $\|\cdot\|$ 考察 $\|x^k - x^*\|$ 趋向于 0 的速率即可.

另外，假设 $A \in \mathbb{R}^{n\times n}$ 是对称正定矩阵. 那么向量的椭球范数 $\|\cdot\|_A$ 定义如下:

$$\|x\|_A := \sqrt{x^{\mathrm{T}} A x}, \quad \forall x \in \mathbb{R}^n.$$

类似于向量范数, 可以定义矩阵范数.

定义 1.2.2 称映射 $\|\cdot\|: \mathbb{R}^{n\times n} \to \mathbb{R}$ 为 $\mathbb{R}^{n\times n}$ 上的范数, 当且仅当它具有下列性质:

(i) 对任意的 $A \in \mathbb{R}^{n\times n}$, 有 $\|A\| \geqslant 0$, 且 $\|A\| = 0$ 当且仅当 $A = 0$;

(ii) 对任意的 $A \in \mathbb{R}^{n\times n}$ 和任意的 $\alpha \in \mathbb{R}$, 有 $\|\alpha A\| = |\alpha|\|A\|$;

(iii) 对任意的 $A, B \in \mathbb{R}^{n\times n}$, 有 $\|A + B\| \leqslant \|A\| + \|B\|$.

对任意的 $A = (a_{ij})_{n\times n} \in \mathbb{R}^{n\times n}$, 最常用的矩阵范数是 Frobenius 范数, 其定义为

$$\|A\|_F := \sqrt{\sum_{i=1}^{n}\sum_{j=1}^{n} a_{ij}^2} = \sqrt{\mathrm{Tr}(A^{\mathrm{T}}A)},$$

其中, $\mathrm{Tr}(A^{\mathrm{T}}A)$ 表示矩阵 $A^{\mathrm{T}}A$ 的迹, 即 $A^{\mathrm{T}}A$ 的所有主对角线元素之和, 也等于 $A^{\mathrm{T}}A$ 的所有特征值之和. 另一个常用的矩阵范数是由向量所诱导的矩阵范数, 也称为算子范数, 其定义为

$$\|A\| := \max_{x\in\mathbb{R}^n\setminus\{0\}} \frac{\|Ax\|}{\|x\|}, \quad \forall A \in \mathbb{R}^{n\times n},$$

其中, $\|\cdot\|$ 是某种向量范数. 特别地, 对任意的 $A \in \mathbb{R}^{n\times n}$, 有

(1) 由向量 l_1- 范数诱导的矩阵范数 (列范数) 为 $\|A\|_1 = \max\left\{\sum_{i=1}^{n}|a_{ij}|\, j \in \{1, 2, \cdots, n\}\right\}$;

(2) 由向量 l_∞- 范数诱导的矩阵范数 (行范数) 为 $\|A\|_\infty = \max\left\{\sum_{j=1}^{n}|a_{ij}| i \in \{1, 2, \cdots, n\}\right\}$;

(3) 由向量 l_2- 范数诱导的矩阵范数 (谱范数) 为 $\|A\|_2 = \sqrt{\lambda_{\max}(A^{\mathrm{T}}A)}$, 其中 $\lambda_{\max}(A^{\mathrm{T}}A)$ 表示矩阵 $A^{\mathrm{T}}A$ 的最大特征值.

假设 $\|\cdot\|$ 表示上述定义四种矩阵范数中的任意一种范数, 那么它满足相容性条件, 即对任意的 $A, B \in \mathbb{R}^{n\times n}$, 有 $\|AB\| \leqslant \|A\|\|B\|$; 并且它与相应的向量范数是相容的, 即对任意的 $A \in \mathbb{R}^{n\times n}$ 和 $x \in \mathbb{R}^n$ 有 $\|Ax\| \leqslant \|A\|\|x\|$.

下面介绍五个常用的不等式.

Cauchy-Schwarz 不等式 对任意的 $x, y \in \mathbb{R}^n$, 有

$$|x^{\mathrm{T}}y| \leqslant \|x\|_2\|y\|_2,$$

其中, 等号成立当且仅当 x 和 y 线性相关.

广义 Cauchy-Schwarz 不等式 设 $A \in \mathbb{R}^{n\times n}$ 是正定矩阵. 对任意的 $x, y \in \mathbb{R}^n$, 有

$$|x^{\mathrm{T}}y| \leqslant \|x\|_A\|y\|_{A^{-1}},$$

其中, 等号成立当且仅当 x 和 $A^{-1}y$ 线性相关.

Young 不等式　假设 p 和 q 是大于 1 的实数且满足 $1/p+1/q=1$, 如果 a 和 b 是实数, 那么

$$|ab| \leqslant \frac{|a|^p}{p}+\frac{|b|^q}{q},$$

其中, 等号成立当且仅当 $|a|^p=|b|^q$.

Hölder 不等式　对任意的 $x,y\in\mathbb{R}^n$, 有

$$|x^{\mathrm{T}}y| \leqslant \|x\|_p\|y\|_q=\left(\sum_{i=1}^n |x_i|^p\right)^{1/p}\left(\sum_{i=1}^n |y_i|^q\right)^{1/q},$$

其中, p 和 q 是大于 1 的实数且满足 $1/p+1/q=1$.

Minkowski 不等式　对任意的 $x,y\in\mathbb{R}^n$, 有

$$\|x+y\|_p \leqslant \|x\|_p+\|y\|_p=\left(\sum_{i=1}^n |x_i|^p\right)^{1/p}+\left(\sum_{i=1}^n |y_i|^p\right)^{1/p},$$

其中, $p\in[1,\infty)$.

1.2.2　函数的可微性

本小节主要介绍与函数可微性相关的基本概念和基本结论, 包括函数的梯度与 Hesse 阵的定义以及 Taylor 展开式等.

给定函数 $f:\ \mathscr{F}\subseteq\mathbb{R}^n\to\mathbb{R}$, 如果 f 在每一点 $x\in\mathscr{F}$ 处连续, 那么称 f 在 $\mathscr{F}$ 上连续; 如果 $\mathscr{F}$ 为开集且在每一点 $x\in\mathscr{F}$ 处, 偏导数 $\dfrac{\partial f(x)}{\partial x_i}$ $(i\in\{1,2,\cdots,n\})$ 都存在且连续, 那么称 f 在 $\mathscr{F}$ 上连续可微; 如果在每一点 $x\in\mathscr{F}$ 处, 二阶偏导数 $\dfrac{\partial^2 f(x)}{\partial x_i\partial x_j}$ $(i,j\in\{1,2,\cdots,n\})$ 都存在且连续, 那么称 f 在 $\mathscr{F}$ 上二阶连续可微.

假设函数 $f:\ \mathscr{F}\subseteq\mathbb{R}^n\to\mathbb{R}$ 一阶连续可微, 那么函数 f 在点 x 处的一阶导数为

$$\nabla f(x)=\left(\frac{\partial f(x)}{\partial x_1},\frac{\partial f(x)}{\partial x_2},\dots,\frac{\partial f(x)}{\partial x_n}\right)^{\mathrm{T}},$$

称为函数 f 在点 x 处的梯度; 如果函数 f 是二阶连续可微, 那么函数 f 在点 x 处的二阶导数为

$$\nabla^2 f(x)=\left(\frac{\partial^2 f(x)}{\partial x_i\partial x_j}\right)_{n\times n}=\begin{pmatrix}\dfrac{\partial^2 f(x)}{\partial x_1^2} & \dfrac{\partial^2 f(x)}{\partial x_1\partial x_2} & \cdots & \dfrac{\partial^2 f(x)}{\partial x_1\partial x_n}\\ \dfrac{\partial^2 f(x)}{\partial x_2\partial x_1} & \dfrac{\partial^2 f(x)}{\partial x_2^2} & \cdots & \dfrac{\partial^2 f(x)}{\partial x_2\partial x_n}\\ \vdots & \vdots & & \vdots\\ \dfrac{\partial^2 f(x)}{\partial x_n\partial x_1} & \dfrac{\partial^2 f(x)}{\partial x_n\partial x_2} & \cdots & \dfrac{\partial^2 f(x)}{\partial x_n^2}\end{pmatrix},$$

称为函数 f 在点 x 处的 Hesse阵. 例如, 对于给定对称矩阵 $A\in\mathbb{R}^{n\times n}$, 向量 $b\in\mathbb{R}^n$ 和实数 c, 二次函数 $f(x)=\dfrac{1}{2}x^{\mathrm{T}}Ax+b^{\mathrm{T}}x+c$ 的梯度为 $\nabla f(x)=Ax+b$; Hesse 阵为 $\nabla^2 f(x)=A$.

给定多变量向量值函数 $F:\ \mathscr{F}\subseteq\mathbb{R}^n\to\mathbb{R}^m$, 如果 F 在点 $x\in\mathscr{F}$ 处连续可微, 那么函数 F 在点 x 处的一阶导数为

$$F'(x)=\begin{pmatrix}\dfrac{\partial F_1(x)}{\partial x_1} & \dfrac{\partial F_1(x)}{\partial x_2} & \cdots & \dfrac{\partial F_1(x)}{\partial x_n}\\ \dfrac{\partial F_2(x)}{\partial x_1} & \dfrac{\partial F_2(x)}{\partial x_2} & \cdots & \dfrac{\partial F_2(x)}{\partial x_n}\\ \vdots & \vdots & & \vdots\\ \dfrac{\partial F_m(x)}{\partial x_1} & \dfrac{\partial F_m(x)}{\partial x_2} & \cdots & \dfrac{\partial F_m(x)}{\partial x_n}\end{pmatrix},$$

称为函数 F 在点 x 处的 Jacobi 矩阵. 例如, 对于给定矩阵 $A\in\mathbb{R}^{m\times n}$, 多变量向量值函数 $F(x)=Ax$ 的 Jacobi 矩阵为 $F'(x)=A$.

下面将一元函数的中值定理和 Taylor 展开式延伸到多变量实值函数.

定理 1.2.1 *对于函数 $f:\ \mathscr{F}\subseteq\mathbb{R}^n\to\mathbb{R}$, 令 $x,x^*\in\mathscr{F}$ 且 $x\neq x^*$.*

如果函数 f 在 $\mathscr{F}$ 上连续可微, 那么

(i) 存在 $\alpha\in(0,1)$ 使得

$$f(x)=f(x^*)+\nabla f(\xi)^{\mathrm{T}}(x-x^*),\tag{1.2.1}$$

其中, $\xi=x^*+\alpha(x-x^*)$;

(ii) 函数 f 在 x^* 处有一阶 Taylor 展开式为

$$f(x)=f(x^*)+\nabla f(x^*)^{\mathrm{T}}(x-x^*)+o(\|x-x^*\|),\tag{1.2.2}$$

其中, $o(\|x-x^*\|)$ 表示: 当 $\|x-x^*\|\to 0$ 时, $o(\|x-x^*\|)$ 是 $\|x-x^*\|$ 的高阶无穷小量.

如果函数 f 在 $\mathscr{F}$ 上二阶连续可微, 那么

(iii) 存在 $\beta\in(0,1)$ 使得

$$f(x)=f(x^*)+\nabla f(x^*)^{\mathrm{T}}(x-x^*)+\frac{1}{2}(x-x^*)^{\mathrm{T}}\nabla^2 f(\xi)(x-x^*),\tag{1.2.3}$$

其中, $\xi=x^*+\beta(x-x^*)$;

(iv) 函数 f 在 x^* 处有二阶 Taylor 展开式为

$$f(x)=f(x^*)+\nabla f(x^*)^{\mathrm{T}}(x-x^*)+\frac{1}{2}(x-x^*)^{\mathrm{T}}\nabla^2 f(x^*)(x-x^*)+o(\|x-x^*\|^2).\tag{1.2.4}$$

证明　构造一元辅助函数 $\varphi(t) = f(x^* + t(x - x^*))$, 那么 $\varphi(0) = f(x^*)$, $\varphi(1) = f(x)$. 由函数 f 连续可微 (或二阶连续可微) 知: 函数 $\varphi(t)$ 关于 t 也连续可微 (或二阶连续可微). 于是有

$$\begin{aligned}\varphi'(t) &= \sum_{i=1}^{n} \frac{\partial f(x^* + t(x - x^*))}{\partial x_i}(x_i - x_i^*) = \nabla f(x^* + t(x - x^*))^{\mathrm{T}}(x - x^*),\\ \varphi''(t) &= \sum_{i=1}^{n}\left[\sum_{j=1}^{n} \frac{\partial^2 f(x^* + t(x - x^*))}{\partial x_i \partial x_j}(x_j - x_j^*)\right](x_i - x_i^*)\\ &= (x - x^*)^{\mathrm{T}} \nabla^2 f(x^* + t(x - x^*))(x - x^*),\end{aligned}$$

进而, $\varphi'(0) = \nabla f(x^*)^{\mathrm{T}}(x - x^*)$ 且 $\varphi''(0) = (x - x^*)^{\mathrm{T}} \nabla^2 f(x^*)(x - x^*)$. 因此, 由一元函数的 Taylor 展式

$$\varphi(1) = \varphi(0) + \varphi'(\alpha), \quad \varphi(1) = \varphi(0) + \varphi'(0) + \frac{1}{2}\varphi''(\beta),$$

可分别得到 (1.2.1) 和 (1.2.3) 式.

另外, 记 $y := \dfrac{x - x^*}{\|x - x^*\|}$ 和 $\gamma := \|x - x^*\|$. 构造函数 $\psi(\gamma) := f(x^* + \gamma y)$, 那么

$$\begin{aligned}&\psi(\gamma) = f(x), \ \psi(0) = f(x^*), \ \psi'(0)\gamma = \nabla f(x^*)^{\mathrm{T}}(x - x^*),\\ &\psi''(0)\gamma^2 = (x - x^*)^{\mathrm{T}} \nabla^2 f(x^*)(x - x^*).\end{aligned}$$

因此, 由一元函数的 Taylor 展开式

$$\psi(\gamma) = \psi(0) + \psi'(0)\gamma + o(\gamma), \quad \psi(\gamma) = \psi(0) + \psi'(0)\gamma + \frac{1}{2}\psi''(0)\gamma^2 + o(\gamma^2),$$

可分别得到 (1.2.2) 和 (1.2.4) 式. □

1.3　凸集、凸函数、凸规划

本节介绍凸集、凸函数和凸规划的概念及其相关性质.

1.3.1　凸集

本小节介绍凸集的定义、基本性质、凸集分离定理以及 Farkas 引理.

定义 1.3.1　给定非空集合 $\mathscr{F} \subseteq \mathbb{R}^n$. 如果对任意的 $x, y \in \mathscr{F}$ 以及任意的实数 $\alpha \in [0, 1]$ 都有

$$\alpha x + (1 - \alpha)y \in \mathscr{F},$$

那么, 称 $\mathscr{F}$ 为 $\mathbb{R}^n$ 中的一个凸集. 若凸集 $\mathscr{F}$ 为开集, 则称为开凸集; 若凸集 $\mathscr{F}$ 为闭集, 则称为闭凸集.

显然, 单元素的集合和整个空间 $\mathbb{R}^n$ 为凸集. 为了方便, 今后规定空集 $\varnothing$ 为凸集. 称 $\alpha x+(1-\alpha)y$ 为两个点 x 和 y 的一个凸组合. 由凸集的定义不难得到: 一个集合为凸集的充要条件是该集合中任意两点的任意凸组合均属于该集合. 其几何意义为: 对于非空集合 $\mathscr{F}\subseteq\mathbb{R}^n$, 集合 $\mathscr{F}$ 为凸集的充要条件是 $\mathscr{F}$ 中任意两点的连线段属于该集合.

例 1.3.1 假设 $w\in\mathbb{R}^n\setminus\{0\}$ 且 β 为实数. 证明下面的集合为凸集.

(i) 超平面 $\mathscr{H}=\{x\in\mathbb{R}^n \mid w^{\mathrm{T}}x=\beta\}$;

(ii) 闭半空间 $\{x\in\mathbb{R}^n \mid w^{\mathrm{T}}x\geqslant\beta\}$ 和 $\{x\in\mathbb{R}^n \mid w^{\mathrm{T}}x\leqslant\beta\}$;

(iii) 开半空间 $\{x\in\mathbb{R}^n \mid w^{\mathrm{T}}x>\beta\}$ 和 $\{x\in\mathbb{R}^n \mid w^{\mathrm{T}}x<\beta\}$;

(iv) 超球 $\mathscr{B}=\{x\in\mathbb{R}^n \mid \|x\|\leqslant\beta\}$, 其中 $\beta\geqslant 0$.

证明 只证明第四个结论, 其他留为作业. 设 x,y 为 $\mathscr{B}$ 中任意两点及 $\beta\geqslant 0$. 任取 $\alpha\in[0,1]$, 则有

$$\|\alpha x+(1-\alpha)y\|\leqslant\alpha\|x\|+(1-\alpha)\|y\|\leqslant\alpha\beta+(1-\alpha)\beta=\beta,$$

即 $\alpha x+(1-\alpha)y\in\mathscr{B}$. 由定义 1.3.1 知: 超球 $\mathscr{B}=\{x\in\mathbb{R}^n \mid \|x\|\leqslant\beta\}$ 为凸集. □

下面的命题给出了凸集的四个简单性质.

命题 1.3.1 假设 $\mathscr{F}_i\subseteq\mathbb{R}^n$ 为凸集且 β_i 为任意实数, 其中 $i\in\{1,2,\cdots,p\}$. 则

(i) 交集 $\mathscr{F}:=\mathscr{F}_1\cap\mathscr{F}_2\cap\cdots\cap\mathscr{F}_p$ 为凸集;

(ii) 集合 $\beta_1\mathscr{F}_1:=\{\beta_1 x \mid x\in\mathscr{F}_1\}$ 为凸集;

(iii) 和集 $\mathscr{F}_1+\mathscr{F}_2:=\{x+y \mid x\in\mathscr{F}_1, y\in\mathscr{F}_2\}$ 为凸集;

(iv) 集合 $\sum\limits_{i=1}^{p}\beta_i\mathscr{F}_i$ 为凸集.

证明 只证明第一个结论. 设 x,y 为 $\mathscr{F}$ 中任意两点, 任取 $\alpha\in[0,1]$, 则由 $x,y\in\mathscr{F}$ 知: 对任意的 $i\in\{1,2,\cdots,p\}$, 有 $x,y\in\mathscr{F}_i$. 由于每个 $\mathscr{F}_i$ 为凸集, 所以对任意的 $i\in\{1,2,\cdots,p\}$, 有 $\alpha x+(1-\alpha)y\in\mathscr{F}_i$. 进而, $\alpha x+(1-\alpha)y\in\mathscr{F}$. 所以 $\mathscr{F}:=\mathscr{F}_1\cap\mathscr{F}_2\cap\cdots\cap\mathscr{F}_p$ 为凸集. □

把凸组合的定义延伸到多个点的情形, 并根据凸集的定义可以得到: 凸集中任意有限个点的凸组合属于该集合.

定理 1.3.1 非空集合 $\mathscr{F}\subseteq\mathbb{R}^n$ 为凸集当且仅当对任意的 $x^i\in\mathscr{F}$ 及任意满足 $\sum\limits_{i=1}^{p}\alpha_i=1$ 的非负实数 α_i ($i\in\{1,\cdots,p\}$ 且 p 为不小于 2 的正整数) 都有 $\sum\limits_{i=1}^{p}\alpha_i x^i\in\mathscr{F}$.

证明 取 $p=2$, 由定义 1.3.1 可得定理的充分性结论成立. 下面用数学归纳法证明定理的必要性. 由定义 1.3.1, 可得定理的必要性结论在 $p=2$ 时显然成立. 假设定理的必要性结论在 $p=k$ 时成立, 下面证明它在 $p=k+1$ 时也成立. 设

$x^i \in \mathscr{F}$ 且任取满足 $\sum_{i=1}^{k+1} \alpha_i = 1$ 的非负实数 α_i $(i \in \{1, \cdots, k+1\})$, 则

$$\sum_{i=1}^{k+1} \alpha_i x^i = \sum_{i=1}^{k} \alpha_i x^i + \alpha_{k+1} x^{k+1} = (1-\alpha_{k+1}) \sum_{i=1}^{k} \frac{\alpha_i}{1-\alpha_{k+1}} x^i + \alpha_{k+1} x^{k+1}.$$

由 $\sum_{i=1}^{k+1} \alpha_i = 1$ 知 $1 - \alpha_{k+1} = \sum_{i=1}^{k} \alpha_i$, 所以

$$\sum_{i=1}^{k} \frac{\alpha_i}{1-\alpha_{k+1}} = 1 \quad \text{且} \quad \frac{\alpha_i}{1-\alpha_{k+1}} \geqslant 0, \quad \forall i \in \{1, \cdots, k\}.$$

因此, 由归纳假设可得

$$y := \sum_{i=1}^{k} \frac{\alpha_i}{1-\alpha_{k+1}} x^i \in \mathscr{F}.$$

进而, 由凸集的定义 (定义 1.3.1), 可得

$$\sum_{i=1}^{k+1} \alpha_i x^i = (1-\alpha_{k+1}) \sum_{i=1}^{k} \frac{\alpha_i}{1-\alpha_{k+1}} x^i + \alpha_{k+1} x^{k+1} = (1-\alpha_{k+1}) y + \alpha_{k+1} x^{k+1} \in \mathscr{F}.$$

再由归纳法原理, 定理的必要性结论得证. □

下面介绍凸集分离定理.

定义 1.3.2 假设 $\mathscr{F}_1, \mathscr{F}_2 \subseteq \mathbb{R}^n$ 为两个非空凸集. 如果存在非零向量 $w \in \mathbb{R}^n$ 和实数 t, 使得

(i) 对任意的 $x \in \mathscr{F}_1$ 和 $y \in \mathscr{F}_2$, 都有 $w^{\mathrm{T}} x \geqslant t$ 且 $w^{\mathrm{T}} y \leqslant t$, 则称超平面 $\pi := \{x \in \mathbb{R}^n \mid w^{\mathrm{T}} x = t\}$ 分离集合 $\mathscr{F}_1$ 和 $\mathscr{F}_2$;

(ii) 对任意的 $x \in \mathscr{F}_1$ 和 $y \in \mathscr{F}_2$, 都有 $w^{\mathrm{T}} x > t$ 且 $w^{\mathrm{T}} y < t$, 则称超平面 $\pi := \{x \in \mathbb{R}^n \mid w^{\mathrm{T}} x = t\}$ 严格分离集合 $\mathscr{F}_1$ 和 $\mathscr{F}_2$.

定理 1.3.2 设 $\mathscr{F}$ 为 $\mathbb{R}^n$ 中的非空闭凸集, $x^0 \in \mathbb{R}^n$ 且 $x^0 \notin \mathscr{F}$, 则存在 $\mathbb{R}^n$ 中的超平面严格分离集合 $\mathscr{F}$ 和点 x^0.

证明 记 $\Omega := \{y \mid y = x - x^0, x \in \mathscr{F}\}$. 显然, Ω 为非空闭集且 $0 \notin \Omega$. 对任意的 $y^1, y^2 \in \Omega$, 存在 $x^1, x^2 \in \mathscr{F}$ 使得 $y^1 = x^1 - x^0$ 且 $y^2 = x^2 - x^0$, 从而对任意的 $\alpha \in [0,1]$, 有

$$\alpha y^1 + (1-\alpha) y^2 = \alpha x^1 + (1-\alpha) x^2 - x^0.$$

因为 $\mathscr{F}$ 为凸集, 所以 $\alpha x^1 + (1-\alpha) x^2 \in \mathscr{F}$. 进而, $\alpha y^1 + (1-\alpha) y^2 \in \Omega$. 因此, Ω 为凸集. 给定任意的 $\delta > 0$, 记 $\mathscr{N}_\delta(0) := \{y \mid y \in \mathbb{R}^n, \|y\|_2 \leqslant \delta\}$. 选取适当的 δ, 使得 $\mathscr{N}_\delta(0) \cap \Omega \neq \varnothing$. 由于 $\mathscr{N}_\delta(0) \cap \Omega$ 为有界闭集, 所以连续函数 $\|y\|_2$ 在其上可达到最小值. 设其最小值点为 $\hat{y}$, 则 $\hat{y} \in \Omega$ 并且对任意的 $y \in \Omega$ 都有 $\|\hat{y}\|_2 \leqslant \|y\|_2$. 因此, 对任意的 $\varepsilon \in [0,1]$ 和 $y \in \Omega$ 都有 $\|\hat{y}\|_2 \leqslant \|\varepsilon y + (1-\varepsilon)\hat{y}\|_2$. 由此进一步可得

$$\varepsilon^2 \|y - \hat{y}\|_2^2 + 2\varepsilon (y - \hat{y})^{\mathrm{T}} \hat{y} \geqslant 0.$$

再由 ε 的任意性可得 $(y-\hat{y})^{\mathrm{T}}\hat{y} \geqslant 0$, 对任意的 $x \in \mathscr{F}$, 记 $y := x - x^0$, 则对任意的 $x \in \mathscr{F}$ 都有 $(x-x^0)^{\mathrm{T}}\hat{y} \geqslant \|\hat{y}\|_2^2$, 即 $x^{\mathrm{T}}\hat{y} \geqslant (x^0)^{\mathrm{T}}\hat{y} + \|\hat{y}\|_2^2$. 若记 $w = \hat{y}, t = \frac{1}{2}\|\hat{y}\|_2^2 + \hat{y}^{\mathrm{T}}x^0$, 则由 $\|\hat{y}\|_2 > 0$ 可得

$$w^{\mathrm{T}}x > t, \quad w^{\mathrm{T}}x^0 < t.$$

因此, 超平面 $\pi := \{x \in \mathbb{R}^n : w^{\mathrm{T}}x = t\}$ 可严格分离集合 $\mathscr{F}$ 和点 x^0. □

由以上分离定理可推出下面重要的引理.

引理 1.3.1 (Farkas 引理) 设 $A \in \mathbb{R}^{m \times n}$ 且 $b \in \mathbb{R}^n$, 考虑不等式组

$$Ax \leqslant 0, \quad b^{\mathrm{T}}x > 0 \tag{1.3.1}$$

和等式不等式组

$$A^{\mathrm{T}}y = b, \quad y \geqslant 0. \tag{1.3.2}$$

那么, (1.3.1) 和 (1.3.2) 式有且仅一组有解.

证明 假设 (1.3.2) 式有解, 即存在 $y \in \mathbb{R}^m$ 使得 $A^{\mathrm{T}}y = b$ 且 $y \geqslant 0$. 若存在 $x \in \mathbb{R}^n$ 使得 $Ax \leqslant 0$, 那么结合 $A^{\mathrm{T}}y = b$ 和 $y \geqslant 0$ 可得 $b^{\mathrm{T}}x = y^{\mathrm{T}}Ax \leqslant 0$. 这表明: 当 (1.3.2) 式有解时, (1.3.1) 式无解.

反之, 假设 (1.3.2) 式无解, 下面证明 (1.3.1) 式有解. 记 $\Omega := \{z := A^{\mathrm{T}}y \mid y \geqslant 0\}$, 那么 $\Omega \subseteq \mathbb{R}^n$ 为非空闭凸集且 $b \notin \Omega$. 由定理 1.3.2 可知, 存在非零向量 $w \in \mathbb{R}^n$ 和实数 t 使得

$$w^{\mathrm{T}}b > t \quad \text{且} \quad w^{\mathrm{T}}z < t, \quad \forall z \in \Omega.$$

因为 $0 \in \Omega$, 所以由上式可知 $t > 0$. 从上式还可以得到

$$t > w^{\mathrm{T}}z = w^{\mathrm{T}}A^{\mathrm{T}}y = y^{\mathrm{T}}Aw, \quad y \geqslant 0.$$

由于 y 中的分量可以任意大, 由上式必有 $Aw \leqslant 0$, 再与 $b^{\mathrm{T}}w > 0$ 相结合可得, w 是 (1.3.1) 式的一个解. □

由 Farkas 引理可推出如下结论.

定理 1.3.3 设 p 和 q 是两个非负整数, $u^0, u^1, \cdots, u^p, v^1, \cdots, v^q \in \mathbb{R}^n$, 则等式与不等式组

$$d^{\mathrm{T}}u^0 < 0, \quad d^{\mathrm{T}}u^i = 0\ (i \in \{1,2,\cdots,p\}), \quad d^{\mathrm{T}}v^i \geqslant 0\ (i \in \{1,2,\cdots,q\}) \tag{1.3.3}$$

无解当且仅当存在实数 $\alpha_i\ (i \in \{1,2,\cdots,p\})$ 和非负实数 $\beta_i\ (i \in \{1,2,\cdots,q\})$ 使得

$$u^0 = \sum_{i=1}^{p}\alpha_i u^i + \sum_{i=1}^{q}\beta_i v^i. \tag{1.3.4}$$

证明 注意到 $d^{\mathrm{T}}u^i = 0$ 可写成 $-d^{\mathrm{T}}u^i \leqslant 0$ 和 $d^{\mathrm{T}}u^i \leqslant 0$ $(i \in \{1, \cdots, p\})$. 若记

$$A = (-u^1 \ \cdots \ -u^p \ \ u^1 \ \cdots \ u^p \ \ -v^1 \ \cdots \ -v^q)^{\mathrm{T}},$$

那么, (1.3.3) 式可写成

$$Ad \leqslant 0, \quad -u^{0\mathrm{T}}d > 0. \tag{1.3.5}$$

若 (1.3.3) 式无解, 即 (1.3.5) 式无解, 由引理 1.3.1 可知, 存在非负向量 $(x, y, z) \in \mathbb{R}^p \times \mathbb{R}^p \times \mathbb{R}^q$ 使得

$$-u^0 = A^{\mathrm{T}} \begin{pmatrix} x \\ y \\ z \end{pmatrix} = \sum_{i=1}^{p} x_i(-u^i) + \sum_{i=1}^{p} y_i u^i + \sum_{i=1}^{q} z_i(-v^i).$$

令 $\alpha_i := x_i - y_i$ $(i \in \{1, 2, \cdots, p\})$ 且 $\beta_i := z_i \geqslant 0$ $(i \in \{1, 2, \cdots, q\})$, 由上式可得, (1.3.4) 式成立. □

1.3.2 凸函数

本小节主要介绍凸函数的定义、基本性质及其判别条件.

定义 1.3.3 设 $\mathscr{F} \subseteq \mathbb{R}^n$ 为非空凸集, 给定函数 $f : \mathscr{F} \to \mathbb{R}$.

(i) 如果对任意的 $x, y \in \mathscr{F}$ 及任意的 $\alpha \in [0, 1]$, 有

$$f(\alpha x + (1-\alpha)y) \leqslant \alpha f(x) + (1-\alpha)f(y),$$

那么称函数 f 为凸集 $\mathscr{F}$ 上的凸函数.

(ii) 如果对任意的 $x, y \in \mathscr{F}$ 且 $x \neq y$, 以及任意的 $\alpha \in (0, 1)$, 有

$$f(\alpha x + (1-\alpha)y) < \alpha f(x) + (1-\alpha)f(y),$$

那么称函数 f 为凸集 $\mathscr{F}$ 上的严格凸函数.

(iii) 如果存在常数 $c > 0$, 使得对任意的 $x, y \in \mathscr{F}$ 及任意的 $\alpha \in [0, 1]$, 有

$$f(\alpha x + (1-\alpha)y) \leqslant \alpha f(x) + (1-\alpha)f(y) - c\alpha(1-\alpha)\|x - y\|^2,$$

那么称函数 f 为凸集 $\mathscr{F}$ 上的强凸函数 (或称为一致凸函数).

(iv) 在 (i) 和 (ii) 中, 若不等式中不等号的方向是反过来的, 则对应的函数分别称为凸集 $\mathscr{F}$ 上的凹函数和严格凹函数; 若 (iii) 中的不等式变为

$$f(\alpha x + (1-\alpha)y) \geqslant \alpha f(x) + (1-\alpha)f(y) + c\alpha(1-\alpha)\|x - y\|^2,$$

则对应的函数称为凸集 $\mathscr{F}$ 上的强凹函数.

以一元函数为例，从几何上看，凸函数与凹函数的示意图如图 1-1 和图 1-2 所示.

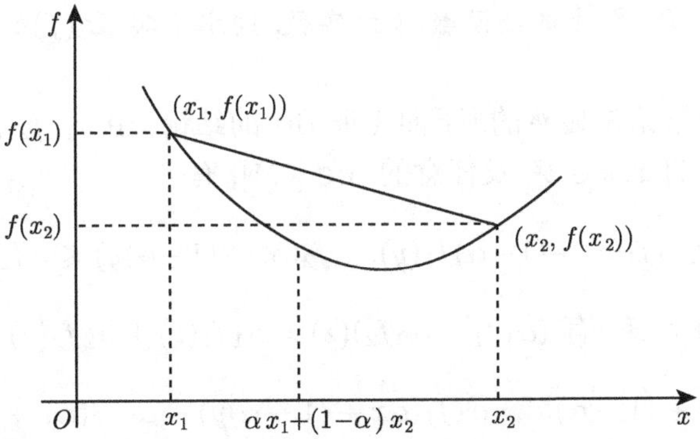

图 1-1

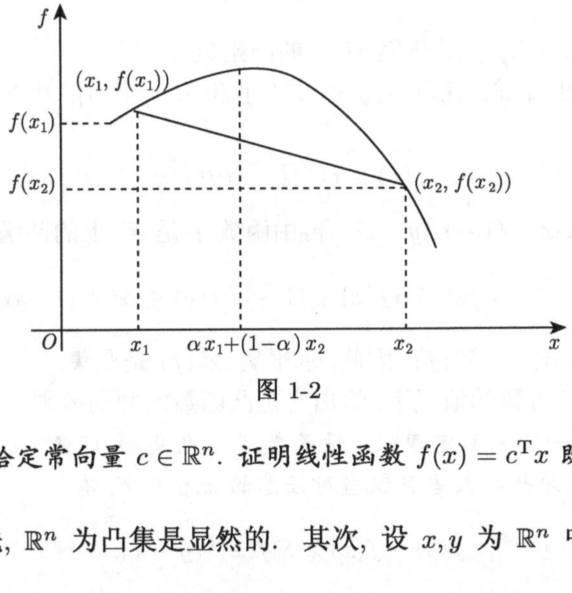

图 1-2

例 1.3.2 给定常向量 $c \in \mathbb{R}^n$. 证明线性函数 $f(x) = c^{\mathrm{T}}x$ 既是凸函数又是凹函数.

证明 首先, $\mathbb{R}^n$ 为凸集是显然的. 其次, 设 x, y 为 $\mathbb{R}^n$ 中任意两点, 任取 $\alpha \in [0,1]$, 则有

$$f(\alpha x + (1-\alpha)y) = c^{\mathrm{T}}(\alpha x + (1-\alpha)y) = \alpha c^{\mathrm{T}}x + (1-\alpha)c^{\mathrm{T}}y = \alpha f(x) + (1-\alpha)f(y).$$

因此, 由凸、凹函数的定义可知, 线性函数 $f(x) = c^{\mathrm{T}}x$ 既是凸函数又是凹函数. □

下面的命题给出凸函数的三个简单性质.

命题 1.3.2 假设 $\mathscr{F} \subseteq \mathbb{R}^n$ 是凸集.

(i) 函数 f 是 $\mathscr{F}$ 上的 (严格) 凸函数当且仅当函数 $-f$ 是 $\mathscr{F}$ 上的 (严格) 凹函数.

(ii) 设函数 f_1, f_2 是 $\mathscr{F}$ 上的凸函数, 实数 $\alpha_1, \alpha_2 \geqslant 0$, 则函数 $\alpha_1 f_1 + \alpha_2 f_2$ 是 $\mathscr{F}$ 上的凸函数.

(iii) 设函数 f 是 $\mathscr{F}$ 上的凸函数, t 为实数, 则水平集 $\mathscr{L}_t(f) := \{x \in \mathscr{F} \mid f(x) \leqslant t\}$ 是凸集.

证明　(i) 的结论是显然的. 下面先证 (ii) 的结论. 由 f_1, f_2 是凸集 $\mathscr{F}$ 上的凸函数可知, 对任意的 $x, y \in \mathscr{F}$ 及任意的 $\alpha \in [0,1]$, 有

$$f_1(\alpha x+(1-\alpha)y) \leqslant \alpha f_1(x)+(1-\alpha)f_1(y), \quad f_2(\alpha x+(1-\alpha)y) \leqslant \alpha f_2(x)+(1-\alpha)f_2(y).$$

注意到对任意的 $z \in \mathscr{F}$, 有 $(\alpha_1 f_1 + \alpha_2 f_2)(z) = \alpha_1 f_1(z) + \alpha_2 f_2(z)$. 所以,

$$\begin{aligned}(\alpha_1 f_1 + \alpha_2 f_2)(\alpha x + (1-\alpha)y) &= \alpha_1 f_1(\alpha x + (1-\alpha)y) + \alpha_2 f_2(\alpha x + (1-\alpha)y) \\ &\leqslant \alpha_1(\alpha f_1(x)+(1-\alpha)f_1(y))+\alpha_2(\alpha f_2(x)+(1-\alpha)f_2(y)) \\ &= \alpha(\alpha_1 f_1 + \alpha_2 f_2)(x) + (1-\alpha)(\alpha_1 f_1 + \alpha_2 f_2)(y).\end{aligned}$$

这表明: 函数 $\alpha_1 f_1 + \alpha_2 f_2$ 是凸集 $\mathscr{F}$ 上的凸函数.

再证 (iii) 中的结论. 任取 $x, y \in \mathscr{L}_t(f)$ 和 $\alpha \in [0,1]$, 那么由水平集的定义, 可得

$$f(x) \leqslant t \quad 且 \quad f(y) \leqslant t.$$

由 $\mathscr{F}$ 为凸集, 故 $\alpha x + (1-\alpha)y \in \mathscr{F}$. 再由函数 f 是 $\mathscr{F}$ 上的凸函数, 进而有

$$f(\alpha x + (1-\alpha)y) \leqslant \alpha f(x) + (1-\alpha)f(y) \leqslant \alpha t + (1-\alpha)t = t.$$

这表明: $\alpha x + (1-\alpha)y \in \mathscr{L}_t(f)$. 因此, 水平集 $\mathscr{L}_t(f)$ 是凸集. □

下面在函数 f 可微的情况下, 给出它是凸函数的判别准则.

定理 1.3.4 (一阶判别定理)　设函数 f 在凸集 $\mathscr{F} \subseteq \mathbb{R}^n$ 上可微, 则

(i) f 在 $\mathscr{F}$ 上为凸函数当且仅当对任意的 $x, y \in \mathscr{F}$, 有

$$f(y) - f(x) \geqslant \nabla f(x)^{\mathrm{T}}(y - x).$$

(ii) f 在 $\mathscr{F}$ 上为严格凸函数当且仅当对任意不同的两点 $x, y \in \mathscr{F}$, 有

$$f(y) - f(x) > \nabla f(x)^{\mathrm{T}}(y - x).$$

证明　证明结论 (i). 先证必要性. 若函数 f 在 $\mathscr{F}$ 上为凸函数, 则对任意的 $x, y \in \mathscr{F}$ 及 $\alpha \in (0,1]$, 有 $f(\alpha y + (1-\alpha)x) \leqslant \alpha f(y) + (1-\alpha)f(x)$, 即

$$f(x + \alpha(y - x)) \leqslant f(x) + \alpha[f(y) - f(x)]. \tag{1.3.6}$$

由一阶 Taylor 展开式, 可得

$$f(x + \alpha(y - x)) = f(x) + \alpha\nabla f(x)^{\mathrm{T}}(y - x) + o(\|\alpha(y - x)\|). \tag{1.3.7}$$

将 (1.3.7) 式代入 (1.3.6) 式, 整理可得

$$f(y)-f(x)\geqslant \nabla f(x)^{\mathrm{T}}(y-x)+\frac{o(\|\alpha(y-x)\|)}{\alpha}.$$

令 $\alpha\to 0$, 由上式可得 $f(y)-f(x)\geqslant \nabla f(x)^{\mathrm{T}}(y-x)$. 必要性得证.

再证充分性. 对任意的 $x,y\in\mathscr{F}$ 和 $\alpha\in[0,1]$, 有 $z:=\alpha x+(1-\alpha)y\in\mathscr{F}$. 由假设条件, 可得

$$f(x)-f(z)\geqslant \nabla f(z)^{\mathrm{T}}(x-z),\quad f(y)-f(z)\geqslant \nabla f(z)^{\mathrm{T}}(y-z).$$

将上述两式分别乘以 α 和 $1-\alpha$, 再相加可得

$$\alpha f(x)+(1-\alpha)f(y)-f(z)\geqslant 0,$$

即 $f(\alpha x+(1-\alpha)y)\leqslant \alpha f(x)+(1-\alpha)f(y)$. 因此, f 在 $\mathscr{F}$ 上为凸函数.

证明结论 (ii). 充分性的证明类似于 (i) 中充分性的证明, 此处省略其证明. 下证必要性. 因为 f 为严格凸函数, 当然 f 也为凸函数, 对任意不同的两点 $x,y\in\mathscr{F}$, 取 $z=\frac{1}{2}(x+y)$, 那么 $z\in\mathscr{F}$, 所以由结论 (i) 可知

$$f(z)\geqslant f(x)+\nabla f(x)^{\mathrm{T}}(z-x).$$

又由 f 为严格凸函数, 故

$$f(z)=f\left(\frac{x}{2}+\frac{y}{2}\right)<\frac{1}{2}f(x)+\frac{1}{2}f(y).$$

结合上述两式, 可得

$$\frac{1}{2}f(x)+\frac{1}{2}f(y)>f(x)+\nabla f(x)^{\mathrm{T}}(z-x).$$

由此式整理可得 $f(y)-f(x)>\nabla f(x)^{\mathrm{T}}(y-x)$. 必要性得证. □

定理 1.3.5 (二阶判别定理) *设函数 f 在开凸集 $\mathscr{F}\subseteq\mathbb{R}^n$ 内二阶连续可微, 则*

(i) f 在 $\mathscr{F}$ 内为凸函数当且仅当在 $\mathscr{F}$ 内任一点 x 处, f 的 Hesse 阵 $\nabla^2 f(x)$ 为对称半正定矩阵.

(ii) 若在 $\mathscr{F}$ 内 $\nabla^2 f(x)$ 为对称正定矩阵, 则 f 在 $\mathscr{F}$ 内为严格凸函数.

证明 证明结论 (i). 先证必要性. 任取 $x\in\mathscr{F}$ 及 $y\in\mathbb{R}^n$ $(y\neq 0)$, 由于 $\mathscr{F}$ 是开集, 因而存在 $\varepsilon>0$ 使得当 $\alpha\in(-\varepsilon,\varepsilon)$ 时, 有 $x+\alpha y\in\mathscr{F}$. 由定理 1.3.4, 可得

$$f(x+\alpha y)\geqslant f(x)+\alpha\nabla f(x)^{\mathrm{T}}y. \tag{1.3.8}$$

根据二阶 Taylor 展开式, 有

$$f(x+\alpha y)=f(x)+\alpha\nabla f(x)^{\mathrm{T}}y+\frac{1}{2}\alpha^2 y^{\mathrm{T}}\nabla^2 f(x)y+o(\|\alpha y\|^2). \tag{1.3.9}$$

结合 (1.3.8) 和 (1.3.9) 式, 可得

$$y^{\mathrm{T}}\nabla^2 f(x)y+\frac{o(\|\alpha y\|^2)}{\alpha^2/2}\geqslant 0.$$

令 $\alpha\to 0$, 由上式可得 $y^{\mathrm{T}}\nabla^2 f(x)y\geqslant 0$. 所以, $\nabla^2 f(x)$ 是对称半正定的, 必要性得证.

再证充分性. 任取 $x,y\in\mathscr{F}$, 因为 $\nabla^2 f(x)$ 是对称半正定矩阵, 所以由二阶 Taylor 展开式, 可得

$$f(y)=f(x)+\nabla f(x)^{\mathrm{T}}(y-x)+\frac{1}{2}(y-x)^{\mathrm{T}}\nabla^2 f(\xi)(y-x)\geqslant f(x)+\nabla f(x)^{\mathrm{T}}(y-x),$$

其中 $\xi=x+t(y-x)$ 且 $t\in(0,1)$. 再由定理 1.3.4 得, f 在 $\mathscr{F}$ 上为凸函数.

证明结论 (ii). 由 (i) 中充分性的证明, 易得结论 (ii) 成立. □

另外，下面给出强凸函数的判别条件.

定理 1.3.6 (强凸函数判别定理) 设函数 $f:\mathbb{R}^n\to\mathbb{R}$ 二阶连续可微, 则它是强凸函数的充要条件是其 Hesse 阵 $\nabla^2 f(x)$ 一致正定, 即存在常数 $c^*>0$ 使得对任意的 $x,d\in\mathbb{R}^n$, 都有

$$d^{\mathrm{T}}\nabla^2 f(x)d\geqslant c^*\|d\|^2. \tag{1.3.10}$$

证明 对任意的 $x,d\in\mathbb{R}^n$ 及 $\alpha\in[0,1]$, 记 $y:=x+d, z:=\alpha x+(1-\alpha)y$, 由 Taylor 公式可知, 存在 $\alpha_1,\alpha_2\in(0,1)$, 使得

$$f(x)=f(z)+\nabla f(z)^{\mathrm{T}}(x-z)+\frac{1}{2}(x-z)^{\mathrm{T}}\nabla^2 f(u)(x-z),$$
$$f(y)=f(z)+\nabla f(z)^{\mathrm{T}}(y-z)+\frac{1}{2}(y-z)^{\mathrm{T}}\nabla^2 f(v)(y-z),$$

其中，$u:=z+\alpha_1(x-z)$ 且 $v:=z+\alpha_2(y-z)$. 利用上述两式可得

$$\alpha f(x)+(1-\alpha)f(y)=f(z)+\frac{1}{2}\alpha(1-\alpha)(x-y)^{\mathrm{T}}[(1-\alpha)\nabla^2 f(u)+\alpha\nabla^2 f(v)](x-y). \tag{1.3.11}$$

回忆强凸函数的定义: 存在常数 $c>0$, 使得对任意的 $x,y\in\mathscr{F}$ 及任意的 $\alpha\in[0,1]$, 有

$$f(\alpha x+(1-\alpha)y)\leqslant \alpha f(x)+(1-\alpha)f(y)-c\alpha(1-\alpha)\|x-y\|^2. \tag{1.3.12}$$

先证必要性. 由于 f 是强凸的，结合强凸函数的定义 (1.3.12) 和 (1.3.11) 式, 可得

$$\frac{1}{2}d^{\mathrm{T}}[(1-\alpha)\nabla^2 f(u)+\alpha\nabla^2 f(v)]d\geqslant c\|d\|^2.$$

令 $\alpha \to 0^+$, 则有 (1.3.3) 式成立, 其中 $c^* = 2c$, 必要性得证.

再证充分性. 若 (1.3.3) 式成立, 则由 (1.3.11) 式可得

$$\alpha f(x) + (1-\alpha) f(y) \geqslant f(z) + \frac{1}{2} c^* \alpha (1-\alpha) \|d\|^2.$$

取 $c = c^*/2$, 结合上式和 (1.3.12) 式可得, f 在 $\mathscr{F}$ 上为强凸函数. □

1.3.3 凸规划

本小节介绍凸规划问题的定义及其基本性质.

定义 1.3.4 设 $\mathscr{F} \subseteq \mathbb{R}^n$ 为凸集, 函数 $f: \mathscr{F} \to \mathbb{R}$ 为凸函数. 则称规划问题

$$\min_{x \in \mathscr{F}} f(x) \tag{1.3.13}$$

为凸规划问题.

下面的定理给出凸规划问题三个好的性质.

定理 1.3.7 (i) 凸规划问题 (1.3.13) 的任一局部最优解 x^* 为其全局最优解.

(ii) 凸规划问题 (1.3.13) 的最优解集 $\mathcal{S}$ 为凸集.

(iii) 若函数 f 为非空凸集 $\mathscr{F}$ 上的严格凸函数, 且凸规划问题 (1.3.13) 存在全局最优解, 则其全局最优解唯一.

证明 证明结论 (i). 用反证法. 假设凸规划问题 (1.3.13) 的局部最优解 x^* 不是其全局最优解, 那么至少存在一个 $y^* \in \mathscr{F}$ 使得 $f(y^*) < f(x^*)$. 由于函数 f 为凸集 $\mathscr{F}$ 上的凸函数, 所以对任意的 $\alpha \in (0,1]$, 有

(1) $\alpha y^* + (1-\alpha) x^* \in \mathscr{F}$;

(2) $f(\alpha y^* + (1-\alpha) x^*) \leqslant \alpha f(y^*) + (1-\alpha) f(x^*) < f(x^*)$.

显然, 当 $\alpha \to 0^+$ 时, 有 $\alpha y^* + (1-\alpha) x^* \to x^*$. 因此, 存在充分靠近 x^* 的可行点, 其目标函数值严格小于 $f(x^*)$, 这与 x^* 为问题 (1.3.13) 的局部最优解相矛盾. 所以, x^* 为问题 (1.3.13) 的全局最优解.

再证明结论 (ii). 由于空集和单元素集合都是凸集, 所以不失一般性可设问题 (1.3.13) 的最优解集 $\mathcal{S}$ 至少含有两个元素. 任取 $x^*, y^* \in \mathcal{S}$ 及 $\alpha \in [0,1]$, 则只需证明 $\alpha x^* + (1-\alpha) y^* \in \mathcal{S}$. 根据 $\mathscr{F}$ 为凸集, 于是有 $\alpha x^* + (1-\alpha) y^* \in \mathscr{F}$. 再由 $x^*, y^* \in \mathcal{S}$, 可得 $f(x^*) = f(y^*) = \min_{x \in \mathscr{F}} f(x)$. 所以,

$$\min_{x \in \mathscr{F}} f(x) \leqslant f(\alpha x^* + (1-\alpha) y^*) \leqslant \alpha f(x^*) + (1-\alpha) f(y^*) = \min_{x \in \mathscr{F}} f(x),$$

即 $f(\alpha x^* + (1-\alpha) y^*) = \min_{x \in \mathscr{F}} f(x)$. 这表明: $\alpha x^* + (1-\alpha) y^* \in \mathcal{S}$. 结论得证.

最后采用反证法证明结论 (iii). 假设问题 (1.3.13) 的全局最优解不唯一, 那么存在 $x^*, y^* \in \mathcal{S}$ 且 $x^* \neq y^*$. 显然, $x^*, y^* \in \mathscr{F}$ 且 $f(x^*) = f(y^*)$. 对任意的 $\alpha \in [0,1]$,

由 $\mathscr{F}$ 为凸集, 可得 $\alpha x^*+(1-\alpha)y^*\in\mathscr{F}$. 再由 f 为严格凸函数, 因而有

$$f(\alpha x^*+(1-\alpha)y^*)<\alpha f(x^*)+(1-\alpha)f(y^*)=f(x^*).$$

这与 $x^*\in\mathcal{S}$ 相矛盾. 于是可得问题 (1.3.13) 的最优解唯一. □

1.4　线搜索迭代算法概述及收敛性准则

本节先介绍线搜索迭代算法的一般框架, 然后对迭代方向和迭代步长进行分析, 最后再介绍算法收敛性的相关概念.

1.4.1　线搜索迭代算法的一般框架

求解最优化问题 (1.1.1) 的算法多种多样, 其中迭代算法是最主要的方法, 其基本思想为: 起始于某个点 $x^0\in\mathbb{R}^n$, 按照某种规则依次产生一个迭代点列 $\{x^k\}$, 直到算法终止. 按照迭代点是否可行, 迭代算法可分为以下两类.

(1) **可行算法**　如果所有迭代点 x^k $(k\in\{0,1,2,\cdots\})$ 均是问题 (1.1.1) 的可行点, 那么称该算法为可行算法;

(2) **不可行算法**　如果至少有一个迭代点 x^k 不是问题 (1.1.1) 的可行点, 那么称该算法为不可行算法.

按照目标函数值的下降特性, 常遇到以下两类算法.

(1) **单调下降算法**　如果对任意的 $k\in\{0,1,2,\cdots\}$ 恒有 $f(x^{k+1})\leqslant f(x^k)$, 那么称该算法为单调下降算法; 如果不等号是严格成立的, 那么称该算法为严格单调下降算法;

(2) **非单调下降算法**　如果对于某个 $k\in\{0,1,2,\cdots\}$ 有 $f(x^{k+1})>f(x^k)$, 但存在某个正整数 l_k 使得 $f(x^{k+l_k})<f(x^k)$, 那么称该算法为非单调下降算法.

在迭代算法中, 线搜索迭代算法是最流行的迭代算法之一, 其基本框架如下.

算法 1.4.1 (线搜索迭代算法的一般框架)

步 1　选择一个起始点 $x^0\in\mathbb{R}^n$. 置 $k:=0$.

步 2　判断当前迭代点 x^k 是否满足终止条件.

步 3　从当前点出发, 选择沿什么方向 (即迭代方向, 不妨记为 d^k) 进行迭代, 以及沿该方向走多远 (即迭代步长, 不妨记为 λ_k), 确定下一迭代点 $x^{k+1}:=x^k+\lambda_k d^k$.

步 4　置 $k:=k+1$, 转步 2.

关于步 1: 此步是关于算法的启动问题. 对于不可行算法, 这一步是平凡的, 任取一点即可; 而对于可行算法, 此步需要找问题的一个可行点. 对于一个一般的优化问题, 找一个可行点是不容易的.

关于步 2: 此步是关于算法的终止问题. 最有用的终止规则也许是要求 $|f(x^k)-f(x^*)|<\varepsilon$ 或 $\|x^k-x^*\|<\varepsilon$, 其中 $x^*\in\mathcal{S}$, ε 是一个充分小的正数且 $\|\cdot\|$ 是某种范数. 然而上述准则需要预先知道最优解 x^* 的信息, 在一般情况下, 我们不知道优化问题最优解的信息, 因而上述准则是不实用的. 常用的终止规则有以下五类.

(a) $\|x^{k+1}-x^k\|<\varepsilon$;

(b) $|f(x^{k+1})-f(x^k)|<\varepsilon$;

(c) $\dfrac{\|x^{k+1}-x^k\|}{\|x^k\|}<\varepsilon$;

(d) $\dfrac{|f(x^{k+1})-f(x^k)|}{|f(x^k)|}<\varepsilon$;

(e) $\|\nabla f(x^k)\|\leqslant\varepsilon$.

一般地, 不同的算法框架需要不同的终止规则. 例如, 对于预计收敛速度不快的算法, 可考虑使用 (e); 对于预计收敛速度快的算法可考虑使用 (a) 或 (b). 另外, 也可考虑以上五种准则的某些组合.

关于步 3: 步 3 是线搜索迭代算法的核心, 将在 1.4.2 和 1.4.3 小节分别介绍.

1.4.2 迭代方向

在线搜索迭代算法中, 为了给出下一个迭代点, 首要的任务是看从当前迭代点出发沿什么方向进行迭代, 即寻找迭代方向. 对于单调下降算法, 产生的迭代点需要满足条件: $f(x^{k+1})\leqslant f(x^k)$ $(k\in\{0,1,2,\cdots\})$; 而对于可行算法, 产生的迭代点需要满足条件: $x^k\in\mathscr{F}$ $(k\in\{0,1,2,\cdots\})$. 由于很多经典的算法是可行且单调下降算法, 所以, 下面对设计这些算法的迭代方向给出某些刻画.

定义 1.4.1 在点 x^k 处, 对于向量 $d^k\in\mathbb{R}^n\setminus\{0\}$, 若存在 $\bar{\lambda}>0$, 使得对任意的 $\lambda\in(0,\bar{\lambda})$ 都有 $f(x^k+\lambda d^k)<f(x^k)$, 则称 d^k 为函数 f 在 x^k 处的一个下降方向.

若函数 f 是可微的, 则下面的命题给出下降方向的一个判别条件.

命题 1.4.1 假设函数 f 一阶连续可微, 那么 d^k 为 f 在 x^k 处的下降方向当且仅当 $\nabla f(x^k)^{\mathrm{T}}d^k<0$.

证明 根据一阶 Taylor 展开式, 有

$$f(x^k+\lambda d^k)=f(x^k)+\lambda\nabla f(x^k)^{\mathrm{T}}d^k+o(\lambda\|d^k\|).$$

结合定义 1.4.1 和上式, 命题的结论易证. □

由梯度的几何意义, 如果 $\nabla f(x^k)\neq 0$, 那么显然 $-\nabla f(x^k)$ 是 f 在 x^k 处的一个下降方向.

定义 1.4.2 给定非空集合 $\mathscr{F}\subseteq\mathbb{R}^n$ 和点 $x^k\in\mathscr{F}$. 对于向量 $d^k\in\mathbb{R}^n\setminus\{0\}$, 若存在 $\bar{\lambda}>0$, 使得对任意的 $\lambda\in(0,\bar{\lambda})$ 都有 $x^k+\lambda d^k\in\mathscr{F}$, 则称 d^k 为点 x^k 处关

于 $\mathscr{F}$ 的一个可行方向.

对于 $\mathscr{F}$ 的内点, 显然任意的非零向量都是其可行方向; 而对于 $\mathscr{F}$ 的边界点, 指向 $\mathscr{F}$ 内部的方向是其可行方向，否则不是可行方向.

结合定义 1.4.1 和定义 1.4.2 可知, 如果 d^k 为点 x^k 处的可行下降方向, 那么总存在一个 λ_k 使得

$$x^k + \lambda_k d^k \in \mathscr{F} \quad \text{且} \quad f(x^k + \lambda_k d^k) < f(x^k).$$

1.4.3　迭代步长

在线搜索迭代算法中, 当迭代方向 d^k 确定后, 需要看沿 d^k 走多远对算法有利, 即需要寻找迭代步长. 迭代步长通常由精确一维线搜索、非精确一维线搜索、非单调一维线搜索等方式获得.

1. **精确一维线搜索**

假设在迭代点 x^k 处已得到函数 f 的下降方向 d^k, 为了得到下一迭代点并且使得 f 的函数值有尽可能大的下降, 可以通过求解一维最优化问题

$$\lambda_* = \arg\min_{\lambda \geqslant 0} f(x^k + \lambda d^k) \tag{1.4.1}$$

获得迭代步长 $\lambda_k := \lambda_*$, 进而得到下一迭代点 $x^{k+1} = x^k + \lambda_k d^k$. 通过求解问题 (1.4.1) 获得迭代步长的方法也可以写为

$$f(x^k + \lambda_k d^k) = \min_{\lambda \geqslant 0} f(x^k + \lambda d^k), \tag{1.4.2}$$

称 (1.4.2) 式为精确一维线搜索公式.

记 $\phi(\lambda) := f(x^k + \lambda d^k)$. 精确一维线搜索实际上就是寻找 $\lambda_* \in [0, +\infty)$ 使得 $\phi(\lambda_*)$ 达到极小. 注意: 如果目标函数 f 有下界且 d^k 为 f 在 x^k 处的下降方向，那么函数 $\phi(\cdot)$ 的极小解存在.

实现精确一维线搜索的方法有很多, 包括 Fibonacci 法、黄金分割法、进退法、平分法、抛物线法等. 下面只介绍黄金分割法. 黄金分割法又称为 0.618 法.

算法 1.4.2 (黄金分割法)　给定初始搜索区间 $[a_0, b_0] \subseteq [0, +\infty)$ 和精度要求 $\varepsilon > 0$. 若 $b_0 - a_0 < \varepsilon$, 那么算法终止, 输出 $\lambda_* := \dfrac{a_0 + b_0}{2}$.

步 1　置 $t_0 = a_0 + 0.382(b_0 - a_0), s_0 = a_0 + 0.618(b_0 - a_0)$, 计算 $\phi(t_0), \phi(s_0)$. 置 $k := 0$.

步 2　若 $\phi(t_k) > \phi(s_k)$, 则转步 3; 否则转步 4.

步 3　若 $b_k - t_k < \varepsilon$, 则算法终止, 输出 $\lambda_* := s_k$; 否则置 $a_{k+1} := t_k, b_{k+1} := b_k, t_{k+1} := s_k, \phi(t_{k+1}) := \phi(s_k)$, 计算 $s_{k+1} := a_{k+1} + 0.618(b_{k+1} - a_{k+1})$ 和 $\phi(s_{k+1})$, 转步 5.

步 4 若 $s_k - a_k < \varepsilon$, 则算法终止, 输出 $\lambda_* := t_k$; 否则置 $a_{k+1} := a_k, b_{k+1} := s_k, s_{k+1} := t_k, \phi(s_{k+1}) := \phi(t_k)$, 计算 $t_{k+1} := a_{k+1} + 0.382(b_{k+1} - a_{k+1})$ 和 $\phi(t_{k+1})$, 转步 5.

步 5 置 $k := k+1$, 转步 2.

2. 非精确一维线搜索

精确一维线搜索方法往往需要很大的工作量; 而精确一维线搜索的目的是沿迭代方向 d^k 寻找一个迭代步长使得 f 的函数值有尽可能大的下降. 因此, 在实际中, 为了降低计算费用, 只需要沿迭代方向 d^k 寻找一个迭代步长使得 f 的函数值有一个满意的下降量即可. 这样的线搜索被称为非精确一维线搜索或近似一维线搜索. 非精确一维线搜索方法的计算量较少, 备受青睐. 经常使用的非精确一维线搜索准则主要有以下三种.

(1) Goldstein 型线搜索准则.

Goldstein 于 1965 年提出了以下的线搜索准则: 选取 $\lambda_k > 0$ 使得

$$f(x^k+\lambda_k d^k)-f(x^k) \leqslant \sigma\lambda_k \nabla f(x^k)^{\mathrm{T}} d^k \quad 且 \quad f(x^k+\lambda_k d^k)-f(x^k) \geqslant (1-\sigma)\lambda_k \nabla f(x^k)^{\mathrm{T}} d^k,$$

其中 $\sigma \in (0, 1/2)$. 记 $\phi(\lambda) := f(x^k + \lambda d^k)$, Goldstein 型线搜索准则的实现方法如下.

算法 1.4.3 给定初始搜索区间 $[a_0, b_0] \subseteq [0, +\infty)$ 和初始点 $\lambda_0 \in [a_0, b_0]$, 选择 $\sigma \in (0, 1/2)$ 和 $\xi > 1$. 计算 $\phi'(0)$. 置 $k := 0$.

步 1 计算 $\phi(\lambda_k)$. 若 $\phi(\lambda_k) - \phi(0) \leqslant \sigma\lambda_k\phi'(0)$, 转步 2; 否则, 置 $a_{k+1} := a_k, b_{k+1} := b_k$, 转步 3.

步 2 若 $\phi(\lambda_k) - \phi(0) \geqslant (1-\sigma)\lambda_k\phi'(0)$, 则算法终止, 输出 $\lambda_* := \lambda_k$; 否则, 置 $a_{k+1} := a_k, b_{k+1} := b_k$. 若 $b_{k+1} < b_0$, 转步 3; 否则置 $a_{k+1} := \xi a_k, k := k+1$, 转步 1.

步 3 置 $\lambda_{k+1} := \dfrac{a_{k+1} + b_{k+1}}{2}, k := k+1$, 转步 1.

(2) Armijo 型线搜索准则.

Armijo 于 1966 年提出了以下的线搜索准则: 选取 $\lambda_k := \rho\gamma^{m_k}$ 使得 m_k 为满足下式的最小非负整数

$$f(x^k + \rho\gamma^{m_k} d^k) - f(x^k) \leqslant \sigma\rho\gamma^{m_k} \nabla f(x^k)^{\mathrm{T}} d^k,$$

其中, $\rho > 0, \sigma, \gamma \in (0, 1)$. Armijo 型线搜索准则的实现方法如下.

算法 1.4.4 选择 $\rho > 0, \sigma, \gamma \in (0, 1)$. 置 $m_k := 0$.

步 1 计算 $f(x^k + \rho\gamma^{m_k} d^k)$ 和 $\sigma\rho\gamma^{m_k}\nabla f(x^k)^{\mathrm{T}} d^k$. 若

$$f(x^k + \rho\gamma^{m_k} d^k) - f(x^k) \leqslant \sigma\rho\gamma^{m_k} \nabla f(x^k)^{\mathrm{T}} d^k,$$

则算法终止, 输出 $\lambda_* := \rho\gamma^{m_k}$; 否则, 置 $m_k := m_k + 1$, 转步 1.

(3) Wolfe 型线搜索准则.

Wolfe 于 1969 年提出了以下的线搜索准则: 选取 $\lambda_k > 0$ 使得

$$f(x^k + \lambda_k d^k) - f(x^k) \leqslant \sigma\lambda_k \nabla f(x^k)^{\mathrm{T}} d^k \quad \text{且} \quad \nabla f(x^k + \lambda_k d^k)^{\mathrm{T}} d^k \geqslant \delta\nabla f(x^k)^{\mathrm{T}} d^k,$$

其中 $\sigma \in (0, 1/2), \delta \in (\sigma, 1)$. Powell 于 1976 年也提出这一线搜索准则, 因此, Wolfe 型线搜索准则也称为 Wolfe-Powell 型线搜索准则. Wolfe 型线搜索准则的实现方法如下.

算法 1.4.5　给定初始搜索区间 $[a_0, b_0] \subseteq [0, +\infty)$, 选择 $\sigma \in (0, 1/2)$ 和 $\delta \in (\sigma, 1)$. 计算 $\varphi_1 := f(x^k + a_0 d^k)$ 和 $\varphi_1' := \nabla f(x^k + a_0 d^k)^{\mathrm{T}} d^k$. 取 $\lambda \in (a_0, b_0)$. 令 $a_0 = 0$.

步 1　计算 $\varphi := f(x^k + \lambda d^k)$. 若 $\varphi - \varphi_1 \leqslant \sigma\lambda\varphi_1'$, 转步 2; 否则, 由以下插值公式计算 $\bar{\lambda}$:

$$\bar{\lambda} = a_0 + \frac{\lambda - a_0}{2\left(1 + \dfrac{\varphi_1 - \varphi}{(\lambda - a_0)\varphi_1'}\right)}.$$

置 $b_0 := \lambda, \lambda := \bar{\lambda}$, 转步 1.

步 2　计算 $\varphi' := \nabla f(x^k + \lambda d^k)^{\mathrm{T}} d^k$. 若 $\varphi' \geqslant \delta\varphi_1'$, 则算法终止, 输出 $\lambda_* := \lambda$; 否则, 由以下插值公式计算 $\bar{\lambda}$:

$$\bar{\lambda} = \lambda + \frac{(\lambda - a_0)\varphi'}{\varphi_1' - \varphi'}.$$

置 $a_0 := \lambda, \varphi_1 := \varphi, \varphi_1' := \varphi', \lambda := \bar{\lambda}$, 转步 1.

3. 非单调一维线搜索

求解一个最优化问题, 其最终的目的是使得目标函数在可行域上的函数值下降到不能再下降为止. 最优化问题多种多样, 单调下降算法并不是对求解所有的优化问题都有效. 在算法迭代过程中, 允许目标函数值有所回升但保持总的趋势是下降的, 很多时候会得到更好的计算效果, 所谓 “拳头缩回来再打出去更有力量”, 这样的想法导致了非单调下降算法的出现. 其中使用的线搜索被称为非单调一维线搜索. 对于所涉及函数高度非凸以及在最优解附近有 “山谷” 的优化问题, 非单调下降算法常常能提高找到全局最优解的可能性和改进算法的收敛速度. 非单调下降算法已经广为研究. 如今提出了很多非单调一维线搜索准则. 下面介绍三个非单调一维线搜索准则.

(1) 基于前若干步迭代点函数值极大的非单调线搜索准则.

Grippo, Lampariello 和 Lucidi(1986) 最早提出了一个非单调一维线搜索准则: 寻找步长 $\lambda_k = \rho\gamma^{h_k}$ 使得 h_k 是满足下式的最小非负整数

$$f(x^k + \rho\gamma^{h_k} d^k) \leqslant \max_{0\leqslant j\leqslant m_k} f(x^{k-j}) + \sigma\rho\gamma^{h_k}\nabla f(x^k)^{\mathrm{T}} d^k, \tag{1.4.3}$$

其中, $m_0 = 0$ 且对于 $k \geqslant 1$ 有: m_k 是一个正整数且满足 $0 \leqslant m_k \leqslant \min\{m_{k-1} + 1, M\}$, M 是一个正整数, ρ 是一个给定的正实数, σ 和 γ 是满足 $\sigma, \gamma \in (0,1)$ 的两个常数. 当 $f(x^k) = \max_{0\leqslant j\leqslant m_k} f(x^{k-j})$ 时, (1.4.3) 式归结为单调的 Armijo 型线搜索公式.

(2) 基于之前所有步迭代点函数值凸组合的非单调线搜索准则.

2004 年, Zhang 和 Hager(2004) 提出了如下的非单调线搜索准则: 寻找步长 $\lambda_k > 0$ 使得以下两式成立

$$f(x^k + \lambda_k d^k) \leqslant C_k + \delta\lambda_k \nabla f(x^k)^{\mathrm{T}} d^k, \tag{1.4.4}$$

$$\nabla f(x^k + \lambda_k d^k)^{\mathrm{T}} d^k \geqslant \sigma \nabla f(x^k)^{\mathrm{T}} d^k, \tag{1.4.5}$$

其中, δ 和 σ 是满足 $0 < \delta < \sigma < 1$ 的两个常数且 C_k 按如下方式选取

$$Q_{k+1} = \eta_k Q_k + 1 \quad 且 \quad C_{k+1} = (\eta_k Q_k C_k + f(x^{k+1}))/Q_{k+1},$$

其中 $C_0 = f(x^0), Q_0 = 1$, $\eta_k \in [\eta_{\min}, \eta_{\max}]$ 且 $0 \leqslant \eta_{\min} \leqslant \eta_{\max} \leqslant 1$.

容易看到: C_{k+1} 是 C_k 和 $f(x^{k+1})$ 的凸组合. 由于 $C_0 = f(x^0)$, 所以 C_k 是函数值 $f(x^0)$, $f(x^1)$, $\cdots$, $f(x^k)$ 的凸组合. 因此, 在 Zhang-Hager 的方法中, C_k 含有第 k 步迭代之前所有迭代点对应函数值的信息. η_k 的选取目的是控制"非单调性"的度. 如果对所有的 k 有 $\eta_k = 0$, 那么 Zhang-Hager 的非单调线搜索可归结为单调的 Wolfe 型线搜索.

(3) 基于前若干步迭代点函数值凸组合的非单调线搜索准则.

2010 年, Hu 等 (2010) 提出了如下的非单调线搜索准则: 寻找步长 $\lambda_k > 0$ 使得 (1.4.4) 和 (1.4.5) 式成立, 其中 δ, σ 是满足 $0 < \delta < \sigma < 1$ 的常数且 C_k 按如下方式选取

$$Q_k = 1 + \eta_k \sum_{i=1}^{m_k-1} \eta_{k-i} \quad 且 \quad C_k = \frac{\eta_k \sum\limits_{i=1}^{m_k-1} \eta_{k-i} f(x^{k-i}) + f(x^k)}{Q_k},$$

其中, $\eta_k \in [\eta_{\min}, \eta_{\max}]$ 且满足

$$0 \leqslant \eta_{\min} \leqslant \eta_{\max} \leqslant 1 \quad 和 \quad f(x^k) - C_k \leqslant \frac{\delta l_k |\nabla f(x^k)^{\mathrm{T}} d^k|}{2},$$

这里, 若 ∇f 是 Lipschitz 连续的且具有 Lipschitz 常数 $\mathcal{L}$, 则置$l_k :=$

$\dfrac{(1-\sigma)|\nabla f(x_k)^{\mathrm{T}}d_k|}{\mathcal{L}\|d_k\|^2}$; 否则置 $l_k := 0$.

在此方法中, C_k 是目前迭代点的函数值和之前若干个迭代点对应函数值的凸组合. 这一方法综合使用了 Grippo-Lampariello-Lucidi 的非单调线搜索准则和 Zhang-Hager 的非单调线搜索准则的思想. 这一方法的一个重要特例是: 如果 $\sum\limits_{i=1}^{m_k-1}\eta_{k-i}f(x^{k-i}) \geqslant \sum\limits_{i=1}^{m_k-1}\eta_{k-i}f(x^k)$, 那么选择 $\eta_k \in (0,1]$; 否则选择 $\eta_k = 0$, 于是在每步迭代中, 或者使用单调线搜索 (即 $\eta_k = 0$ 时); 或者使用非单调线搜索 (即 $\eta_k \neq 0$ 时). 因此, 它可以被看成一个单调线搜索和非单调线搜索的混合线搜索方法.

1.4.4 算法收敛性

一个算法设计的好坏, 从理论上有一些判别标准. 算法的适定性 (well-defined) 和算法的收敛性 (convergence) 是一个算法的基本要求, 收敛率 (rate of convergence) 是衡量一个算法是否快速有效的重要方面.

适定性 设计一个优化算法, 首先要保证每一步都是适定的, 使算法能执行下去. 例如, 如果算法中有线搜索, 那么要保证线搜索有限终止; 如果算法中需要求解线性方程组, 那么要保证线性方程组可解等. 如果一个优化算法的每一步都是适定的, 那么称这个算法是适定的.

全局收敛性 假设一个优化算法是适定的并且产生迭代序列为 $\{x^k\}$. 如果迭代序列 $\{x^k\}$ 能在有限步内得到优化问题的最优解, 那么称该算法是有限终止的. 如果一个优化算法是有限终止于优化问题的最优解或所产生迭代序列 $\{x^k\}$ 的每个聚点都是优化问题的最优解, 那么称该算法是收敛的. 显然收敛的算法才有意义. 一些算法是否收敛, 与初始迭代点的选取有关. 如果一个优化算法只有当初始迭代点充分靠近最优解时才收敛, 那么称该算法是局部收敛的. 如果一个优化算法不要求初始迭代点充分靠近最优解, 那么称这样的收敛算法是全局收敛的. 由于一般情况下最优解是事先未知的, 所以具有全局收敛性的算法更具有实际的应用价值.

收敛率 如果一个优化算法虽然收敛, 但收敛得太慢, 那么这样的算法也不实用. 因此, 作为一个好算法, 还必须要求算法以较快的速度收敛到问题的一个最优解. 以下假设算法产生一个无穷迭代序列 $\{x^k\}$ 并且 x^* 是 $\{x^k\}$ 的一个聚点. 不妨假设 $\{x^k\}$ 收敛到 x^*, 即 $\lim_{k\to\infty}\|x^k - x^*\| = 0$, 其中 $\|\cdot\|$ 是某种范数.

(1) 全局 Q- 线性收敛性. 如果算法初始迭代点的选取与最优解的信息无关, 并且存在 $\beta \in (0,1)$ 使得对任意的 $k \in \{0,1,2,\cdots\}$, 有

$$\|x^{k+1} - x^*\| \leqslant \beta\|x^k - x^*\|,$$

那么称该算法是全局 Q- 线性收敛的.

(2) 局部 Q- 收敛率. 如果存在 $\beta>0$ 和常数 $\xi\geqslant 0$ (ξ 的取值与迭代指标 k 无关) 使得

$$\lim_{k\to\infty}\frac{\|x^{k+1}-x^*\|}{\|x^k-x^*\|^\beta}=\xi,$$

那么称该算法是局部 Q-β 阶收敛的. 特别地,

(a) 若 $\beta=1,\xi\in(0,1)$, 则称该算法是局部 Q- 线性收敛的;

(b) 若 $\beta\in(1,2),\xi>0$ 或 $\beta=1,\xi=0$, 则称该算法是局部 Q- 超线性收敛的;

(c) 若 $\beta=2,\xi>0$, 则称该算法是局部 Q- 二阶收敛的.

在本书中,"全局 Q- 线性收敛" 简称为 "全局线性收敛";类似地, 在 "局部 Q-收敛率" 的对应概念中也省略掉 "Q-". 另外, 需要指出的是: 对于 $\beta\in(1,2),\xi>0$ 的情况, 算法的收敛阶介于 1 和 2 之间; 而对于 $\beta=1$, $\xi=0$ 的情况, 算法的阶大于 1, 它们从不同的角度描述了比线性收敛快的收敛性质, 故称之为 "超线性收敛".

习 题 1

1.1 设 $f_1(x_1,x_2,x_3)=0$, $f_2(x_1,x_2,x_3)=0$ 是空间 $\mathbb{R}^3$ 中的两个曲面方程. 试在曲面 $f_1(x_1,x_2,x_3)=0$ 上找一点 P, 在曲面 $f_2(x_1,x_2,x_3)=0$ 上找一点 Q,使得点 P 到点 Q 的距离最短. 写出此问题的优化数学模型.

1.2 给定函数 $f:\mathscr{F}\subseteq\mathbb{R}^n\to\mathbb{R}$. 记 $g(x):=-f(x)$. 假设优化问题 $\min_{x\in\mathscr{F}}f(x)$ 有最优解. 试证: 优化问题 $\max_{x\in\mathscr{F}}g(x)$ 也有最优解, 并且两个优化问题的最优解集相同、最优值互为相反数.

1.3 验证 $x^*=(0,-3)^{\mathrm{T}}$ 是优化问题

$$\begin{aligned}\min\quad & f(x)=x_1^2+x_2\\ \text{s.t.}\quad & x_1^2+x_2^2=9\end{aligned}$$

的严格全局最优解.

1.4 验证 $x^*=(-1,1)^{\mathrm{T}}$ 是优化问题

$$\min f(x)=\left(x_2-x_1^2\right)^2+(1+x_1)^2$$

的严格全局最优解.

1.5 试证明: 对任意的 $x\in\mathbb{R}^n$, 有

(1) $\|x\|_\infty\leqslant\|x\|_1\leqslant n\|x\|_\infty$;

(2) $\|x\|_2\leqslant\|x\|_1\leqslant\sqrt{n}\|x\|_2$;

(3) $\|x\|_\infty\leqslant\|x\|_2\leqslant\sqrt{n}\|x\|_\infty$.

1.6 设实对称矩阵 $A\in\mathbb{R}^{n\times n}$ 的特征值为 $\lambda_1\leqslant\lambda_2\leqslant\cdots\leqslant\lambda_n$. 证明: 对任意的 $x\in\mathbb{R}^n$ 有 $\lambda_1\|x\|_2^2\leqslant x^{\mathrm{T}}Ax\leqslant\lambda_n\|x\|_2^2$.

1.7 设 $A\in\mathbb{R}^{n\times n}$. 证明: $\|A\|_2=\sqrt{\lambda_{\max}(A^{\mathrm{T}}A)}$, 其中 $\lambda_{\max}(A^{\mathrm{T}}A)$ 表示矩阵 $A^{\mathrm{T}}A$ 的最大特征值.

1.8　设矩阵 $G \in \mathbb{R}^{n\times n}$ 是对称正定矩阵, 对于向量 $x \in \mathbb{R}^n$ 的椭球范数 $\|x\|_G = \sqrt{x^{\mathrm{T}}Gx}$, 试证明: 对于任意的 $x, y \in \mathbb{R}^n$，有

(1)$|x^{\mathrm{T}}y| \leqslant \|x\|_G\|y\|_{G^{-1}}$, 当且仅当 x 和 $G^{-1}y$ 线性相关时，等式成立;

(2) $|x^{\mathrm{T}}Gy| \leqslant \|x\|_G\|y\|_G$, 当且仅当 x 和 y 线性相关时，等式成立.

1.9　设 $A = \begin{pmatrix} -1 & 0 & 0 \\ 0 & 1 & 2 \\ 0 & 2 & 5 \end{pmatrix}$，求 $\|A\|_1, \|A\|_2, \|A\|_F, \|A\|_\infty$. 此外，试证：对任意的 $B \in \mathbb{R}^{n\times n}$，都有 $\dfrac{1}{\sqrt{n}}\|B\|_F \leqslant \|B\|_2 \leqslant \|B\|_F$.

1.10　计算下列函数的梯度和 Hesse 矩阵:

(1) $f(x_1, x_2, x_3) = x_1\mathrm{e}^{x_1+x_2+x_3}$;

(2) $f(x_1, x_2) = x_1x_2 + \ln(x_1^2 + x_1x_2 + x_2^2)$;

(3) $f(x) = c^{\mathrm{T}}Ax$; 其中 $c \in \mathbb{R}^n, A \in \mathbb{R}^{n\times n}$;

(4) $f(x) = g(x)^{\mathrm{T}}g(x)$, 其中 $g: \mathbb{R}^n \to \mathbb{R}^m$.

1.11　判别下列函数是否为 (严格) 凸函数:

(1) $f(x_1, x_2) = 2x_1^2 - 2x_1x_2 + x_2^2 + 1000x_1 + 1001x_2 + 10$;

(2) $f(x_1, x_2) = x_1^2 - 4x_1x_2 + x_2^2 + 10x_1 + 11x_2 + 1$;

(3) $f(x_1, x_2) = 2x_1^2 + 10x_1x_2 + 2x_2^2 + 50x_1 + 101x_2 + 6$.

1.12　设 $\mathscr{F}$ 为凸集且函数 $f: \mathscr{F} \subseteq \mathbb{R}^n \to \mathbb{R}$, 若对任意的点 $x \in \mathscr{F}$ 及正数 α 都有 $f(\alpha x) = \alpha f(x)$, 则称 f 为 $\mathscr{F}$ 上的正齐次函数. 试证明: $\mathscr{F}$ 上的正齐次函数 f 是凸函数的充要条件是对任意的 $x, y \in \mathscr{F}$ 都有 $f(x+y) \leqslant f(x) + f(y)$.

1.13　假设 f 为 $\mathbb{R}^n$ 上的凸函数. 试证: 如果 f 在某点 $x^* \in \mathbb{R}^n$ 处取得全局最小值, 那么 f 在 $\mathbb{R}^n$ 上恒为常数.

1.14　给定对称矩阵 $G \in \mathbb{R}^{n\times n}$, 向量 $b \in \mathbb{R}^n$ 和实数 $c \in \mathbb{R}$. 定义二次函数$f(x) = \dfrac{1}{2}x^{\mathrm{T}}Gx + b^{\mathrm{T}}x + c$. 试证明:

(1) 当 G 为半正定矩阵时, 二次函数 f 是凸函数;

(2) 当 G 为正定矩阵时, 二次函数 f 是严格凸函数;

(3) 当 G 为半负定矩阵时, 二次函数 f 是凹函数;

(4) 当 G 为负定矩阵时, 二次函数 f 是严格凹函数;

(5) 当 G 为不定矩阵时, 二次函数 f 既不是凸函数, 也不是凹函数.

1.15　对于函数 $f: \mathbb{R}^n \to \mathbb{R}$ 和 $c_i: \mathbb{R}^n \to \mathbb{R}$ $(i \in \{1, 2, \cdots, m\})$. 给定正整数 $p < m$. 记

$$\mathscr{F} := \{x \in \mathbb{R}^n \mid c_i(x) \geqslant 0, i \in I := \{1, 2, \cdots, p\};\ c_i(x) = 0, i \in E := \{p+1, p+2, \cdots, m\}\}.$$

如果 f 在 $\mathscr{F}$ 上为凸函数, 每个 c_i $(i \in I)$ 为凹函数, 且每个 c_i $(i \in E)$ 为线性函数, 试证明: 优化问题

$$\min\{f(x)\ :\ x \in \mathscr{F}\}$$

是一个凸规划问题.

1.16　判断下列优化问题是否是凸规划问题:

$$
\begin{aligned}
(1) \quad & \min \quad f(x) = 2x_1^2 + x_2^2 + x_3^2 \\
& \text{s.t.} \quad x_1^2 + x_2^2 \leqslant 9, \\
& \qquad\ \ 5x_1 + x_3 = 10, \\
& \qquad\ \ x_1, x_2, x_3 \geqslant 0;
\end{aligned}
$$

$$
\begin{aligned}
(2) \quad & \min \quad f(x) = x_1^4 - 4x_1x_2 + 3x_2^2 \\
& \text{s.t.} \quad x_1 + x_2 \leqslant 5, \\
& \qquad\ \ x_1 - x_2 \leqslant 2, \\
& \qquad\ \ x_1, x_2 \geqslant 0.
\end{aligned}
$$

1.17 设方向 d 是函数 f 在点 x 处的一个下降方向. 记

$$M = I - \frac{dd^{\mathrm{T}}}{d^{\mathrm{T}}\nabla f(x)} - \frac{\nabla f(x)\nabla f(x)^{\mathrm{T}}}{\nabla f(x)^{\mathrm{T}}\nabla f(x)}.$$

试证: $d_M := -M\nabla f(x)$ 也是函数 f 在点 x 处的一个下降方向.

1.18 给定 $f(x) = (x_1 - 1)^2 + (x_2 - 2x_1)^2$. 求函数 f 在以 $x^0 = (0,0)^{\mathrm{T}}$ 为起点以 $d = (2,1)^{\mathrm{T}}$ 为方向的射线上的极小点.

1.19 分别利用精确一维线搜索、非精确一维线搜索以及非单调一维线搜索求解

$$\min_{0 \leqslant t \leqslant 2\pi} f(t) = \sin(t + \pi),$$

其中取初始点 $t_0 = \frac{3}{2}\pi$, $\sigma = 0.1$, $\delta = 0.7$ 以及精度 $\varepsilon = 0.001$.

1.20 求下列各序列收敛的阶数:

(1) $\left\{\left(\frac{1}{k}\right)^k\right\}$;

(2) $\{a^{bk}\}$, 其中 $a \in (0,1), b > 0$;

(3) $\left\{a^{2^k}\right\}$, $|a| < 1$.

1.21 证明: 如果序列 $\{x^k\} \subseteq \mathbb{R}^n$ 是 Q- 超线性收敛到 x^* 的, 那么

$$\lim_{k \to \infty} \frac{\|x^{k+1} - x^k\|}{\|x^k - x^*\|} = 1,$$

但反之不一定成立.

(提示: 反之部分可考虑数列 $\{a^k\} \subseteq \mathbb{R}$, 其中, 对任意的 $k \in \{1, 2, \cdots\}$ 有$a^{2k-1} = \frac{1}{k!}$ 和 $a^{2k} = 2a^{2k-1}$.)

第 2 章 线 性 规 划

本章首先介绍线性规划问题及其基本概念和结论, 然后讨论线性规划的对偶理论与最优性条件, 最后介绍求解线性规划的几种流行的数值方法.

2.1 线性规划问题及其基本概念

在最优化问题 (1.1.1) 中, 如果所有涉及的函数都是线性函数, 那么所对应的优化问题称为线性规划问题. 线性规划的**标准型**为

$$\begin{aligned} \min \quad & c_1x_1 + c_2x_2 + \cdots + c_nx_n \\ \text{s.t.} \quad & a_{11}x_1 + a_{12}x_2 + \cdots + a_{1n}x_n = b_1, \\ & a_{21}x_1 + a_{22}x_2 + \cdots + a_{2n}x_n = b_2, \\ & \qquad \cdots\cdots \\ & a_{m1}x_1 + a_{m2}x_2 + \cdots + a_{mn}x_n = b_m, \\ & x_1, x_2, \cdots, x_n \geqslant 0, \end{aligned} \tag{2.1.1}$$

或简记成矩阵与向量形式:

$$\begin{aligned} \min \quad & c^{\mathrm{T}}x \\ \text{s.t.} \quad & Ax = b,\ x \geqslant 0, \end{aligned} \tag{2.1.2}$$

其中, 向量 $c = (c_1, c_2, \cdots, c_n)^{\mathrm{T}} \in \mathbb{R}^n$ 称为价格系数向量, 每个分量 c_i 称为价格系数, $A = (a_{ij})_{m\times n}$ 称为系数矩阵, $b = (b_1, b_2, \ldots, b_m)^{\mathrm{T}} \in \mathbb{R}^m$ 称为右端向量且要求 $b \geqslant 0$. 在 (2.1.2) 式中, 如果不要求 $b \geqslant 0$, 那么称 (2.1.2) 式为线性规划问题的一般形式.

事实上, 任意一个线性规划问题都可以转化为标准型, 分以下三种情况讨论.

(1) 目标函数的转化.

如果所求优化问题是极大化目标函数, 那么可以将目标函数前加负号再求其极小化, 即可转化为目标函数求极小的问题. 容易证明: 转化后的优化问题与原优化问题具有相同的最优解且最优值互为相反数.

(2) 约束条件的转化.

第一种情况: 如果在 (2.1.1) 式中存在某个 $b_i < 0$, 那么在 b_i 所在方程的两端同乘以 -1, 即可将 $b_i < 0$ 转化为 $b_i > 0$. 因此, 右端向量总可转化为满足 $b \geqslant 0$.

第二种情况: 如果在 (2.1.1) 式中存在某个约束为 $a_{i1}x_1+a_{i2}x_2+\cdots+a_{in}x_n \leqslant b_i$, 那么可通过引进非负变量 x_{n+i} 使其变为等式约束

$$a_{i1}x_1 + a_{i2}x_2 + \cdots + a_{in}x_n + x_{n+i} = b_i,$$

称这样的变量 x_{n+i} 为松弛变量; 如果在 (2.1.1) 式中存在某个约束为 $a_{i1}x_1+a_{i2}x_2+\cdots+a_{in}x_n \geqslant b_i$, 那么可通过引进非负变量 x_{n+i} 使其变为等式约束

$$a_{i1}x_1 + a_{i2}x_2 + \cdots + a_{in}x_n - x_{n+i} = b_i,$$

称这样的变量 x_{n+i} 为剩余变量. 因此, 线性不等式约束总可转化为线性等式约束.

(3) 变量的非负性转化.

第一种情况: 如果在 (2.1.1) 式中存在某个变量 $x_j < 0$, 那么可引进变量 $x_j' := -x_j$, 显然 x_j' 非负, 将 $x_j = -x_j'$ 代入目标函数和等式约束中即可.

第二种情况: 如果在 (2.1.1) 式中存在某个变量 x_j 除等式约束 $Ax = b$ 外没有其他约束条件的要求, 此时称该变量为自由变量, 那么可引进两个非负变量 $x_j' \geqslant 0$ 和 $x_j'' \geqslant 0$, 并令 $x_j = x_j' - x_j''$, 然后将其代入目标函数和等式约束中即可.

记线性规划 (2.1.2) 的可行域为

$$\mathscr{F} := \{x \in \mathbb{R}^n \mid Ax = b, x \geqslant 0\},$$

则易证: 可行域 $\mathscr{F}$ 为凸集且目标函数为 $\mathscr{F}$ 上的凸函数, 因此线性规划是一类特殊的凸规划.

如果记 $A := (P_1\ P_2\ \cdots\ P_n)$, 其中 P_j 表示矩阵 A 的第 j 列, 那么线性规划 (2.1.2) 可表示为

$$\begin{aligned} \min \quad & c^{\mathrm{T}}x \\ \text{s.t.} \quad & \sum_{j=1}^{n} x_j P_j = b,\ x_j \geqslant 0,\ \forall j \in \{1, 2, \cdots, n\}. \end{aligned}$$

假设 $\operatorname{rank}(A) = m \leqslant n$ 且矩阵 A 的每个列向量均为非零向量. 这些假设是平凡的, 原因如下: 第一, 如果 A 不是行满秩, 那么等式约束中会存在系数行向量线性相关的方程, 合并这些方程并不会改变可行域 $\mathscr{F}$, 但可使剩下线性等式约束的系数矩阵行满秩. 第二, 如果 $m > n$, 在此情况下, 若约束不相容, 则可行域 $\mathscr{F} = \varnothing$; 否则总可以通过合并线性相关的约束方程使得 $m \leqslant n$. 第三, 如果矩阵 A 的某个列向量 P_j 为零向量, 那么当 $c_j > 0$ 时, 可解得 $x_j = 0$; 当 $c_j = 0$ 时, x_j 可取任意非负值; 当 $c_j < 0$ 时, 目标函数在可行域上无下界, 此时线性规划 (2.1.2) 无最优解.

因为 $m \leqslant n$ 且 $\operatorname{rank}(A) = m$, 所以 A 中必存在 m 阶非奇异的子矩阵 B. 为了叙述方便, 不妨设 $A=(B, N)$, 其中 $B = (P_1\ P_2\ \cdots\ P_m)$ 且 $N=(P_{m+1}\ P_{m+2}\ \cdots\ P_n)$.

称方阵 B 为线性规划 (2.1.2) 的一个**基矩阵**, 简称为**基**; 称矩阵 N 为对应的**非基矩阵**.

称基矩阵 B 的列向量 $P_1, P_2, \cdots, P_m$ 为**基向量**; 非基矩阵 N 的列向量 P_{m+1}, $P_{m+2}, \cdots, P_n$ 称为**非基向量**.

与基向量所对应的变量 $x_1, x_2, \cdots, x_m$ 称为**基变量**; 其余变量 $x_{m+1}, \cdots, x_n$ 称为**非基变量**.

令非基变量为零, 则方程组 $\sum\limits_{j=1}^{n} x_j P_j = b$ 变为 $\sum\limits_{j=1}^{m} P_j x_j = b$, 此时该方程组存在唯一解, 记为 $(x_1^0, x_2^0, \cdots, x_m^0)^{\mathrm{T}}$. 若令

$$x^0 := (x_1^0, x_2^0, \cdots, x_m^0, 0, 0, \cdots, 0)^{\mathrm{T}} \in \mathbb{R}^n,$$

则称 x^0 为与基矩阵 B 对应的**基解**. 易知: 线性规划 (2.1.2) 的基解个数最多有 $\mathrm{C}_n^m = \dfrac{n!}{(n-m)!m!}$ 个.

非负的基解被称为**基可行解**. 容易看到: 线性规划 (2.1.2) 的基可行解中正分量的个数最多有 m 个.

若基可行解中正分量的个数恰好为 m, 则称这样的基可行解是非退化的基可行解; 否则称为退化的基可行解.

若一个线性规划的所有基可行解都是非退化的, 则称该线性规划是非退化的.

2.2 线性规划的基本理论

2.2.1 解的几何特性

当一个线性规划有无穷多个可行解时, 如何从这无穷多个可行解中找出其最优解? 注意到线性规划 (2.1.2) 的可行域 $\mathscr{F}$ 是由若干个超平面和半空间围成的区域, 称为多面体. 本小节结合可行域 $\mathscr{F}$ 的形状, 给出线性规划最优解的一个判别条件, 为设计求解线性规划的单纯形算法提供理论基础.

引理 2.2.1 *假设 $x^0 \in \mathscr{F}$. x^0 是线性规划 (2.1.2) 的基可行解当且仅当 x^0 的正分量所对应的系数列向量线性无关.*

证明 由基可行解的定义, 引理的必要性易证. 下面证明引理的充分性. 不妨设 x^0 的前 l 个分量为正分量, 那么 x^0 可写为

$$x^0 := (x_1^0, x_2^0, \cdots, x_l^0, 0, 0, \cdots, 0)^{\mathrm{T}} \in \mathbb{R}^n, \quad x_j^0 > 0, \quad \forall j \in \{1, 2, \cdots, l\}.$$

设 x^0 的正分量对应的列向量 $P_1, P_2, \cdots, P_l$ 线性无关. 由 $\mathrm{rank}(A) = m$ 可知 $l \leqslant m$. 根据 $x^0 \in \mathscr{F}$ 可得 $Ax^0 = b$, 所以 $\sum\limits_{j=1}^{l} x_j^0 P_j = b$.

若 $l=m$, 则 $(P_1,P_2,\cdots,P_m)$ 是线性规划 (2.1.2) 的一个基, 因此 x^0 是与此基对应的基可行解.

若 $l<m$, 则由 $\operatorname{rank}(A)=m$ 及线性代数的基本知识, 可从 $P_{l+1},P_{l+2},\cdots,P_n$ 中选出 $m-l$ 个向量, 使得它们与 $P_1,P_2,\cdots,P_l$ 一起构成线性规划 (2.1.2) 的一个基, 因此 x^0 是与此基对应的基可行解.

引理得证. □

下面的定义和定理将对基可行解从几何方面上加以解释.

定义 2.2.1 设 $\mathscr{F}\subseteq\mathbb{R}^n$ 为凸集且 $x\in\mathscr{F}$. 若 $\mathscr{F}$ 中不存在两个不同点 y,z 及某一实数 $\alpha\in(0,1)$ 使得 $x=\alpha y+(1-\alpha)z$, 则称 x 为 $\mathscr{F}$ 的极点.

在 $\mathbb{R}^2$ 中, 易证: 正方形的四个顶点都是此正方形区域的极点; 圆周 $\{x\in\mathbb{R}^2|\|x\|=1\}$ 上的每个点都是圆域 $\{x\in\mathbb{R}^2|\|x\|\leqslant 1\}$ 的极点; 线性规划 (2.1.2) 的可行域 $\mathscr{F}$ (多面体) 的顶点为其极点.

定理 2.2.1 假设 $x^0\in\mathscr{F}$. x^0 是线性规划 (2.1.2) 的基可行解当且仅当 x^0 为可行域 $\mathscr{F}$ 的极点.

证明 先证必要性. 不妨设 $x^0:=(x_1^0,x_2^0,\cdots,x_l^0,0,0,\cdots,0)^{\mathrm{T}}\in\mathbb{R}^n$ 是线性规划 (2.1.2) 的一个基可行解, 其中 $x_j^0>0\ (j\in\{1,2,\cdots,l\})$, 且 $P_1,P_2,\cdots,P_l$ 是 x^0 中正分量所对应的基向量. 那么由引理 2.2.1 可知, $P_1,P_2,\ldots,P_l$ 线性无关.

假设 $y,z\in\mathscr{F}$, $\alpha\in(0,1)$, 且 $x^0=\alpha y+(1-\alpha)z$. 那么由 $\alpha\in(0,1),y,z\geqslant 0$ 及 $x_j^0=0\ (j\in\{l+1,l+2,\cdots,n\})$, 可得

$$y_j=z_j=0,\quad \forall j\in\{l+1,l+2,\cdots,n\}. \tag{2.2.1}$$

因此, 再根据 $y,z\in\mathscr{F}$, 可得 $\sum\limits_{j=1}^{l}y_jP_j=b$ 和 $\sum\limits_{j=1}^{l}z_jP_j=b$. 两式相减可得

$$\sum_{j=1}^{l}(y_j-z_j)P_j=0.$$

由于向量组 $P_1,P_2,\cdots,P_l$ 是线性无关的, 因而由上式可得, 对任意的 $j\in\{1,2,\cdots,l\}$ 都有 $y_j=z_j$. 与 (2.2.1) 式相结合可得 $y=z$. 所以, 由定义 2.2.1 可知, x^0 为 $\mathscr{F}$ 的极点.

再证充分性. 不妨设 $x^0:=(x_1^0,x_2^0,\cdots,x_l^0,0,0,\cdots,0)^{\mathrm{T}}\in\mathbb{R}^n$ 是可行域 $\mathscr{F}$ 的极点, 其中 $x_j^0>0\ (j\in\{1,2,\cdots,l\})$, 且 $P_1,P_2,\cdots,P_l$ 是 x^0 中正分量对应的系数列向量. 设 x^0 不是线性规划 (2.1.2) 的基可行解, 则由引理 2.2.1 可知, $P_1,P_2,\cdots,P_l$ 线性相关, 即存在不全为零的数 $\alpha_1,\alpha_2,\cdots,\alpha_l$ 使得

$$\sum_{j=1}^{l}\alpha_jP_j=0. \tag{2.2.2}$$

又由 $x^0 := (x_1^0, x_2^0, \cdots, x_l^0, 0, 0, \cdots, 0)^{\mathrm{T}} \in \mathscr{F}$ 可得

$$\sum_{j=1}^{l} x_j^0 P_j = b. \tag{2.2.3}$$

用 $\varepsilon > 0$ 乘以 (2.2.2) 式的两端, 再与 (2.2.3) 式相加减可得

$$\sum_{j=1}^{l}(x_j^0 + \varepsilon\alpha_j)P_j = b \quad 和 \quad \sum_{j=1}^{l}(x_j^0 - \varepsilon\alpha_j)P_j = b. \tag{2.2.4}$$

记

$$x^+ := (x_1^0 + \varepsilon\alpha_1, x_2^0 + \varepsilon\alpha_2, \cdots, x_l^0 + \varepsilon\alpha_l, 0, 0, \cdots, 0)^{\mathrm{T}} \in \mathbb{R}^n,$$
$$x^- := (x_1^0 - \varepsilon\alpha_1, x_2^0 - \varepsilon\alpha_2, \cdots, x_l^0 - \varepsilon\alpha_l, 0, 0, \cdots, 0)^{\mathrm{T}} \in \mathbb{R}^n.$$

那么由 (2.2.4) 式可得 $Ax^+ = Ax^- = b$. 另外, 当 $\varepsilon > 0$ 充分小时, 显然有 $x^+ \geqslant 0$ 和 $x^- \geqslant 0$. 所以, 当 $\varepsilon > 0$ 充分小时, 可得

$$x^+, x^- \in \mathscr{F}, \quad x^+ \neq x^-, \quad 且\ x^0 = \frac{1}{2}x^+ + \frac{1}{2}x^-.$$

这与 x^0 为 $\mathscr{F}$ 的极点相矛盾. 所以, x^0 是线性规划 (2.1.2) 的基可行解. □

由定理 2.2.1 易知: 线性规划 (2.1.2) 可行域 $\mathscr{F}$ 的顶点个数最多为 C_n^m 个. 下面的定理考虑基可行解的存在性.

定理 2.2.2 假设可行域 $\mathscr{F} \neq \varnothing$, 那么线性规划 (2.1.2) 存在基可行解.

证明 不妨设 $x^0 := (x_1^0, x_2^0, \cdots, x_l^0, 0, \cdots, 0)^{\mathrm{T}} \in \mathscr{F}$, 其中 $x_j^0 > 0$ ($j \in \{1, 2, \cdots, l\}$) 且 $P_1, P_2, \cdots, P_l$ 是可行解 x^0 的正分量对应的系数列向量, 那么 $\sum\limits_{j=1}^{l} x_j^0 P_j = b$.

(1) 若 $P_1, P_2, \cdots, P_l$ 线性无关, 那么由定理 2.2.1 可知, x^0 是线性规划 (2.1.2) 的基可行解.

(2) 若 $P_1, P_2, \cdots, P_l$ 线性相关, 那么存在一组不全为零的数 $\alpha_1, \alpha_2, \cdots, \alpha_l$ 使得 $\sum\limits_{j=1}^{l} \alpha_j P_j = 0$. 取

$$\varepsilon := \min\left\{ \frac{x_j^0}{|\alpha_j|} \;\middle|\; |\alpha_j| > 0,\ \forall j \in \{1, 2, \cdots, l\} \right\},$$

并记 $\alpha := (\alpha_1, \alpha_2, \cdots, \alpha_l, 0, 0, \cdots, 0)^{\mathrm{T}} \in \mathbb{R}^n$, 类似于定理 2.2.1 的证明可得 $x^0 + \varepsilon\alpha, x^0 - \varepsilon\alpha \in \mathscr{F}$, 并且 $x^0 + \varepsilon\alpha$ 和 $x^0 - \varepsilon\alpha$ 中至少有一个满足如下性质: 至多有 $l-1$ 个分量大于零而其他分量等于零. 不妨设 $x^0 + \varepsilon\alpha \in \mathscr{F}$ 并且 $x^0 + \varepsilon\alpha$ 中至多有 $l-1$ 个分量大于零.

(i) 若 $x^0+\varepsilon\alpha$ 的正分量对应的系数列向量线性无关, 那么由定理 2.2.1 可知, x^+ 是线性规划 (2.1.2) 的基可行解.

(ii) 若 $x^0+\varepsilon\alpha$ 的正分量对应的系数列向量线性相关, 那么用 $x^0+\varepsilon\alpha$ 代替 x^0, 重复以上过程.

由于系数矩阵 A 的列向量为非零向量, 因而以上过程必定在有限步内终止. 所以, 以上过程重复到剩下的正分量所对应的系数列向量线性无关为止. □

下面的定理给出线性规划 (2.1.2) 最优解的一个重要性质.

定理 2.2.3 *若线性规划 (2.1.2) 存在最优解, 那么它必定存在某个基可行解是其最优解.*

证明 用反证法. 设 x^0 是线性规划 (2.1.2) 的一个最优解, 但它不是基可行解. 按照定理 2.2.2 的证明方法选取 $\varepsilon>0$, 可找出两个新的可行解 $x^0+\varepsilon\alpha\in\mathscr{F}$ 和 $x^0-\varepsilon\alpha\in\mathscr{F}$. 由于 x^0 是线性规划 (2.1.2) 的最优解, 所以

$$c^{\mathrm{T}}(x^0+\varepsilon\alpha)=c^{\mathrm{T}}x^0+\varepsilon c^{\mathrm{T}}\alpha\geqslant c^{\mathrm{T}}x^0 \quad 且 \quad c^{\mathrm{T}}(x^0-\varepsilon\alpha)=c^{\mathrm{T}}x^0-\varepsilon c^{\mathrm{T}}\alpha\geqslant c^{\mathrm{T}}x^0.$$

因此, $c^{\mathrm{T}}\alpha=0$. 进而,

$$c^{\mathrm{T}}(x^0+\varepsilon\alpha)=c^{\mathrm{T}}(x^0-\varepsilon\alpha)=c^{\mathrm{T}}x^0.$$

这表明: 按照定理 2.2.2 的证明选取 $\varepsilon>0$ 时, $x^0+\varepsilon\alpha$ 和 $x^0-\varepsilon\alpha$ 均为线性规划 (2.1.2) 的最优解. 若 $x^0+\varepsilon\alpha$ 和 $x^0-\varepsilon\alpha$ 中至少有一个为线性规划 (2.1.2) 的基可行解, 那么定理得证; 否则, 按照定理 2.2.2 的证明方法不断重复, 可使得在每次重复过程中至少有一个新得到最优解的正分量个数减少, 而最终可得到: 至少有一个新得到的最优解是基可行解. □

定理 2.2.1～ 定理 2.2.3 表明: 若线性规划 (2.1.2) 存在最优解, 那么可以从其可行域 $\mathscr{F}$ 的顶点中来找最优解. 回忆可行域 $\mathscr{F}$ 的顶点个数最多为 C_n^m 个. 当 n,m 较小时, C_n^m 较小, 可先找出所有的基可行解, 然后比较基可行解对应的目标函数值来获得最优解. 然而, 当 n,m 较大时, C_n^m 很大, 以上穷举法是不可行的, 需要按照一定的规则从基可行解中找线性规划 (2.1.2) 的最优解.

2.2.2 对偶理论与最优性条件

本小节首先给出线性规划的对偶规划问题, 然后讨论线性规划的对偶理论, 最后给出线性规划的最优性条件.

1. 对偶规划问题

考虑以下线性规划问题

$$\begin{aligned}&\min \quad c^{\mathrm{T}}x\\&\text{s.t.} \quad Ax\geqslant b,\ \ x\geqslant 0,\end{aligned} \tag{2.2.5}$$

其中, $c \in \mathbb{R}^n, A = (a_{ij})_{m\times n} \in \mathbb{R}^{m\times n}, b \in \mathbb{R}^m$ 是给定的数据. 假设问题 (2.2.5) 的可行域 $\mathscr{F}$ 非空, 一个重要的问题是: 如何系统地找目标函数在可行域上尽可能大的下界? 其重要性可从随后的对偶理论中看出.

对任意的非负向量 $y \in \mathbb{R}^m$, 由 $Ax \geqslant b$ 可得

$$b^{\mathrm{T}}y \leqslant (Ax)^{\mathrm{T}}y = x^{\mathrm{T}}(A^{\mathrm{T}}y).$$

如果 $A^{\mathrm{T}}y \leqslant c$, 那么 $b^{\mathrm{T}}y \leqslant c^{\mathrm{T}}x$. 这表明: $b^{\mathrm{T}}y$ 是问题 (2.2.5) 中目标函数的一个下界. 进而, 以下线性规划问题的最优值是问题 (2.2.5) 中目标函数在其可行域上的最大下界

$$\begin{array}{ll} \max & b^{\mathrm{T}}y \\ \text{s.t.} & A^{\mathrm{T}}y \leqslant c,\ y \geqslant 0. \end{array} \tag{2.2.6}$$

称问题 (2.2.6) 为线性规划问题 (2.2.5) 的对偶问题, 其中每个 $y_i\ (i = 1, 2, \cdots, m)$ 称为对偶变量. 称问题 (2.2.5) 为原问题. 原问题 (2.2.5) 与对偶问题 (2.2.6) 具有以下五个特点.

(1) 从目标函数和线性不等式约束来看, "min, $\geqslant$" 与 "max, $\leqslant$" 相对应;

(2) 两个问题约束条件的系数矩阵互为转置;

(3) 价格系数和右端向量在两个问题中的位置互换;

(4) 每个问题的变量个数等于另一个问题中不等式约束条件的个数;

(5) 两个问题中的变量皆为非负.

定理 2.2.4 (对合性) 线性规划问题 (2.2.6) 的对偶规划问题是问题 (2.2.5).

证明 考虑线性规划问题

$$\begin{array}{ll} \min & (-b)^{\mathrm{T}}y \\ \text{s.t.} & (-A)^{\mathrm{T}}y \geqslant -c,\ \ y \geqslant 0. \end{array} \tag{2.2.7}$$

显然, 问题 (2.2.7) 与对偶问题 (2.2.6) 具有相同的最优解集并且最优值互为相反数. 按照对偶规划问题的定义, 可知问题 (2.2.7) 的对偶规划问题为

$$\begin{array}{ll} \max & (-c)^{\mathrm{T}}x \\ \text{s.t.} & (-A)x \leqslant -b,\ \ x \geqslant 0. \end{array} \tag{2.2.8}$$

易知问题 (2.2.8) 与原问题 (2.2.5) 具有相同的最优解集并且最优值互为相反数. 因此, 对偶规划 (2.2.6) 的对偶问题是原规划问题 (2.2.5). □

称问题 (2.2.5) 和问题 (2.2.6) 为一对原、对偶问题. 若原问题的可行域非空, 则称原问题是可行的; 若对偶问题的可行域非空, 则称对偶问题是可行的. 若原问题

的目标函数在可行域上有下界, 则简称原问题有下界; 若原问题的目标函数在可行域上无下界, 则简称原问题无下界. 类似可定义对偶问题有上界或无上界.

由于任何一个线性规划问题可转化为问题 (2.2.5) 的形式, 因而对任意一个线性规划, 可将其先转化为问题 (2.2.5) 的形式后, 再按以上规则写出其对偶规划问题. 然而, 转化过程有时是麻烦的. 是否能对任意的连续型线性规划直接写出其对偶规划问题? 下面的结论将给出正面的回答.

定理 2.2.5 如果线性规划问题 (2.2.5) 的第 k $(1 \leqslant k \leqslant m)$ 个约束为等式约束, 即 $a_{k1}x_1 + a_{k2}x_2 + \cdots + a_{kn}x_n = b_k$, 那么对偶规划问题 (2.2.6) 中对应的第 k 个变量 y_k 为自由变量.

证明 由于等式约束等价于

$$a_{k1}x_1 + a_{k2}x_2 + \cdots + a_{kn}x_n \geqslant b_k \quad \text{且} \quad -a_{k1}x_1 - a_{k2}x_2 - \cdots - a_{kn}x_n \geqslant -b_k,$$

因此, 线性规划问题 (2.2.5) 等价于

$$\begin{array}{ll}
\min & c_1x_1 + c_2x_2 + \cdots + c_nx_n \\
\text{s.t.} & a_{11}x_1 + a_{12}x_2 + \cdots + a_{1n}x_n \geqslant b_1, \\
& \quad\cdots\cdots \\
& a_{k1}x_1 + a_{k2}x_2 + \cdots + a_{kn}x_n \geqslant b_k, \\
& -a_{k1}x_1 - a_{k2}x_2 - \cdots - a_{kn}x_n \geqslant -b_k, \\
& \quad\cdots\cdots \\
& a_{m1}x_1 + a_{m2}x_2 + \cdots + a_{mn}x_n \geqslant b_m, \\
& x_1, x_2, \cdots, x_n \geqslant 0,
\end{array}$$

其对偶规划为

$$\begin{array}{ll}
\max & b_1y_1 + \cdots + b_{k-1}y_{k-1} + b_k(y_k' - y_k'') + b_{k+1}y_{k+1} + \cdots + b_my_m \\
\text{s.t.} & a_{11}y_1 + \cdots + a_{(k-1)1}y_{k-1} + a_{k1}(y_k' - y_k'') + a_{(k+1)1}y_{k+1} + \cdots + a_{m1}y_m \leqslant c_1, \\
& \quad\cdots\cdots \\
& a_{1n}y_1 + \cdots + a_{(k-1)n}y_{k-1} + a_{kn}(y_k' - y_k'') + a_{(k+1)n}y_{k+1} + \cdots + a_{mn}y_m \leqslant c_n, \\
& y_1, \cdots, y_{k-1}, y_k', y_k'', y_{k+1}, \cdots, y_m \geqslant 0,
\end{array}$$

令 $y_k := y_k' - y_k''$, 则 y_k 就是自由变量. □

由定理 2.2.4 和定理 2.2.5, 对称地可得到如下结论.

定理 2.2.6 若线性规划问题 (2.2.5) 的第 l $(1 \leqslant l \leqslant n)$ 个变量为自由变量, 那么对偶规划问题 (2.2.6) 中对应的第 l 个约束为等式约束.

利用对偶规划问题的定义, 结合定理 2.2.5 和定理 2.2.6, 对任意的连续型线性

规划问题可直接写出其对偶规划. 例如, 线性规划问题

$$\begin{aligned} \min \quad & c^{\mathrm{T}}x \\ \text{s.t.} \quad & Ax \geqslant b \end{aligned} \tag{2.2.9}$$

的对偶规划为

$$\begin{aligned} \max \quad & b^{\mathrm{T}}y \\ \text{s.t.} \quad & A^{\mathrm{T}}y = c, \;\; y \geqslant 0; \end{aligned} \tag{2.2.10}$$

一般线性规划问题

$$\begin{aligned} \min \quad & c^{\mathrm{T}}x \\ \text{s.t.} \quad & Ax = b, \;\; x \geqslant 0 \end{aligned} \tag{2.2.11}$$

的对偶规划为

$$\begin{aligned} \max \quad & b^{\mathrm{T}}y \\ \text{s.t.} \quad & A^{\mathrm{T}}y \leqslant c. \end{aligned} \tag{2.2.12}$$

例 2.2.1　写出以下线性规划问题的对偶规划:

$$\begin{aligned} \min \quad & x_1 - 2x_2 - 3x_3 + 4x_4 \\ \text{s.t.} \quad & 3x_1 - 2x_2 + x_3 \geqslant 10, \\ & -4x_1 + x_2 + 2x_3 - x_4 = 6, \\ & -2x_1 + x_3 + 2x_4 \geqslant 2, \\ & x_1 \geqslant 0, x_2 \geqslant 0, x_3 \text{为自由变量}, x_4 \geqslant 0. \end{aligned}$$

解　设对偶变量为 y_1, y_2, y_3, 那么所求对偶规划为

$$\begin{aligned} \max \quad & 10y_1 + 6y_2 + 2y_3 \\ \text{s.t.} \quad & 3y_1 - 4y_2 - 2y_3 \leqslant 1, \\ & -2y_1 + y_2 \leqslant -2, \\ & y_1 + 2y_2 + y_3 = -3, \\ & -y_2 + 2y_3 \leqslant 4, \\ & y_1 \geqslant 0, y_2 \text{为自由变量}, y_3 \geqslant 0. \end{aligned}$$

□

2. 对偶理论

由于不同形式的线性规划之间可以相互转化, 所以, 不失一般性, 下面以原线性规划 (2.2.9) 和对偶线性规划 (2.2.10) 这一对问题为例, 讨论线性规划的对偶理论.

由对偶规划的推导容易得到以下弱对偶定理.

定理 2.2.7 (弱对偶定理) 线性规划问题 (2.2.9) 中任一可行解对应的目标函数值不小于其对偶规划问题 (2.2.10) 中任一可行解对应的目标函数值.

由定理 2.2.7 易得以下两个推论.

推论 2.2.1 假设 x^*, y^* 分别是原线性规划 (2.2.9) 和对偶线性规划 (2.2.10) 的可行解且 $c^{\mathrm{T}}x^* = b^{\mathrm{T}}y^*$, 那么 x^*, y^* 分别是原线性规划 (2.2.9) 和对偶线性规划 (2.2.10) 的最优解.

证明 设 x 是问题 (2.2.9) 的任一可行解, 由弱对偶定理知 $c^{\mathrm{T}}x \geqslant b^{\mathrm{T}}y^*$, 于是可得 $c^{\mathrm{T}}x \geqslant c^{\mathrm{T}}x^*$, 故 x^* 是原线性规划 (2.2.9) 的最优解. 类似可证: y^* 是对偶线性规划 (2.2.10) 的最优解. □

推论 2.2.2 (i) 如果原线性规划 (2.2.9) 可行但无下界, 那么其对偶线性规划 (2.2.10) 无可行解.

(ii) 如果对偶线性规划 (2.2.10) 可行但无上界, 那么原线性规划问题 (2.2.9) 无可行解.

证明 只证 (i), 类似可证 (ii). 用反证法. 假设对偶线性规划 (2.2.10) 存在可行解, 令为 y^0, 那么对原线性规划 (2.2.9) 的任一可行解 x, 由弱对偶定理可知 $c^{\mathrm{T}}x \geqslant b^{\mathrm{T}}y^0$. 这与原线性规划 (2.2.9) 无下界相矛盾. □

下面给出强对偶定理.

定理 2.2.8 (强对偶定理) 考虑原问题 (2.2.9) 和对偶问题 (2.2.10). 下面五个命题是等价的:

(i) 原线性规划 (2.2.9) 可行且有下界;

(ii) 对偶线性规划 (2.2.10) 可行且有上界;

(iii) 原线性规划 (2.2.9) 存在最优解;

(iv) 对偶线性规划 (2.2.10) 存在最优解;

(v) 原线性规划 (2.2.9) 和对偶线性规划 (2.2.10) 均可行.

另外, 在任何一种情况下, 原、对偶线性规划的最优值相等.

证明 首先证明 "(i)$\Longrightarrow$(iv)". 令 $c^* := \inf_x\{c^{\mathrm{T}}x \mid Ax \geqslant b\}$. 由于原线性规划 (2.2.9) 可行且有下界, 所以对任意满足 $Ax \geqslant b$ 的 x 都有 $c^{\mathrm{T}}x \geqslant c^*$. 进而, 不等式组

$$-c^{\mathrm{T}}x > -c^*, \quad Ax \geqslant b$$

无解, 即不等式组

$$(-A, b)\begin{pmatrix} x \\ 1 \end{pmatrix} \leqslant 0, \quad \begin{pmatrix} -c \\ c^* \end{pmatrix}^{\mathrm{T}} \begin{pmatrix} x \\ 1 \end{pmatrix} > 0$$

无解. 由 Farkas 引理 (引理 1.3.1) 可知, 存在非负向量 $y^* \in \mathbb{R}^m$ 使得

$$(-A, b)^{\mathrm{T}} y^* = \begin{pmatrix} -c \\ c^* \end{pmatrix},$$

即

$$A^{\mathrm{T}} y^* = c, \quad b^{\mathrm{T}} y^* = c^*$$

成立. 这表明: y^* 是对偶线性规划 (2.2.10) 的一个可行解且对应的目标函数值等于 c^*; 再由弱对偶定理可知, 对偶线性规划 (2.2.10) 的任一个可行解对应的目标函数值小于等于 c^*. 因此, y^* 是对偶线性规划 (2.2.10) 的一个最优解, 即 (iv) 成立.

注意到: "(iv)$\Longrightarrow$(ii)" 是显然的; 由对合性定理和结论 "(i)$\Longrightarrow$(iv)" 知 "(ii)$\Longrightarrow$(iii)" 成立; 且 "(iii)$\Longrightarrow$(i)" 是显然的, 所以得到命题 (i), (ii), (iii), (iv) 是等价的.

现在证明 (iii) 与 (v) 等价. 一方面, 如果 (iii) 成立, 那么 (iv) 也成立, 由 (iii) 和 (iv) 显然得到 (v) 成立, 即 "(iii)$\Longrightarrow$(v)" 成立; 另一方面, 假设 (v) 成立, 由于对偶线性规划 (2.2.10) 的任一个可行解对应的目标函数值是原线性规划的一个下界, 所以 (i) 成立, 进而 (iii) 成立, 即 "(v)$\Longrightarrow$(iii)" 成立. 由此，可证得上述五个命题等价.

最后证明原、对偶线性规划的最优值相等. 由于五个命题是等价的, 因此只需证明在命题 (i) 下的结论成立即可. 由命题 (i) 成立, 则原、对偶线性规划均存在最优解. 在此情况下, 在 "(i)$\Longrightarrow$(iv)" 的证明中定义的 c^* 是原线性规划的最优值, 再由 "(i)$\Longrightarrow$(iv)" 的证明, 可知原、对偶线性规划的最优值相等. □

3. 最优性条件

由于线性规划之间可以相互转化, 所以对于其他形式的原、对偶线性规划问题对, 以上讨论的对偶定理都类似成立. 不失一般性, 下面以原线性规划 (2.2.11) 和对偶线性规划 (2.2.12) 这一对优化问题为例, 讨论线性规划最优解的判别条件.

定理 2.2.9 (互补松弛条件) 假设 x^*, y^* 分别是原线性规划 (2.2.11) 和对偶线性规划 (2.2.12) 的可行解. 则 x^*, y^* 分别是原线性规划 (2.2.11) 和对偶线性规划 (2.2.12) 的最优解当且仅当 $(x^*)^{\mathrm{T}}(A^{\mathrm{T}} y^* - c) = 0$.

证明 先证必要性. 由于原、对偶线性规划存在最优解, 因而由强对偶定理可知它们的最优值相等, 即 $c^{\mathrm{T}} x^* = b^{\mathrm{T}} y^*$. 将 $b = Ax^*$ 代入上式, 即可得到 $(x^*)^{\mathrm{T}}(A^{\mathrm{T}} y^* - c) = 0$.

再证充分性. 由 $(x^*)^{\mathrm{T}}(A^{\mathrm{T}} y^* - c) = 0$ 和 $Ax^* = b$ 可得

$$c^{\mathrm{T}} x^* = (x^*)^{\mathrm{T}} A^{\mathrm{T}} y^* = (Ax^*)^{\mathrm{T}} y^* = b^{\mathrm{T}} y^*.$$

再由推论 2.2.1, 可得 x^*, y^* 分别是原线性规划 (2.2.11) 和对偶线性规划 (2.2.12) 的最优解. □

定理 2.2.9 实际上给出了线性规划最优解的判别条件.

定理 2.2.10 (最优性条件) 假设 $\mathscr{F}, \mathscr{D}$ 分别表示原线性规划 (2.2.11) 和对偶线性规划 (2.2.12) 的可行域. 则 $x^* \in \mathbb{R}^n, y^* \in \mathbb{R}^m$ 分别是原线性规划 (2.2.11) 和对偶线性规划 (2.2.12) 的最优解当且仅当 $x^* \in \mathbb{R}^n, y^* \in \mathbb{R}^m$ 满足以下条件

$$x^* \in \mathscr{F}, \quad y^* \in \mathscr{D}, \quad (x^*)^{\mathrm{T}}(A^{\mathrm{T}}y^* - c) = 0.$$

通过引入松弛变量 s, 对偶线性规划 (2.2.12) 可转化为

$$\begin{aligned} \max \quad & b^{\mathrm{T}}y \\ \text{s.t.} \quad & A^{\mathrm{T}}y + s = c, \quad s \geqslant 0. \end{aligned} \tag{2.2.13}$$

因此，定理 2.2.10 可叙述如下.

定理 2.2.11 (最优性条件) $x^* \in \mathbb{R}^n, (y^*, s^*) \in \mathbb{R}^m \times \mathbb{R}^n$ 分别是原线性规划 (2.2.11) 和对偶线性规划 (2.2.13) 的最优解当且仅当下面的等式与不等式组成立

$$\begin{cases} Ax^* = b, \\ A^{\mathrm{T}}y^* + s^* = c, \\ x^* \geqslant 0, \quad s^* \geqslant 0, \quad (x^*)^{\mathrm{T}}s^* = 0. \end{cases} \tag{2.2.14}$$

最优性条件为求解原、对偶线性规划的最优解提供了理论基础. 例如, 可以通过求解等式与不等式组 (2.2.14) 式求解原线性规划 (2.2.11) 和对偶线性规划 (2.2.13) 的最优解.

2.3 线性规划的单纯形算法

1947 年, Dantzig 提出了求解线性规划问题 (2.1.2) 的单纯形算法 (simplex method), 其基本思想如下: 首先找出一个基可行解 (顶点), 并判别该基可行解是否为最优解, 如果是, 那么问题已经解决; 否则, 找与该顶点相邻的顶点, 并使得在所找顶点处的目标函数值不大于前一个顶点处的目标函数值. 由于线性规划问题 (2.1.2) 的顶点个数不会超过 C_n^m, 因而经过有限次迭代后, 或者找到问题的一个最优解, 或者判断出该问题没有最优解.

2.3.1 算法介绍

在本小节中, 将分为五个部分介绍单纯形算法, 首先推导出线性规划的规范式, 然后从规范式出发介绍单纯形算法的迭代过程, 最后介绍一般的迭代算法.

1. 规范式

在介绍单纯形算法之前, 首先推导出**线性规划的规范式**. 考虑一般线性规划问题

$$\begin{aligned} \min \quad & f(x) = c^{\mathrm{T}} x \\ \text{s.t.} \quad & Ax = b,\ x \geqslant 0, \end{aligned} \tag{2.3.1}$$

不妨假设 $x_1, x_2, \cdots, x_m$ 为基变量, $x_{m+1}, x_{m+2}, \cdots, x_n$ 为非基变量, 则基矩阵为 $B = (P_1\ P_2\ \cdots\ P_m)$, 非基矩阵为 $N = (P_{m+1}\ P_{m+2}\ \cdots\ P_n)$, 其中 $P_j\ (j = 1, \cdots, n)$ 为系数矩阵 A 的第 j 列向量. 记 $x_B := (x_1, x_2, \cdots, x_m)^{\mathrm{T}}$, $x_N := (x_{m+1}, x_{m+2}, \cdots, x_n)^{\mathrm{T}}$, 并且类似地可定义 c_B 和 c_N, 那么线性方程组 $Ax = b$ 变为 $Bx_B + Nx_N = b$. 由于基矩阵 B 非奇异, 所以有

$$x_B = B^{-1}b - B^{-1}Nx_N.$$

将上式代入线性规划问题 (2.3.1) 中, 则线性规划问题 (2.3.1) 可变为

$$\begin{aligned} \min \quad & f(x) = c_B^{\mathrm{T}} B^{-1} b + (c_N^{\mathrm{T}} - c_B^{\mathrm{T}} B^{-1} N) x_N \\ \text{s.t.} \quad & x_B = B^{-1}b - B^{-1}Nx_N,\ x \geqslant 0. \end{aligned}$$

记 $f_0 := c_B^{\mathrm{T}} B^{-1} b$, $b' = (b'_1, b'_2, \cdots, b'_m)^{\mathrm{T}} := B^{-1}b$, $\sigma_N = (\sigma_{m+1}, \sigma_{m+2}, \cdots, \sigma_n) := c_N^{\mathrm{T}} - c_B^{\mathrm{T}} B^{-1} N$ 和

$$\begin{pmatrix} a'_{1m+1} & a'_{1m+2} & \cdots & a'_{1n} \\ \vdots & \vdots & & \vdots \\ a'_{mm+1} & a'_{mm+2} & \cdots & a'_{mn} \end{pmatrix} := B^{-1}N,$$

那么线性规划问题 (2.3.1) 变为

$$\begin{aligned} \min \quad & f(x) = f_0 + \sum_{j=m+1}^{n} \sigma_j x_j \\ \text{s.t.} \quad & x_i = b'_i - \sum_{j=m+1}^{n} a'_{ij} x_j,\ \forall i \in \{1, 2, \cdots, m\},\ x_s \geqslant 0,\ \forall s \in \{1, 2, \cdots, n\}. \end{aligned} \tag{2.3.2}$$

称线性规划问题 (2.3.2) 为与基变量 $x_1, x_2, \cdots, x_m$ 相对应的**规范式**.

2. 最优性的判定

在规范式 (2.3.2) 中, 令非基变量为零, 得到一个基解 $x^0 = (x_1, \cdots, x_n)^{\mathrm{T}}$, 其中, 若 $j \in \{1, 2, \cdots, m\}$, 则 $x_j = b'_j$; 否则 $x_j = 0$. 若对所有的 $j \in \{1, 2, \cdots, m\}$ 都有 $b'_j \geqslant 0$, 则 x^0 是线性规划问题 (2.3.1) 的一个基可行解.

定义 2.3.1 称 $\sigma^{\mathrm{T}} := c^{\mathrm{T}} - c_B^{\mathrm{T}} B^{-1} A$ 为变量 x 的判别数向量, 其中每个 σ_j 称为变量 x_j 的判别数. 基变量的判别数向量为 $\sigma_B^{\mathrm{T}} = c_B^{\mathrm{T}} - c_B^{\mathrm{T}} B^{-1} B$, 非基变量的判别数向量为 $\sigma_N^{\mathrm{T}} = c_N^{\mathrm{T}} - c_B^{\mathrm{T}} B^{-1} N$.

定理 2.3.1 假设 x^0 是线性规划问题 (2.3.1) 与基变量 $x_1, x_2, \cdots, x_m$ 相对应规范式 (2.3.2) 中对应于基矩阵 $B = (P_1\ P_2\ \cdots\ P_m)$ 的基可行解. 若 x^0 的所有判别数非负, 即对任意的 $j \in \{1, 2, \cdots, n\}$ 都有 $\sigma_j \geqslant 0$, 则 x^0 是线性规划问题 (2.3.1) 的一个最优解.

证明 由于 x^0 是由与基变量 $x_1, x_2, \cdots, x_m$ 相对应的规范式中所得到的基可行解, 所以 x^0 对应的目标函数值为 f_0. 对任意的可行点 $x \in \mathscr{F}$, 结合 $x \geqslant 0, \sigma \geqslant 0$ 以及规范式 (2.3.2), 有

$$f(x) = c^{\mathrm{T}} x = f_0 + \sum_{j=m+1}^{n} \sigma_j x_j \geqslant f_0,$$

这表明 x^0 是线性规划问题 (2.3.1) 的一个最优解. □

定理 2.3.2 假设 x^0 是线性规划问题 (2.3.1) 与基变量 $x_1, x_2, \cdots, x_m$ 相对应规范式 (2.3.2) 中对应于基矩阵 $B = (P_1\ P_2\ \cdots\ P_m)$ 的基可行解. 在 x^0 的判别数中, 若存在 $k \in \{m+1, m+2, \cdots, n\}$ 使得 $\sigma_k < 0$, 并且对所有的 $i \in \{1, 2, \cdots, m\}$ 有 $a'_{ik} \leqslant 0$, 则线性规划问题 (2.3.1) 无最优解.

证明 令 $u := (-a'_{1k}, -a'_{2k}, \cdots, -a'_{mk}, 0, \cdots, 0, 1, 0, \cdots, 0)^{\mathrm{T}} \in \mathbb{R}^n$, 其中 1 为 u 的第 k 个分量 ($k \in \{m+1, m+2, \cdots, n\}$). 构造向量 $v := x^0 + tu$, 其中 t 为任意的正实数.

(i) 由于对任意的 $i \in \{1, 2, \cdots, m\}$, 有 $a'_{ik} \leqslant 0, b'_i \geqslant 0$, 且 $t > 0$, 所以 $v \geqslant 0$.

(ii) 对任意的 $i \in \{1, 2, \cdots, m\}$, 有 $v_i = b'_i - t a'_{ik} = b'_i - a'_{ik} v_k = b'_i - \sum\limits_{j=m+1}^{n} a'_{ij} v_j$.

这表明: 对任意的实数 $t > 0$, 所构造的向量 v 都是规范式 (2.3.2) 的可行解; 然而它的目标函数值

$$f_0 + \sum_{j=m+1}^{n} \sigma_j v_j = f_0 + \sigma_k t \longrightarrow -\infty \quad (t \to +\infty),$$

即在可行域上目标函数值无下界, 因此线性规划问题 (2.3.1) 无最优解. □

3. 基可行解的转换

假设 x^0 是由与基变量 $x_1, x_2, \cdots, x_m$ 相对应的规范式 (2.3.2) 所得到的基可行解, 并且 σ 是 x^0 的判别数向量. 若存在 $j \in \{m+1, m+2, \cdots, n\}$ 使得 $\sigma_j < 0$, 且与 σ_j 对应变量 x_j 的系数 $a'_{1j}, a'_{2j}, \cdots, a'_{mj}$ 中至少有一个大于零, 则此时需要寻找与 x^0 相邻的顶点. 做法如下: 在原来的非基变量中选取一个变量, 让它变为基变量; 再从原来的基变量中选取一个变量, 让它变为非基变量. 得到一组新的基可行解后, 再用定理 2.3.1 和定理 2.3.2 判断.

确定进基变量 任意一个与负判别数相对应的变量都可选为进基的变量. 一般地, 若令

$$\sigma_k := \min\{\sigma_j \mid \sigma_j < 0\},$$

则选取 x_k 为进基变量.

确定出基变量 由规范式 (2.3.2), 有

$$x_i = b_i' - \sum_{j=m+1}^{n} a_{ij}' x_j, \ \forall i \in \{1, 2, \cdots, m\}.$$

因为 x_k 为进基变量, 所以对任意的 $j \in \{m+1, m+2, \cdots, n\} \setminus \{k\}$, 令 $x_j = 0$, 则

$$x_i = b_i' - a_{ik}' x_k, \ \forall i \in \{1, 2, \cdots, m\}.$$

对任意的 $i \in \{1, 2, \cdots, m\}$, 当 $a_{ik}' \leqslant 0$ 时, 总有 $x_i \geqslant 0$; 当 $a_{ik}' > 0$ 时, 记

$$\theta_l := \frac{b_l'}{a_{lk}'} = \min\left\{\theta_i := \frac{b_i'}{a_{ik}'} \,\middle|\, a_{ik}' > 0\right\},$$

并取 $x_k = \theta_l$, 则 $x_l = 0$, 并且有

$$x_k = \theta_l \geqslant 0 \quad 以及 \quad x_i = b_i' - \sum_{j=m+1}^{n} a_{ij}' x_j, \ \forall i \in \{1, 2, \cdots, m\}.$$

于是, 得到一个新的可行解

$$\bar{x} = (x_1, x_2, \cdots, x_{l-1}, 0, x_{l+1}, \cdots, x_m, 0, \cdots, 0, x_k, 0, \cdots, 0)^{\mathrm{T}} \in \mathbb{R}^n. \tag{2.3.3}$$

定理 2.3.3 由 (2.3.3) 式给出的 $\bar{x}$ 是线性规划问题 (2.3.1) 的一个基可行解.

证明 由 $\bar{x}$ 的构造可知, $\bar{x}$ 是线性规划问题 (2.3.1) 的一个可行解. 下面只需证明

$$\bar{B} := (P_1 \ P_2 \ \cdots \ P_{l-1} \ P_k \ P_{l+1} \ P_{l+2} \ \cdots \ P_m)$$

为线性规划问题 (2.3.1) 的一个基矩阵即可. 用反证法. 设矩阵 $\bar{B}$ 的列向量组线性相关, 即存在不全为零的数 $\lambda_1, \lambda_2, \cdots, \lambda_{l-1}, \lambda_k, \lambda_{l+1}, \lambda_{l+2}, \cdots, \lambda_m$ 使得 $\sum\limits_{i=1, i\neq l}^{m} \lambda_i P_i + \lambda_k P_k = 0$. 由于 $P_1, P_2, \cdots, P_{l-1}, P_{l+1}, P_{l+2}, \cdots, P_m$ 线性无关, 所以 $\lambda_k \neq 0$. 于是, 由上式可得

$$P_k = -\sum_{i=1,\, i\neq l}^{m} \frac{\lambda_i}{\lambda_k} P_i. \tag{2.3.4}$$

又

$$P_k = BB^{-1}P_k = BP_k' = (P_1 \ P_2 \ \cdots \ P_m)(a_{1k}', a_{2k}', \cdots, a_{mk}')^{\mathrm{T}} = \sum_{i=1}^{m} a_{ik}' P_i. \tag{2.3.5}$$

由 (2.3.5) 式减去 (2.3.4) 式可得

$$\sum_{i=1,\ i\neq l}^{m}\left(a'_{ik}+\frac{\lambda_i}{\lambda_k}\right)P_i+a'_{lk}P_l=0.$$

根据 $a'_{lk}>0$, 所以 $P_1\ P_2\ \cdots\ P_m$ 线性相关, 这与矩阵 $B=(P_1P_2\cdots P_m)$ 为基矩阵相矛盾. 故由 (2.3.3) 式给出的 $\bar{x}$ 是线性规划问题 (2.3.1) 对应于基矩阵 $\bar{B}$ 的基可行解. □

定理 2.3.4 设 x^0 为线性规划问题 (2.3.1) 的一个基可行解. 若 x^0 是非退化的, 且 $\bar{x}$ 是由 (2.3.3) 式给出的基可行解, 那么 $c^{\mathrm{T}}\bar{x}<c^{\mathrm{T}}x^0$.

证明 由于 x^0 是非退化的, 所以 $\bar{x}_k=\dfrac{b'_l}{a'_{lk}}>0$. 又因为 $\sigma_k<0$, 所以

$$c^{\mathrm{T}}\bar{x}=f_0+\sigma_k\bar{x}_k<f_0=c^{\mathrm{T}}x^0,$$

即定理得证. □

4. 基可行解转换后的规范式

基可行解 x^0 经过转换后, 得到一个新的基可行解 $\bar{x}$. 回忆在得到基可行解 x^0 时, 使用定理 2.3.1 和定理 2.3.2 做最优性判断. 然而, 定理 2.3.1 和定理 2.3.2 中需要使用基可行解 x^0 所对应规范式 (2.3.2) 的相关信息. 因此, 为了对新的基可行解 $\bar{x}$ 做最优性判别, 下面推出新基可行解 $\bar{x}$ 对应的规范式.

首先, 由规范式 (2.3.2) 等式约束中第 l 个约束两端同乘以 $1/a'_{lk}$, 可得

$$\frac{1}{a'_{lk}}x_l=\frac{b'_l}{a'_{lk}}-\sum_{j=m+1}^{n}\frac{a'_{lj}}{a'_{lk}}x_j=\frac{b'_l}{a'_{lk}}-\sum_{j=m+1,\ j\neq k}^{n}\frac{a'_{lj}}{a'_{lk}}x_j-x_k,$$

于是有

$$x_k=\frac{b'_l}{a'_{lk}}-\sum_{j=m+1,\ j\neq k}^{n}\frac{a'_{lj}}{a'_{lk}}x_j-\frac{1}{a'_{lk}}x_l. \tag{2.3.6}$$

将 (2.3.6) 式代入规范式 (2.3.2) 的等式约束, 可得对任意的 $i\in\{1,2,\cdots,m\}\backslash\{l\}$, 有

$$\begin{aligned}
x_i&=b'_i-\sum_{j=m+1}^{n}a'_{ij}x_j\\
&=b'_i-\sum_{j=m+1,\ j\neq k}^{n}a'_{ij}x_j-a'_{ik}\left(\frac{b'_l}{a'_{lk}}-\sum_{j=m+1,\ j\neq k}^{n}\frac{a'_{lj}}{a'_{lk}}x_j-\frac{1}{a'_{lk}}x_l\right)\\
&=\left(b'_i-a'_{ik}\frac{b'_l}{a'_{lk}}\right)-\sum_{j=m+1,\ j\neq k}^{n}\left(a'_{ij}-a'_{ik}\frac{a'_{lj}}{a'_{lk}}\right)x_j+\frac{a'_{ik}}{a'_{lk}}x_l;
\end{aligned}$$

将 (2.3.6) 式代入规范式 (2.3.2) 的目标函数中, 可得

$$\begin{aligned} f(x) &= f_0 + \sum_{j=m+1}^{n} \sigma_j x_j \\ &= f_0 + \sum_{j=m+1,\ j\neq k}^{n} \sigma_j x_j + \sigma_k \left(\frac{b'_l}{a'_{lk}} - \sum_{j=m+1,\ j\neq k}^{n} \frac{a'_{lj}}{a'_{lk}} x_j - \frac{1}{a'_{lk}} x_l \right) \\ &= \left(f_0 + \sigma_k \frac{b'_l}{a'_{lk}} \right) + \sum_{j=m+1,\ j\neq k}^{n} \left(\sigma_j - \sigma_k \frac{a'_{lj}}{a'_{lk}} \right) x_j - \frac{\sigma_k}{a'_{lk}} x_l, \end{aligned}$$

因此, 新基可行解 $\bar{x}$ 对应的规范式为

$$\begin{aligned} &\min \quad f(x) = f'_0 + \sum_{j\in V} \sigma'_j x_j \\ &\text{s.t.} \quad x_i = b''_i - \sum_{j\in V} a''_{ij} x_j,\ \forall i \in U, x_s \geqslant 0,\ \forall s \in \{1, 2, \cdots, n\}, \end{aligned} \tag{2.3.7}$$

其中,

$$U = \{1, 2, \cdots, m\} \cup \{k\} \setminus \{l\}, V = \{m+1, m+2, \cdots, n\} \cup \{l\} \setminus \{k\}, f'_0 = f_0 + \sigma_k \frac{b'_l}{a'_{lk}};$$

$$a''_{ij} = \begin{cases} \dfrac{a'_{lj}}{a'_{lk}}, & i = k, \forall j \in V, \\ a'_{ij} - a'_{ik} \dfrac{a'_{lj}}{a'_{lk}}, & i \in U \setminus \{k\}, \forall j \in V; \end{cases}$$

$$b''_i = \begin{cases} \dfrac{b'_l}{a'_{lk}}, & i = k, \\ b'_i - a'_{ik} \dfrac{b'_l}{a'_{lk}}, & i \in U \setminus \{k\}; \end{cases}$$

$$\sigma'_j = \sigma_j - \sigma_k \frac{a'_{lj}}{a'_{lk}}, \quad \forall j \in \{m+1, m+2, \cdots, n\} \setminus \{k\}.$$

以上公式称为以元素 a'_{lk} 为主元的旋转变换. 因此, 基于新的规范式 (2.3.7), 可使用定理 2.3.1 和定理 2.3.2 对新的基可行解 $\bar{x}$ 做最优性判别.

5. **算法设计**

在新规范式的推导过程中, 给出了新规范式与原规范式中各个系数以及判别数之间的关系式, 这实际上也给出了得到新基可行解的迭代公式. 以此为基础可以给出求解线性规划问题 (2.3.1) 的单纯形算法. 在以上推导中, 为了叙述简洁, 假设 x 的前 m 个变量为基变量. 下面考虑一般情况, 假设基变量的指标集为 $S := \{j_1, j_2, \cdots, j_m\}$; 非基变量的指标集为 $T := \{1, 2, \cdots, n\} \setminus S$, 那么本小节以上所有推导以及得到的结论都是类似的, 只需将规范式 (2.3.7) 中的指标集 $\{1, 2, \cdots, m\}$

和 $\{m+1, m+2, \cdots, n\}$ 分别换为 S 和 T 即可. 例如, 与基变量 $x_{j_1}, x_{j_2}, \cdots, x_{j_m}$ 对应的**规范式**为

$$
\begin{aligned}
\min \quad & f(x) = f_0 + \sum_{j \in T} \sigma_j x_j \\
\text{s.t.} \quad & x_i = b_i' - \sum_{j \in T} a_{ij}' x_j, \ \forall i \in S, \ x_s \geqslant 0, \ \forall s \in \{1, 2, \cdots, n\}.
\end{aligned} \tag{2.3.8}
$$

假设已经得到规范式

$$
\begin{aligned}
\min \quad & f(x) = f_0 + \sum_{j \in T} \sigma_j x_j \\
\text{s.t.} \quad & x_i = b_i - \sum_{j \in T} a_{ij} x_j, \ \forall i \in S, \ x_s \geqslant 0, \ \forall s \in \{1, 2, \cdots, n\},
\end{aligned}
$$

其中对任意的 $i \in S$ 有 $b_i \geqslant 0$, 那么单纯形算法如下.

算法 2.3.1 (单纯形算法)

步 1 若对任意的 $j \in \{1, 2, \cdots, n\}$ 有 $\sigma_j \geqslant 0$, 那么当前的基可行解 $x^* = (x_1^*, x_2^*, \cdots, x_n^*)^{\mathrm{T}}$ 是线性规划问题 (2.3.1) 的一个最优解, 其中, 若 $j \in S$, 则 $x_j^* = b_j$; 否则 $x_j^* = 0$. 输出最优解 x^*, 算法终止. 否则转步 2.

步 2 记 $\sigma_k := \min\{\sigma_j \mid \sigma_j < 0, \forall j \in \{1, 2, \cdots, n\}\}$. 如果对任意的 $i \in S$ 有 $a_{ik} \leqslant 0$, 那么输出线性规划问题 (2.3.1) 无最优解, 算法终止. 否则转步 3.

步 3 记 $\theta_l := \dfrac{b_l}{a_{lk}} = \min\{\dfrac{b_i}{a_{ik}} \mid a_{ik} > 0\}$. 以 a_{lk} 为主元进行旋转变换, 即对任意的 $j \in \{1, 2, \cdots, n\}$, 置

$$
\begin{aligned}
a_{ij} &:= \begin{cases} \dfrac{a_{lj}}{a_{lk}}, & i = k, \\ a_{ij} - a_{ik} \dfrac{a_{lj}}{a_{lk}}, & \forall i \in S \setminus \{k\}; \end{cases} \\
b_i &:= \begin{cases} \dfrac{b_l}{a_{lk}}, & i = k, \\ b_i - a_{ik} \dfrac{b_l}{a_{lk}}, & \forall i \in S \setminus \{k\}; \end{cases} \\
\sigma_j &:= \sigma_j - \sigma_k \frac{a_{lj}}{a_{lk}}; \\
S &:= S \cup \{k\} \setminus \{l\}; \\
T &:= T \cup \{l\} \setminus \{k\}.
\end{aligned}
$$

转步 1.

由定理 2.3.4 可知, 如果线性规划问题 (2.3.1) 是非退化的, 那么算法 2.3.1 必在有限步内终止, 或者给出线性规划问题 (2.3.1) 的一个最优解, 或者判断出线性规划问题 (2.3.1) 无最优解.

2.3.2 单纯形表

单纯形算法的迭代过程可以用一系列表格来表示, 称为单纯形表. 为了叙述简

洁, 不妨假设变量的前 m 个分量为基变量, 并且已得到规范式 (2.3.2), 即

$$\begin{aligned}&\min \quad f(x)=f_0+\sum_{j=m+1}^{n}\sigma_j x_j\\&\text{s.t.} \quad x_i=b_i'-\sum_{j=m+1}^{n}a_{ij}'x_j,\ \forall i\in\{1,2,\cdots,m\},\ x_s\geqslant 0,\ \forall s\in\{1,2,\cdots,n\}.\end{aligned}$$

该规范式的信息可反映在表 2-1 中, 其中, (a_{lk}') 表示 a_{lk}' 为主元.

表 2-1

	c_j		c_1	$\cdots$	c_l	$\cdots$	c_m	c_{m+1}	$\cdots$	c_k	$\cdots$	c_n	θ_i
c_B	B	b	P_1	$\cdots$	P_l	$\cdots$	P_m	P_{m+1}	$\cdots$	P_k	$\cdots$	P_n	
c_1	P_1	b_1'	1	$\cdots$	0	$\cdots$	0	a_{1m+1}'	$\cdots$	a_{1k}'	$\cdots$	a_{1n}'	θ_1
$\vdots$	$\vdots$	$\vdots$	$\vdots$		$\vdots$		$\vdots$	$\vdots$		$\vdots$		$\vdots$	$\vdots$
c_l	P_l	b_l'	0	$\cdots$	1	$\cdots$	0	a_{lm+1}'	$\cdots$	(a_{lk}')	$\cdots$	a_{ln}'	θ_l
$\vdots$	$\vdots$	$\vdots$	$\vdots$		$\vdots$		$\vdots$	$\vdots$		$\vdots$		$\vdots$	$\vdots$
c_m	P_m	b_m'	0	$\cdots$	0	$\cdots$	1	a_{mm+1}'	$\cdots$	a_{mk}'	$\cdots$	a_{mn}'	θ_m
	σ_j		0	$\cdots$	0	$\cdots$	0	σ_{m+1}	$\cdots$	σ_k	$\cdots$	σ_n	

经过基可行解转换后, 得到新的规范式 (2.3.7), 即

$$\begin{aligned}&\min \quad f(x)=f_0'+\sum_{j\in V}\sigma_j' x_j\\&\text{s.t.} \quad x_i=b_i''-\sum_{j\in V}a_{ij}''x_j,\ \forall i\in U,\ x_s\geqslant 0,\ \forall s\in\{1,2,\cdots,n\},\end{aligned}$$

其中,

$$U=\{1,2,\ldots,m\}\cup\{k\}\setminus\{l\},\quad V=\{m+1,m+2,\cdots,n\}\cup\{l\}\setminus\{k\}.$$

新规范式的信息可反映在表 2-2 中.

表 2-2

	c_j		c_1	$\cdots$	c_l	$\cdots$	c_m	c_{m+1}	$\cdots$	c_k	$\cdots$	c_n	θ_i
c_B	B	b	P_1	$\cdots$	P_l	$\cdots$	P_m	P_{m+1}	$\cdots$	P_k	$\cdots$	P_n	
c_1	P_1	b_1''	1	$\cdots$	a_{1l}''	$\cdots$	0	a_{1m+1}''	$\cdots$	0	$\cdots$	a_{1n}''	θ_1'
$\vdots$	$\vdots$	$\vdots$	$\vdots$		$\vdots$		$\vdots$	$\vdots$		$\vdots$		$\vdots$	$\vdots$
c_k	P_k	b_l''	0	$\cdots$	a_{ll}''	$\cdots$	0	a_{lm+1}''	$\cdots$	1	$\cdots$	a_{ln}''	θ_k'
$\vdots$	$\vdots$	$\vdots$	$\vdots$		$\vdots$		$\vdots$	$\vdots$		$\vdots$		$\vdots$	$\vdots$
c_m	P_m	b_m''	0	$\cdots$	a_{ml}''	$\cdots$	1	a_{mm+1}''	$\cdots$	0	$\cdots$	a_{mn}''	θ_m'
	σ_j'		0	$\cdots$	σ_l'	$\cdots$	0	σ_{m+1}'	$\cdots$	0	$\cdots$	σ_n'	

单纯形算法的一步迭代, 实际上就是由原规范式经旋转变换转化为新规范式, 观察旋转变换的公式可以看出: 旋转变换实际上就是做初等行变换, 即在表 2-1 的

增广系数矩阵及判别数所在行中, 首先通过行变换将主元 a'_{lk} 转化为 1, 然后通过行变换将它所在列中的其他元素转化为 0, 就得到了表 2-2. 因此, 单纯形表方法可以叙述如下.

第一步, 由初始规范式列出表格, 即先列出增广的系数矩阵; 然后按算法中的方法计算判别数和 θ_i 的值并列在表中的相应位置. 若所有的判别数非负, 则已得到最优解 x^*(即 b 所在列的每个数为 x^* 对应的分量且 x^* 的其他分量为零) 及最优值 (即 c 和 b 所在列的对应元素乘积之和); 否则, 看每个负判别数对应增广系数矩阵的列中是否每个数均非正, 若是, 则线性规划问题无最优解; 若不是, 找出最小的判别数 (如在表 2-1 中的 σ_k), 用 b 所在列的元素与最小判别数所在列中的正元素做比值, 计算 θ_i 的值并列在表中最后一列 (注: 若最小判别数所在列中出现非正数, 那么在它所在列的 θ_i 位置标记 /); 找出最小的 θ_i 值 (如在表 2-1 中的 θ_l), 最小判别数所在列和最小的 θ_i 所在行的交点元素为主元, 用 $(\cdot)$ 标出 (如在表 2-1 中的 (a'_{lk})). 这样就完成了表 2-1.

第二步, 对增广系数矩阵及判别数所在行进行初等行变换, 使得主元变为 1 而主元所在列中的其他元素变为 0, 得到新的表 (最后一列除外), 再根据表中的判别数进行最优性判别. 如果既得不到最优解也不能判别问题无最优解, 再计算 θ_i 的值并列在表中最后一列, 完成表 2-2.

不断重复第二步, 直到找到最优解或者判断出问题无最优解为止.

例 2.3.1 用单纯形法求解下面的线性规划问题

$$
\begin{aligned}
\min\quad & x_2 - 3x_3 + 2x_5 \\
\text{s.t.}\quad & x_1 + 3x_2 - x_3 + 2x_5 = 7, \\
& -2x_2 + 4x_3 + x_4 = 12, \\
& -4x_2 + 3x_3 + 8x_5 + x_6 = 10, \\
& x_1, x_2, x_3, x_4, x_5, x_6 \geqslant 0.
\end{aligned}
$$

解 所给线性规划问题是标准型且变量 x_1, x_4, x_6 所对应的系数列向量恰好为一个单位矩阵, 因此, 它是对应于基变量 x_1, x_4, x_6 的规范式, 因而可列如下单纯形表 (表 2-3).

表 2-3 例 2.3.1 的表 1

c_j			0	1	−3	0	2	0	θ_i
c_B	B	b	P_1	P_2	P_3	P_4	P_5	P_6	
0	P_1	7	1	3	−1	0	2	0	−
0	P_4	12	0	−2	(4)	1	0	0	12/4
0	P_6	10	0	−4	3	0	8	1	10/3
σ_j			0	1	−3	0	2	0	

由于表 2-3 中只有一个判别数小于 0, 即 $\sigma_3 = -3 < 0$, 因而非基变量 x_3 应进基. 计算 θ_i 的值易知: $\theta_2 = 12/4 < \theta_3 = 10/3$, 所以基变量 x_4 应出基. 进而, 系数矩阵中 $a_{23} = 4$ 为主元. 进行初等行变换可得如下单纯形 (表 2-4).

表 2-4　例 2.3.1 的表 2

c_j			0	1	-3	0	2	0	θ_i
c_B	B	b	P_1	P_2	P_3	P_4	P_5	P_6	
0	P_1	10	1	(5/2)	0	1/4	2	0	4
-3	P_3	3	0	$-1/2$	1	1/4	0	0	–
0	P_6	1	0	$-5/2$	0	$-3/4$	8	1	–
σ_j			0	$-1/2$	0	3/4	2	0	

因为表 2-4 中仍有一个判别数小于 0, 即 $\sigma_2 = -1/2 < 0$, 所以非基变量 x_2 应进基. 由于 σ_2 所在系数矩阵的列中只有一个元素大于 0, 即 $a_{12} = 5/2 > 0$, 因而 a_{12} 为主元. 由此, 以 a_{12} 为主元进行初等行变换可得如下单纯形表 (表 2-5).

表 2-5　例 2.3.1 的表 3

c_j			0	1	-3	0	2	0	θ_i
c_B	B	b	P_1	P_2	P_3	P_4	P_5	P_6	
1	P_2	4	2/5	1	0	1/10	4/5	0	
-3	P_3	5	1/5	0	1	3/10	2/5	0	
0	P_6	11	1	0	0	$-1/2$	10	1	
σ_j			1/5	0	0	4/5	12/5	0	

表 2-5 中所有判别数非负, 因此所给线性规划问题的最优解为 $x^* = (0, 4, 5, 0, 0, 11)^{\mathrm{T}}$, 并且它的最优值为 $1 \times 4 + (-3) \times 5 = -11$. □

2.3.3　初始基可行解的求法

单纯形算法以及单纯形表都是从线性规划的规范式开始迭代, 并且要求初始的规范式能显易地给出一个初始基可行解. 虽然在 2.3.1 小节中已证明: 任意一个系数矩阵行满秩的标准型线性规划问题都可转化为规范式, 但若任取系数矩阵 A 的一个基 B, 不能保证 $B^{-1}b \geqslant 0$, 所以不能保证从规范式得到的可行解 x^0 是基可行解. 本小节介绍初始基可行解的求解方法.

任给一个线性规划问题, 首先将它转化为标准型. 若标准型的系数矩阵中含有一个单位矩阵, 则该标准型是一个规范式, 并且使用它容易得到一个基可行解. 例如, 对线性规划问题

$$\begin{aligned} \min \quad & c^{\mathrm{T}} x \\ \text{s.t.} \quad & Ax \leqslant b, \ x \geqslant 0, \end{aligned}$$

其中 $b \geqslant 0$, 引入松弛变量 $x_s := (x_{n+1}, x_{n+2}, \cdots, x_{n+m})^{\mathrm{T}} \in \mathbb{R}^m$ 可将其转化为标准型

$$\begin{aligned}\min\quad & c^{\mathrm T}x\\ \text{s.t.}\quad & Ax+x_s=b,\ x,x_s\geqslant 0,\end{aligned}$$

显然, 标准型的系数矩阵中含有一个单位矩阵, 并且 $(0^{\mathrm T},b^{\mathrm T})^{\mathrm T}\in\mathbb{R}^n\times\mathbb{R}^m$ 为上述标准型的一个初始基可行解. 因此, 以 x_s 为基变量可以进行单纯形迭代. 然而, 一般情况下, 所转化标准型的系数矩阵中没有单位矩阵, 寻找初始基可行解并不是一个平凡的任务.

不失一般性, 下面从线性规划的标准型出发, 给出初始基可行解的求解方法. 在标准型 (2.3.1) 中, 引入人工变量 $x_s:=(x_{n+1},x_{n+2},\cdots,x_{n+m})^{\mathrm T}\in\mathbb{R}^m$ 可将其转化为

$$\begin{aligned}\min\quad & f(x)=c^{\mathrm T}x\\ \text{s.t.}\quad & Ax+x_s=b,\ x,x_s\geqslant 0.\end{aligned}\tag{2.3.9}$$

此时, 系数矩阵中含有一个单位矩阵, 且 $(0^{\mathrm T},b^{\mathrm T})^{\mathrm T}\in\mathbb{R}^n\times\mathbb{R}^m$ 为问题 (2.3.9) 的初始基可行解. 因此, 以 x_s 为基变量可以进行单纯形迭代. 然而, 原标准型 (2.3.1) 与转化的问题 (2.3.9) 只有在 $x_s=0$ 时等价. 所以, 在迭代过程中, 应想办法逐步消去人工变量的影响, 即所有的人工变量都等于零. 下面介绍两种方法.

1. *大 M 单纯形法*

结合原问题 (2.3.1) 与转化的问题 (2.3.9), 构造如下的辅助问题

$$\begin{aligned}\min\quad & \bar f(x)=c^{\mathrm T}x+M\sum_{j=n+1}^{n+m}x_j\\ \text{s.t.}\quad & Ax+x_s=b,\ x,x_s\geqslant 0,\end{aligned}\tag{2.3.10}$$

其中 M 是一个充分大的正数. 显然, 以 x_s 为基变量可以进行单纯形算法迭代. 当原线性规划问题 (2.3.1) 有可行解时, 由于 M 充分大, 所以在极小化 $\bar f(x)$ 的过程中, 人工变量必逐步转化为非基变量. 由此, 充分大的正数 M 起 "惩罚" 作用, 以便排除人工变量.

定理 2.3.5 *用单纯形法求解线性规划问题* (2.3.10).

(i) *假设线性规划问题* (2.3.10) *可解并且求得的最优解为* $\bar x:=((x^*)^{\mathrm T},(x_s^*)^{\mathrm T})^{\mathrm T}\in\mathbb{R}^n\times\mathbb{R}^m$. *若* $x_s^*=0$, *则* x^* *是原线性规划问题* (2.3.1) *的一个最优解; 否则, 则原线性规划问题* (2.3.1) *无可行解*.

(ii) *若线性规划问题* (2.3.10) *无最优解, 则原线性规划问题* (2.3.1) *无最优解*.

证明 (i) 中第一个结论成立是显然的, 下证 (i) 中的第二个结论. 采用反证法. 假设原线性规划问题 (2.3.1) 存在可行解 $\tilde x:=(\tilde x_1,\tilde x_2,\cdots,\tilde x_n)^{\mathrm T}$. 那么, $x':=(\tilde x_1,\tilde x_2,\cdots,\tilde x_n,0,\cdots,0)^{\mathrm T}\in\mathbb{R}^{n+m}$ 是线性规划问题 (2.3.10) 的一个可行解. 由于 M 充分大, 所以容易得到

$$\bar{f}(x') = \sum_{j=1}^{n} c_j \tilde{x}_j < \sum_{j=1}^{n} c_j x_j^* + M \sum_{j=n+1}^{n+m} x_j^* = \bar{f}(\bar{x}),$$

其中, 不等式成立是由于 x_s^* 中有正的分量. 这与 $\bar{x}$ 是线性规划问题 (2.3.10) 的最优解相矛盾.

再证 (ii) 中的结论. 由于线性规划问题 (2.3.10) 无最优解, 所以问题 (2.3.10) 的可行域为空集, 或者问题 (2.3.10) 的可行域非空, 但目标函数在可行域上无下界. 在前一种情况, 容易得到原线性规划问题 (2.3.1) 的可行域为空集. 由此, 原线性规划问题 (2.3.1) 在此种情况下无最优解. 对于后一种情况, 存在线性规划问题 (2.3.10) 的可行点列 $\{\bar{x}^k\}$ 使得当 $k \to +\infty$ 时, 有

$$\bar{f}(\bar{x}^k) = \sum_{j=1}^{n} c_j x_j^k + M \sum_{j=n+1}^{n+m} x_j^k \to -\infty.$$

由于人工变量是非负的, 所以对任意的 k, 有 $M \sum\limits_{j=n+1}^{n+m} x_j^k \geqslant 0$. 因而, 当 $k \to +\infty$ 时有 $\sum\limits_{j=1}^{n} c_j x_j^k \to -\infty$. 这表明: 原线性规划问题 (2.3.1) 的目标函数在可行域上无下界, 则原线性规划问题 (2.3.1) 在此种情况下无最优解. 定理得证. □

例 2.3.2　用大 M 单纯形法求解下面的线性规划问题

$$\begin{aligned}
\max \quad & 3x_1 - x_2 - x_3 \\
\text{s.t.} \quad & x_1 - 2x_2 + x_3 \leqslant 11, \\
& -4x_1 + x_2 + 2x_3 - x_4 = 3, \\
& -2x_1 + x_3 = 1, \\
& x_1, x_2, x_3, x_4 \geqslant 0.
\end{aligned}$$

解　一方面, 目标函数是极大化, 为了使用单纯形算法, 需要将其转化为极小化问题来求解; 另一方面, 第一个线性约束是不等式约束, 为了使用单纯形算法, 需引入松弛变量 x_5 将其化成等式. 所以, 所给问题转化为标准型如下.

$$\begin{aligned}
\min \quad & -3x_1 + x_2 + x_3 \\
\text{s.t.} \quad & x_1 - 2x_2 + x_3 + x_5 = 11, \\
& -4x_1 + x_2 + 2x_3 - x_4 = 3, \\
& -2x_1 + x_3 = 1, \\
& x_1, x_2, x_3, x_4, x_5 \geqslant 0.
\end{aligned}$$

在第一个约束方程中, 变量 x_5 所在的列已是单位矩阵的列向量, 为了得到一个单位基矩阵, 只需在后两个方程中分别引入人工变量 x_6, x_7 即可. 取 $M = 10$, 对应的辅助线性规划问题为

$$\begin{aligned}\min\quad & -3x_1+x_2+x_3+10x_6+10x_7\\ \text{s.t.}\quad & x_1-2x_2+x_3+x_5=11,\\ & -4x_1+x_2+2x_3-x_4+x_6=3,\\ & -2x_1+x_3+x_7=1,\\ & x_1,x_2,x_3,x_4,x_5,x_6,x_7\geqslant 0.\end{aligned}$$

选择 x_5,x_6,x_7 为基变量, 那么基矩阵 B 为单位矩阵, 且

$$c_N^{\mathrm{T}}=(-3,1,1,0),\quad c_B^{\mathrm{T}}=(0,10,10),\quad N=\begin{pmatrix}1&-2&1&0\\-4&1&2&-1\\-2&0&1&0\end{pmatrix},$$

因此, 可计算出初始的判别数为

$$\sigma_B^{\mathrm{T}}=c_B^{\mathrm{T}}-c_B^{\mathrm{T}}B^{-1}B=(0,0,0)\qquad \sigma_N^{\mathrm{T}}=c_N^{\mathrm{T}}-c_B^{\mathrm{T}}B^{-1}N=(57,-9,-29,10).$$

所以, 用单纯形表求解辅助线性规划问题, 计算过程见表 2-6.

表 2-6 例 2.3.2 的表 1

	c_j		-3	1	1	0	0	10	10	θ_i
c_B	B	b	P_1	P_2	P_3	P_4	P_5	P_6	P_7	
0	P_5	11	1	−2	1	0	1	0	0	11
10	P_6	3	−4	1	2	−1	0	1	0	3/2
10	P_7	1	−2	0	(1)	0	0	0	1	1
	σ_j		57	−9	−29	10	0	0	0	
	c_j		−3	1	1	0	0	10	10	θ_i
c_B	B	b	P_1	P_2	P_3	P_4	P_5	P_6	P_7	
0	P_5	10	3	−2	0	0	1	0	−1	−
10	P_6	1	0	(1)	0	−1	0	1	−2	1
1	P_3	1	−2	0	1	0	0	0	1	−
	σ_j		−1	−9	0	10	0	0	29	
	c_j		−3	1	1	0	0	10	10	θ_i
c_B	B	b	P_1	P_2	P_3	P_4	P_5	P_6	P_7	
0	P_5	12	(3)	0	0	−2	1	2	−5	4
1	P_2	1	0	1	0	−1	0	1	−2	−
1	P_3	1	−2	0	1	0	0	0	1	−
	σ_j		−1	0	0	1	0	9	11	
	c_j		−3	1	1	0	0	10	10	θ_i
c_B	B	b	P_1	P_2	P_3	P_4	P_5	P_6	P_7	
−3	P_1	4	1	0	0	−2/3	1/3	2/3	−5/3	
1	P_2	1	0	1	0	−1	0	1	−2	
1	P_3	9	0	0	1	−4/3	2/3	4/3	−7/3	
	σ_j		0	0	0	1/3	1/3	29/3	28/3	

因此, 辅助线性规划的最优解为 $(4,1,9,0,0,0,0)^{\mathrm{T}}$. 所以转化的标准型线性规划问题的最优解为 $(4,1,9,0,0)^{\mathrm{T}}$, 最优值为 -2. 故原线性规划问题的最优解为 $(4,1,9,0)^{\mathrm{T}}$, 最优值为 2. □

2. 二阶段单纯形法

引入人工变量 $x_s := (x_{n+1}, x_{n+2}, \cdots, x_{n+m})^{\mathrm{T}} \in \mathbb{R}^m$, 构造下面的辅助线性规划问题

$$\begin{aligned} \min \quad & w = \sum_{j=n+1}^{n+m} x_j \\ \text{s.t.} \quad & Ax + x_s = b,\ x \geqslant 0,\ x_s \geqslant 0. \end{aligned} \tag{2.3.11}$$

显然, 辅助问题 (2.3.11) 有初始基可行解 $(0,0,\cdots,0,b_1,b_2,\cdots,b_m)^{\mathrm{T}} \in \mathbb{R}^{n+m}$. 可以用单纯形算法直接进行迭代求解辅助问题 (2.3.11). 不妨假设原线性规划问题 (2.3.1) 的可行域非空, 那么辅助线性规划问题 (2.3.11) 的可行域也非空. 因为人工变量是非负的, 所以辅助线性规划问题 (2.3.11) 的目标函数在可行域上的值有下界, 因而辅助线性规划问题 (2.3.11) 一定存在最优解. 假设辅助线性规划问题 (2.3.11) 求得的最优解为 x^*, 最优值为 w^*.

(1) 若 x^* 中某些人工变量为基变量, 此时最优值为 $w^* > 0$, 那么类似于大 M 单纯形法中定理 2.3.5 的讨论可得到: 原线性规划问题 (2.3.1) 没有可行解.

(2) 若 x^* 中所有人工变量为非基变量, 此时最优值为 $w^* = 0$, 那么从 x^* 中删去所有人工变量, 剩下分量所组成的向量是原线性规划问题 (2.3.1) 的一个基可行解.

这样, 第一阶段结束. 此时, 或者判断出原线性规划问题 (2.3.1) 没有可行解; 或者得到原线性规划问题 (2.3.1) 的一个基可行解. 若是后一种情况, 则从所得到的基可行解开始. 再用单纯形法求解原线性规划问题 (2.3.1), 进入到第二阶段的迭代. 因此, 称这种方法为二阶段单纯形算法.

例 2.3.3　用二阶段单纯形法求解下面的线性规划问题

$$\begin{aligned} \min \quad & -x_1 - 2x_2 - 3x_3 + x_4 \\ \text{s.t.} \quad & x_1 + 2x_2 + 3x_3 = 15, \\ & 2x_1 + x_2 + 5x_3 = 20, \\ & x_1 + 2x_2 + x_3 + x_4 = 10, \\ & x_1, x_2, x_3, x_4 \geqslant 0. \end{aligned}$$

解　在第三个约束方程中, 变量 x_4 所在的列已是单位矩阵的列向量, 为了得到一个单位基矩阵, 只需在前两个方程中分别引入人工变量 x_5, x_6 即可. 所以, 构造的辅助线性规划问题为

$$\begin{aligned}
\min\quad & x_5+x_6\\
\text{s.t.}\quad & x_1+2x_2+3x_3+x_5=15,\\
& 2x_1+x_2+5x_3+x_6=20,\\
& x_1+2x_2+x_3+x_4=10,\\
& x_1,x_2,x_3,x_4,x_5,x_6\geqslant 0.
\end{aligned}$$

选择 x_4,x_5,x_6 为基变量, 那么 $c_B^{\mathrm{T}}=(0,1,1)$, $c_N^{\mathrm{T}}=(0,0,0)$,

$$N=\begin{pmatrix}1&2&3\\2&1&5\\1&2&1\end{pmatrix},\quad B=\begin{pmatrix}0&1&0\\0&0&1\\1&0&0\end{pmatrix},\quad B^{-1}=\begin{pmatrix}0&0&1\\1&0&0\\0&1&0\end{pmatrix},$$

因此, 可计算出初始的判别数为

$$\sigma_B^{\mathrm{T}}=c_B^{\mathrm{T}}-c_B^{\mathrm{T}}B^{-1}B=(0,0,0)\quad 且\quad \sigma_N^{\mathrm{T}}=c_N^{\mathrm{T}}-c_B^{\mathrm{T}}B^{-1}N=(-3,-3,-8).$$

所以, 用单纯形表求解辅助线性规划问题, 计算过程见表 2-7.

表 2-7 例 2.3.3 的表 1

	c_j		0	0	0	0	1	1	θ_i
c_B	B	b	P_1	P_2	P_3	P_4	P_5	P_6	
1	P_5	15	1	2	3	0	1	0	5
1	P_6	20	2	1	(5)	0	0	1	4
0	P_4	10	1	2	1	1	0	0	10
	σ_j		−3	−3	−8	0	0	0	
	c_j		0	0	0	0	1	1	θ_i
c_B	B	b	P_1	P_2	P_3	P_4	P_5	P_6	
1	P_5	3	−1/5	(7/5)	0	0	1	−3/5	15/7
0	P_3	4	2/5	1/5	1	0	0	1/5	20
0	P_4	6	3/5	9/5	0	1	0	−1/5	10/3
	σ_j		1/5	−7/5	0	0	0	8/5	
	c_j		0	0	0	0	1	1	θ_i
c_B	B	b	P_1	P_2	P_3	P_4	P_5	P_6	
0	P_2	15/7	−1/7	1	0	0	5/7	−3/7	
0	P_3	25/7	3/7	0	1	0	−1/7	2/7	
0	P_4	15/7	6/7	0	0	1	−9/7	4/7	
	σ_j		0	0	0	0	1	1	

此时, 所有判别数非负且所有人工变量已经变为非基变量, 所以原线性规划问题的系数矩阵和右端向量变为

$$A'=\begin{pmatrix}-1/7&1&0&0\\3/7&0&1&0\\6/7&0&0&1\end{pmatrix},\quad b'=\begin{pmatrix}15/7\\25/7\\15/7\end{pmatrix},$$

即原线性规划问题等价地转化为

$$
\begin{aligned}
\min \quad & -x_1 - 2x_2 - 3x_3 + x_4 \\
\text{s.t.} \quad & -\frac{1}{7}x_1 + x_2 = \frac{15}{7}, \\
& \frac{3}{7}x_1 + x_3 = \frac{25}{7}, \\
& \frac{6}{7}x_1 + x_4 = \frac{15}{7}, \\
& x_1, x_2, x_3, x_4 \geqslant 0.
\end{aligned}
$$

令 $x_1 = 0$, 那么得到原线性规划问题的一个基可行解 $(0, 15/7, 25/7, 15/7)^{\mathrm{T}}$. 到此, 完成第一阶段的迭代.

下面进行第二阶段的迭代. 选择 x_2, x_3, x_4 为基变量, 则基 B' 为单位矩阵, $(c'_B)^{\mathrm{T}} = (-2, -3, 1)$, N' 是系数矩阵 A' 的第一列. 因此, 可计算出初始的判别数为

$$(\sigma'_B)^{\mathrm{T}} = (c'_B)^{\mathrm{T}} - (c'_B)^{\mathrm{T}}(B')^{-1}B' = (0,0,0) \quad 且 \quad (\sigma'_N)^{\mathrm{T}} = (c'_N)^{\mathrm{T}} - (c'_B)^{\mathrm{T}}(B')^{-1}N' = -\frac{6}{7}.$$

所以, 用单纯形表求解原线性规划的转化问题, 计算过程见表 2-8.

表 2-8　例 2.3.3 的表 2

	c'_j		-1	-2	-3	1	θ'_i
c'_B	B'	b'	P'_1	P'_2	P'_3	P'_4	
-2	P'_2	$15/7$	$-1/7$	1	0	0	$-$
-3	P'_3	$25/7$	$3/7$	0	1	0	$25/3$
1	P'_4	$15/7$	$(6/7)$	0	0	1	$5/2$
	σ'_j		$-6/7$	0	0	0	
	c'_j		-1	-2	-3	1	θ'_i
c'_B	B'	b'	P'_1	P'_2	P'_3	P'_4	
-2	P'_2	$5/2$	0	1	0	$1/6$	
-3	P'_3	$5/2$	0	0	1	$-1/2$	
-1	P'_1	$5/2$	1	0	0	$7/6$	
	σ'_j		0	0	0	1	

因此, 原线性规划问题的最优解为 $\left(\frac{5}{2}, \frac{5}{2}, \frac{5}{2}, 0\right)^{\mathrm{T}}$, 最优值为 -15. □

在结束本节之前, 做以下说明. 如果一个线性规划问题是非退化的, 那么用单纯形算法进行计算, 经过有限步迭代, 算法一定会终止. 但是, 对于退化的线性规划问题, 不能保证单纯形算法在有限步内终止, 可能会出现循环情况. 目前已经有不少避免出现循环的方法. 常用的方法之一是将右端向量进行一个小的扰动, 再用单

纯形算法求解, 称为摄动法. 由于在用单纯形算法求解实际问题所归纳的线性规划时, 循环情况是很少出现的, 因此这一部分不做介绍. 另外, 本节只是介绍了基本的单纯形算法, 已经出现了很多改进的单纯形算法, 由于篇幅所限, 本书不做介绍.

2.4 线性规划的对偶单纯形算法

用单纯形算法求解线性规划, 是从一个基可行解 (保证基变量 $x_B = B^{-1}b \geqslant 0$) 出发, 检验它的判别数 σ_j ($j \in \{1, 2, \cdots, n\}$) 是否全部非负. 如果所有判别数非负, 那么当前的基可行解就是最优解; 如果存在负的判别数, 则迭代到另一基可行解, 不断重复迭代直到算法结束. 在单纯形算法迭代中, 在保证 $B^{-1}b \geqslant 0$ 的条件下, 使得负的判别数逐步减少, 直到所有的判别数非负为止.

对称地, 人们也可采用如下方式进行迭代: 从一个基解 (即不保证基变量 $x_B = B^{-1}b \geqslant 0$) 开始迭代, 保证在每步迭代中所有的判别数非负, 并且在迭代过程中使得 $B^{-1}b$ 中负的分量逐步减少, 直到 $B^{-1}b \geqslant 0$ 为止. 这种方法称为对偶单纯形算法. 值得提到的是: 对偶单纯形算法并不是求解对偶规划问题的算法, 而是根据对偶原理求解原线性规划问题的另一种单纯形算法.

考虑一般线性规划问题

$$\begin{array}{ll} \min & f(x) = c^{\mathrm{T}}x \\ \text{s.t.} & Ax = b,\ x \geqslant 0, \end{array} \tag{2.4.1}$$

其中, $c \in \mathbb{R}^n, A \in \mathbb{R}^{m\times n}, b \in \mathbb{R}^m$ 为给定的数据. 假设基矩阵为 $B = (P_{j_1}, P_{j_2}, \cdots, P_{j_m})$, 非基矩阵为 $N = (P_{j_{m+1}}, P_{j_{m+2}}, \cdots, P_{j_n})$, 基变量的指标集为 $S = \{j_1, j_2, \cdots, j_m\}$, 非基变量的指标集为 $T = \{j_{m+1}, j_{m+2}, \cdots, j_n\}$. 假设当前基解的所有判别数非负, 即 $\sigma^{\mathrm{T}} = c^{\mathrm{T}} - c_B^{\mathrm{T}}B^{-1}A \geqslant 0$. 下面介绍对偶单纯形算法的迭代过程.

第一步　最优性的判定　如果

$$x_B = B^{-1}b \geqslant 0,$$

那么令 $x_N = 0$, 由 x_B 和 x_N 构成的基解为线性规划 (2.4.1) 的最优解, 算法终止.

若 $B^{-1}b \geqslant 0$ 不成立, 则记

$$b' := B^{-1}b, \quad \begin{pmatrix} a'_{1j_{m+1}} & a'_{1j_{m+2}} & \cdots & a'_{1j_n} \\ \vdots & \vdots & & \vdots \\ a'_{mj_{m+1}} & a'_{mj_{m+2}} & \cdots & a'_{mj_n} \end{pmatrix} := B^{-1}N,$$

查看矩阵 $B^{-1}N$ 中与向量 $B^{-1}b$ 的负元所对应的行中是否存在所有元素非负的行 (即是否存在 $j_l \in \{i \ :\ b'_i < 0,\ i \in S\}$ 使得对任意的 $j_k \in T$ 有 $a'_{j_lj_k} \geqslant 0$), 若存在, 则线性规划无可行解; 否则进行迭代.

第二步　确定主元　首先确定出基变量: 令

$$b'_{j_l} := \min\{b'_i \mid b'_i < 0,\ \forall i \in S\},$$

则 x_{j_l} 为出基变量. 再确定进基变量: 令

$$\frac{\sigma_{j_k}}{a'_{j_l j_k}} := \max\left\{\frac{\sigma_j}{a'_{j_l j}}\ \middle|\ a'_{j_l j} < 0,\ \forall j \in T\right\},$$

则 x_{j_k} 为进基变量. 因此, 确定 $a'_{j_l j_k}$ 为主元.

第三步　进行迭代　以 $a'_{j_l j_k}$ 为主元做旋转变换, 得到下一个迭代点, 转回第一步.

至于对偶单纯形算法中最优性判别的理论推导以及迭代公式的推导等类似于单纯形算法的对应部分, 在此不再做介绍.

下面用一个例子来演示对偶单纯形算法的迭代过程.

例 2.4.1　用对偶单纯形法求解下面的线性规划问题

$$\begin{aligned}
\min\quad & 12x_1 + 8x_2 + 16x_3 + 12x_4 \\
\text{s.t.}\quad & 2x_1 + x_2 + 4x_3 \geqslant 2, \\
& 2x_1 + 2x_2 + 4x_4 \geqslant 3, \\
& x_1, x_2, x_3, x_4 \geqslant 0.
\end{aligned}$$

解　引入松弛变量 x_5, x_6, 原线性规划问题变为

$$\begin{aligned}
\min\quad & 12x_1 + 8x_2 + 16x_3 + 12x_4 \\
\text{s.t.}\quad & -2x_1 - x_2 - 4x_3 + x_5 = -2, \\
& -2x_1 - 2x_2 - 4x_4 + x_6 = -3, \\
& x_1, x_2, x_3, x_4, x_5, x_6 \geqslant 0.
\end{aligned}$$

那么, 用单纯形表求解以上线性规划问题, 计算过程见表 2-9.

表 2-9　例 2.4.1 的表 1

c_j			12	8	16	12	0	0
c_B	B	b'	P_1	P_2	P_3	P_4	P_5	P_6
0	P_5	-2	-2	-1	-4	0	1	0
0	P_6	-3	-2	-2	0	(-4)	0	1
σ_j			12	8	16	12	0	0
$\sigma_j/a'_{lj}\ (a'_{lj} < 0)$			-6	-4	/	-3	/	/

续表

c_j			12	8	16	12	0	0
c_B	B	b'	P_1	P_2	P_3	P_4	P_5	P_6
0	P_5	-2	-2	(-1)	-4	0	1	0
12	P_4	$3/4$	$1/2$	$1/2$	0	1	0	$-1/4$
σ_j			6	2	16	0	0	3
$\sigma_j/a'_{lj}\ (a'_{lj}<0)$			-3	-2	-4	/	/	/
c_j			12	8	16	12	0	0
c_B	B	b'	P_1	P_2	P_3	P_4	P_5	P_6
8	P_2	2	2	1	4	0	-1	0
12	P_4	$-1/4$	$-1/2$	0	(-2)	1	$1/2$	$-1/4$
σ_j			2	0	8	0	2	3
$\sigma_j/a'_{lj}\ (a'_{lj}<0)$			-4	/	-4	/	/	-12
c_j			12	8	16	12	0	0
c_B	B	b'	P_1	P_2	P_3	P_4	P_5	P_6
8	P_2	$3/2$	1	1	0	2	0	$-1/2$
16	P_3	$1/8$	$1/4$	0	1	$-1/2$	$-1/4$	$1/8$
σ_j			0	0	0	4	4	2

因此, 原线性规划问题的最优解为 $(0,3/2,1/8,0)^{\mathrm{T}}$, 最优值为 14. □

2.5 线性规划的原对偶可行路径跟踪内点算法

2.5.1 算法描述

一个算法用于求解某类问题, 如果它求得问题最优解所用的运算工作量是输入问题规模大小参数的多项式函数时, 那么称这个算法为具有多项式时间复杂性的算法 (注: 这是指在最坏情况下, 即算法用于求解这类问题中的所有问题都具有以上性质); 如果所需的运算工作量是输入问题规模大小参数的指数函数时, 那么称这个算法为具有指数时间复杂性的算法. 如果一个算法用于求解某类问题, 在概率意义下具有多项式复杂性, 那么称这个算法在平均意义下具有多项式复杂性. 显然, 随着 m 或 n 的增大, 指数增长远快于多项式增长.

单纯形算法自提出后, 得到了广泛的研究, 算法不断得到改进. 单纯形算法已广泛应用于求解各种线性规划问题. 在平均意义下, 求解线性规划问题的单纯形算法具有多项式复杂性. 然而, 在 1972 年, Klee 和 Minty 给出了一个线性规划的例子, 用单纯形算法求解它时, 需要找遍所有的顶点才能得到其最优解, 即需要迭代 2^m 次才找到最优解. 因此, 求解线性规划的单纯形算法的复杂性是指数时间复杂性的. 当时的一个开问题是: 对于求解线性规划是否存在具有多项式复杂性的算法? 苏联数学家 Khachiyan 于 1979 年提出的椭球算法正面回答了这一问题, 但实际的计算表明: 这一算法并不实用.

1984 年, 美国贝尔实验室工作的 Karmarkar 提出了求解线性规划的投影内点算法 (算法的主要思想相同于求解非线性规划的内罚函数法, 但 Karmarkar 提出的算法不同于传统的算法), 不但证明了算法的多项式复杂性, 而且算法具有好的计算效果. 在几何方面上, 单纯形算法可看成从可行域边界上的一个顶点开始迭代, 不断地产生使目标函数值逐步改善的顶点序列, 直到算法终止; 而提出的内点算法是从可行域内部的一个可行点 (称为可行内点或严格可行点) 开始迭代, 不断地产生使目标函数值逐步改善的可行内点序列, 直到算法终止. 由于提出的内点算法产生的所有迭代点都是可行内点, 所以称为可行内点算法. 20 世纪 80 年代末, 为了改进内点算法的实际计算效果, 提出了不可行内点算法, 即在迭代的过程中不保证迭代点的可行性, 但保持所有迭代点为内点 (即非负变量在迭代过程中保持是正的), 最终使最优性和可行性同时达到. 内点算法具有理论上的多项式复杂性以及实际计算上的有效性, 因而广为研究, 已经成为求解各种优化问题的最流行的方法之一. 内点算法分为三类: 路径跟踪算法、仿射尺度算法和势函数下降法, 其中原对偶路径跟踪内点算法无论在理论上还是在数值计算方面, 都获得了更好的发展. 本书只简单介绍原对偶可行路径跟踪内点算法.

考虑一般线性规划问题 (2.2.11) 和对偶线性规划 (2.2.12). 记

$$\mathscr{F}^0 := \{x \in \mathbb{R}^n \mid Ax = b, x > 0\}, \quad \mathscr{D}^0 := \{(y, s) \in \mathbb{R}^m \times \mathbb{R}^n \mid A^{\mathrm{T}}y + s = c, s > 0\},$$

即 $\mathscr{F}^0$ 和 $\mathscr{D}^0$ 分别为 (2.2.11) 与 (2.2.12) 式的严格可行域. 本节使用以下假设.

假设 2.5.1　(a) $\mathscr{F}^0 \neq \varnothing$ 且 $\mathscr{D}^0 \neq \varnothing$.　(b) 矩阵 A 的行向量组线性无关.

根据定理 2.2.8 可知: 在假设 2.5.1 条件下, 原线性规划问题 (2.2.11) 和对偶线性规划 (2.2.12) 均是可解的. 因此, 由定理 2.2.11, 可通过解最优性条件

$$\begin{cases} Ax = b, \\ A^{\mathrm{T}}y + s = c, \\ x \geqslant 0,\ s \geqslant 0,\ x^{\mathrm{T}}s = 0 \end{cases} \tag{2.5.1}$$

求解问题 (2.2.11) 和问题 (2.2.12) 的最优解. 以下记 $\Omega^0 := \{(x, y, s) \mid x \in \mathscr{F}^0, (y, s) \in \mathscr{D}^0\}$.

对任意的向量 $u \in \mathbb{R}^l$, 记 U 表示以向量 u 的分量为主对角元素的对角矩阵. 容易得到: 如果 $x \geqslant 0$ 和 $s \geqslant 0$, 那么 $x^{\mathrm{T}}s = 0$ 当且仅当 $Xs = 0$. 考虑等式与不等式组

$$\begin{cases} Ax = b, \\ A^{\mathrm{T}}y + s = c, \\ x > 0,\ s > 0,\ Xs = \mu e, \end{cases} \tag{2.5.2}$$

其中, μ 是一个大于零的参数且 e 是全部分量为 1 的 n 维向量. 在假设 2.5.1 条件下可以证明:

(1) 对任意给定的 $\mu>0$, 等式与不等式组 (2.5.2) 有唯一的解, 记为 $(x(\mu),y(\mu),s(\mu))\in\Omega^0$;

(2) 解函数 $(x(\mu),y(\mu),s(\mu))$ 相对于参数 $\mu>0$ 是连续函数;

(3) 令 $\mu\downarrow 0$, 那么解序列 $\{(x(\mu),y(\mu),s(\mu))\}$ 的极限点是问题 (2.5.1) 的解, 因此, 它们分别是原线性规划问题 (2.2.11) 和对偶线性规划 (2.2.12) 的最优解.

所以, 点列 $\{(x(\mu),y(\mu),s(\mu))\}$ 构成了一条通向原线性规划 (2.2.11) 与其对偶规划 (2.2.12) 最优解的路径, 称为中心路径.

粗略地讲, 原对偶可行路径跟踪内点算法就是: 任意选取可行内点 $(x^0,y^0,s^0)\in\Omega^0$ 并且置 $\mu_0:=(x^0)^{\mathrm T}s^0/n>0$, 沿着中心路径寻找新的迭代点 $(x^+,y^+,s^+)\in\Omega^0$ 并使得 $\mu_+:=(x^+)^{\mathrm T}s^+/n$ 下降, 重复迭代直到算法终止. 一般地, 人们迭代地求解下面的方程组

$$\begin{cases} Ax-b=0,\\ A^{\mathrm T}y+s-c=0,\\ Xs-\mu e=0, \end{cases}$$

并且使得新迭代点既为可行内点又在中心路径附近. 保证新迭代点具有以上性质的方法有很多. 方法之一是使迭代点属于邻域

$$\mathcal{N}(\beta):=\left\{(x,y,s)\mid (x,y,s)\in\Omega^0,\|Xs-\mu e\|\leqslant\beta\mu\right\},$$

其中 $\beta\in(0,1)$ 是一个给定的参数且 $\|\cdot\|$ 表示 $\|\cdot\|_2$. 如果初始点和所有迭代点都在邻域 $\mathcal{N}(\beta)$ 内, 那么对应的算法称为小步长算法.

本小节介绍一个小步长的原对偶可行路径跟踪内点算法. 具体地, 在找新迭代点时, 首先求解下述方程组

$$\begin{cases} A\Delta x=0,\\ A^{\mathrm T}\Delta y+\Delta s=0,\\ S\Delta x+X\Delta s=\sigma\mu e-Xs \end{cases}\tag{2.5.3}$$

获得扰动的牛顿方向 $(\Delta x,\Delta y,\Delta s)$, 其中 $\sigma\in(0,1)$ 是一个参数; 然后按以下方式进行迭代

$$x^+=x+\Delta x,\quad y^+=y+\Delta y,\quad s^+=s+\Delta s,\tag{2.5.4}$$

并且在迭代过程中, 使用 $\mu:=\mu(x,s)=x^{\mathrm T}s/n$ 来校正参数 μ.

引理 2.5.1 假设矩阵 A 行满秩, 那么方程组 (2.5.3) 是可解的.

证明 只需证方程组 (2.5.3) 的系数矩阵是可逆的, 即如果

$$A\Delta x=0,\quad A^{\mathrm T}\Delta y+\Delta s=0,\quad S\Delta x+X\Delta s=0,\tag{2.5.5}$$

则需要证 $\Delta x=0,\Delta y=0,\Delta s=0$. 由 (2.5.5) 式中的前两个方程可得 $\Delta x^{\mathrm{T}}\Delta s=0$; 而由 (2.5.5) 式中的第三个方程可得, 对任意的 $i\in\{1,2,\cdots,n\}$ 有$\Delta x_i=-\dfrac{x_i}{s_i}\Delta s_i$. 所以,

$$0=\Delta x^{\mathrm{T}}\Delta s=\sum_{i=1}^{n}\Delta x_i\Delta s_i=-\sum_{i=1}^{n}\frac{x_i}{s_i}(\Delta s_i)^2.$$

这与 $x>0,s>0$ 相结合可得 $\Delta s=0$. 将 $\Delta s=0$ 代入 (2.5.5) 式中的第三个方程可得 $\Delta x=0$; 将 $\Delta s=0$ 代入 (2.5.5) 式中的第二个方程可得 $A^{\mathrm{T}}\Delta y=0$. 由于矩阵 A 行满秩, 因而由 $A^{\mathrm{T}}\Delta y=0$ 可得 $\Delta y=0$. 命题得证. □

关于方程组 (2.5.3), 在下面的引理中将给出一些基本的性质.

引理 2.5.2　令假设 2.5.1 条件成立且 $(x,y,s)\in\mathcal{N}(\beta)$. 若 $(\Delta x,\Delta y,\Delta s)$ 是方程组 (2.5.3) 的一个解, (x^+,y^+,s^+) 是由 (2.5.4) 式所得, 且 $\mu_+=(x^+)^{\mathrm{T}}s^+/n$, 则下面的结论成立.

(i) $\mu_+=\sigma\mu$;

(ii) 记 $D:=X^{-1/2}S^{1/2}$, 那么 $\|D\Delta x\|^2+\|D^{-1}\Delta s\|^2\leqslant\dfrac{\beta^2+(1-\sigma)^2n}{1-\beta}\mu$;

(iii) $\|X^+s^+-\mu_+e\|\leqslant\dfrac{\beta^2+(1-\sigma)^2n}{2(1-\beta)}\mu$.

证明　证明 (i) 的结论成立. 由方程组 (2.5.3) 的前两个方程易得 $\Delta x^{\mathrm{T}}\Delta s=0$. 因此, 再由方程组 (2.5.3) 中的第三个方程可推出 $s^{\mathrm{T}}\Delta x+x^{\mathrm{T}}\Delta s=\sigma n\mu-x^{\mathrm{T}}s=-(1-\sigma)n\mu$. 所以,

$$(x^+)^{\mathrm{T}}s^+=(x+\Delta x)^{\mathrm{T}}(s+\Delta s)=x^{\mathrm{T}}s+(s^{\mathrm{T}}\Delta x+x^{\mathrm{T}}\Delta s)=\sigma n\mu.$$

进而, $\mu_+=(x^+)^{\mathrm{T}}s^+/n=\sigma\mu$.

再证明 (ii) 的结论成立. 根据 $\|Xs-\mu e\|\leqslant\beta\mu$, 可知对任意的 $i\in\{1,2,\cdots,n\}$ 都有 $x_is_i\geqslant(1-\beta)\mu$. 所以, 由方程组 (2.5.3) 中的第三个方程和结论 $\Delta x^{\mathrm{T}}\Delta s=0$ 可得

$$\begin{aligned}\|D\Delta x\|^2+\|D^{-1}\Delta s\|^2&=\|D\Delta x+D^{-1}\Delta s\|^2=\|(XS)^{-1/2}(\sigma\mu e-Xs)\|^2\\&\leqslant\frac{1}{\min\{x_is_i:\ i\in\{1,2,\cdots,n\}\}}\|\sigma\mu e-Xs\|^2\\&\leqslant\frac{1}{(1-\beta)\mu}\left\{\|(\sigma-1)\mu e\|^2+2(\sigma-1)\mu e^{\mathrm{T}}(\mu e-Xs)+\|\mu e-Xs\|^2\right\}\\&=\frac{1}{(1-\beta)\mu}\left\{(\sigma-1)^2n\mu^2+\|\mu e-Xs\|^2\right\}\\&\leqslant\frac{\beta^2+(1-\sigma)^2n}{1-\beta}\mu,\end{aligned}$$

其中第二个等式成立是由于 $e^{\mathrm{T}}(\mu e - Xs) = 0$. 所以可得 (ii) 的结论成立.

再证明 (iii) 中的结论成立. 由于

$$X^+s^+ = (X + \Delta X)(s + \Delta s) = Xs + (X\Delta s + \Delta X s) + \Delta X \Delta s = \sigma\mu e + \Delta X \Delta s,$$

因而, 由方程组 (2.5.3) 中的第三个方程和 (ii) 的结论, 可得

$$\begin{aligned}\|X^+s^+ - \mu_+ e\| &= \|\Delta X \Delta s\| \leqslant \|D\Delta x\| \|D^{-1}\Delta s\| \\ &\leqslant \frac{\|D\Delta x\|^2 + \|D^{-1}\Delta s\|^2}{2} \leqslant \frac{\beta^2 + (1-\sigma)^2 n}{2(1-\beta)}\mu,\end{aligned}$$

即 (iii) 的结论成立. 引理得证. □

原对偶可行路径跟踪内点算法的具体步骤如下.

算法 2.5.1 (对偶可行路径跟踪内点算法) 取 $\sigma \in (0,1)$. 选择参数 $\beta \in (0,1/2)$ 并使得 $\beta^2 + (1-\sigma)^2 n \leqslant 2(1-\beta)\sigma\beta$. 令 $\varepsilon \in (0,1)$ 充分小. 选取 $(x^0, y^0, s^0) \in \mathcal{N}(\beta)$. 置 $\mu_0 := \mu(x^0, s^0)$ 和 $k := 0$.

步 1 (检测终止条件) 若 $\mu_k \leqslant \varepsilon$, 则算法终止. 否则, 转步 2.

步 2 (迭代步) 取 $\mu := \mu_k$ 和 $(x, y, s) := (x^k, y^k, s^k)$. 求解方程组 (2.5.3), 设解记为 $(\Delta x^k, \Delta y^k, \Delta s^k)$. 置

$$(x^{k+1}, y^{k+1}, s^{k+1}) := (x^k, y^k, s^k) + (\Delta x^k, \Delta y^k, \Delta s^k).$$

转步 3.

步 3 (重复迭代) 置 $\mu_{k+1} := \mu(x^{k+1}, s^{k+1})$ 和 $k := k + 1$, 转步 1.

这个算法非常简洁, 形式上看不出是路径跟踪算法, 但实际上, 算法产生的所有迭代点都是属于邻域 $\mathcal{N}(\beta)$. 因此, 所有迭代点是可行内点并且在中心路径的邻域中不断迭代, 直到找到近似最优解为止.

2.5.2 算法的多项式复杂性

定理 2.5.1 若假设 2.5.1 条件成立, 则算法 2.5.1 是适定的. 如果序列 $\{(x^k, y^k, s^k)\}$ 是由算法 2.5.1 产生的迭代序列, 那么对任意的 $k \in \{0, 1, 2, \cdots\}$, 有

$$(x^k, y^k, s^k) \in \mathcal{N}(\beta) \quad 且 \quad \mu_{k+1} = \sigma^k \mu_0.$$

证明 显然, 满足选取条件的参数有很多, 例如, 选取 $\sigma = 1 - \dfrac{0.35}{\sqrt{n}}$ 和 $\beta = 0.35$. 另外, 由于系数矩阵是行满秩的, 因而由引理 2.5.1, 可得方程组 (2.5.3) 是可解的. 所以, 算法 2.5.1 是适定的.

由引理 2.5.2 的结论 (i) 易得: 对任意的 $k \in \{0,1,2,\cdots\}$ 有 $\mu_{k+1} = \sigma^k \mu_0$. 因此, 以下只需证对任意的 $k \in \{0,1,2,\cdots\}$, 有 $(x^k, y^k, s^k) \in \mathscr{N}(\beta)$. 用数学归纳法. 由算法中初始点的选取有 $(x^0, y^0, s^0) \in \mathscr{N}(\beta)$ 是显然的. 下面假设 $(x^l, y^l, s^l) \in \mathscr{N}(\beta)$, 我们只需证明 $(x^{l+1}, y^{l+1}, s^{l+1}) \in \mathscr{N}(\beta)$ 即可.

(i) 由归纳假设可知 $\|X^l s^l - \mu_l e\| \leqslant \beta \mu_l$, 所以由引理 2.5.2 的结论 (i) 和 (iii) 以及算法中所选参数满足的条件易得 $\|X^{l+1} s^{l+1} - \mu_{l+1} e\| \leqslant \beta \mu_{l+1}$.

(ii) 由归纳假设可知 $x^l \in \mathscr{F}^0$ 且 $(y^l, s^l) \in \mathscr{D}^0$. 一方面, 由 $Ax^l = b, A^{\mathrm{T}} y^l + s^l = c$ 和 $A\Delta x^l = 0, A^{\mathrm{T}} \Delta y^l + \Delta s^l = 0$, 易得

$$Ax^{l+1} = A(x^l + \Delta x^l) = b, \quad A^{\mathrm{T}} y^{l+1} + s^{l+1} = A^{\mathrm{T}}(y^l + \Delta y^l) + s^l + \Delta s^l = c,$$

即 $(x^{l+1}, y^{l+1}, s^{l+1})$ 满足问题的可行性; 另一方面, 假设存在指标 $i_0 \in \{1,2,\cdots,n\}$ 使得 $x_{i_0}^{l+1} < 0$ 或 $s_{i_0}^{l+1} < 0$. 由 $\|X^{l+1} s^{l+1} - \mu_{l+1} e\| \leqslant \beta \mu_{l+1}$ 可推出: 对任意的 $i \in \{1,2,\cdots,n\}$ 有 $x_i^{l+1} s_i^{l+1} \geqslant (1-\beta)\mu_{l+1} > 0$. 所以, $x_{i_0}^{l+1} < 0$ 且 $s_{i_0}^{l+1} < 0$. 这与 $x^{l+1} = x^l + \Delta x^l, s^{l+1} = s^l + \Delta s^l$ 相结合, 可推得 $\Delta x_{i_0}^l \Delta s_{i_0}^l > x_{i_0}^l s_{i_0}^l$. 又由引理 2.5.2 的证明以及算法中参数的选取, 得

$$\Delta x_{i_0}^l \Delta s_{i_0}^l \leqslant \|(\Delta x^l)^{\mathrm{T}} \Delta s^l\| \leqslant \|D\Delta x^l\| \|D^{-1} \Delta s^l\| \leqslant \beta \mu_{l+1} \leqslant \beta \mu_l.$$

因此, $\beta \mu_l > x_{i_0}^l s_{i_0}^l \geqslant (1-\beta)\mu_l$, 这与 $\beta \in (0, 1/2)$ 相矛盾, 进而表明 $x^{l+1} > 0$ 且 $s^{l+1} > 0$. 所以, 对任意的 $k \in \{0,1,2,\cdots\}$ 都有 $(x^k, y^k, s^k) \in \mathscr{N}(\beta)$. 命题得证. □

定义线性规划问题 (2.2.11) 的数据大小为

$$L := \lceil \ln(1+\chi) \rceil + \lceil \ln(1 + \max_j |c_j|) \rceil + \lceil \ln(1 + \max_i |b_i|) \rceil + \lceil \ln(m+n) \rceil,$$

其中, $\lceil \xi \rceil$ 表示不小于 ξ 的最小正整数, χ 表示矩阵 A 的所有方子矩阵的行列式的绝对值中的最大值.

定理 2.5.2 *令假设 2.5.1 条件成立. 在算法 2.5.1 中, 若取 $\sigma := 1 - \dfrac{\delta}{\sqrt{n}}$, 其中 $\delta \in (0,1)$, 则下面的结论成立:*

(i) 算法 2.5.1 的迭代步数不大于 $\hat{k} := \lceil \ln(\varepsilon^{-1}\mu_0)\sqrt{n}/\delta \rceil$;

(ii) 如果 $\mu_0 := 2^{O(L)}$ 并且 $\varepsilon := 2^{O(L)}$, 那么算法 2.5.1 最多 $O(\sqrt{n}L)$ 步可找到原线性规划问题 (2.2.11) 和对偶线性规划 (2.2.12) 的一对 ε- 最优解.

证明 (ii) 的结论是由结论 (i) 可直接得到, 所以下面只证 (i) 的结论成立. 由于当 $\mu_k \leqslant \varepsilon$ 时算法 2.5.1 终止, 因而只要证明 $\hat{k}$ 满足这个不等式即可. 由 $\hat{k}$ 的定义, 可得

$$\ln \varepsilon \geqslant -\frac{\hat{k}\delta}{\sqrt{n}} + \ln \mu_0 \geqslant \hat{k} \ln \left(1 - \frac{\delta}{\sqrt{n}}\right) + \ln \mu_0 = \ln \left[\mu_0 \left(1 - \frac{\delta}{\sqrt{n}}\right)^{\hat{k}}\right] = \ln \mu_{\hat{k}},$$

其中第二个不等式成立是由于下述结论成立: 对任意的 $t \in (0,1)$ 有 $\ln(1-t) \leqslant -t$. 所以, $\hat{k}$ 满足 $\mu_{\hat{k}} \leqslant \varepsilon$. 于是, (i) 的结论成立. □

最后阐述一下可行内点算法的启动问题. 可行内点算法, 首先需要找到问题的一个可行内点, 算法才能开始迭代, 如何找到一个可行内点, 则是一个难问题. 自 Karmarkar 的内点算法提出后, 算法的启动问题一直困扰着人们, 虽然做了各种尝试, 例如, 大 M 法, 组合二阶段法等, 结果都不甚理想. 1994 年, Ye 等 (1994) 提出了求解线性规划的齐次自对偶内点算法, 不但完美地解决了可行内点算法的启动问题, 而且还得到了其他一些好的性质.

2.6 线性规划的非内部连续化算法

2.6.1 算法描述

定义函数

$$\phi(a,b) = a + b - \sqrt{(a-b)^2}, \quad \forall (a,b) \in \mathbb{R} \times \mathbb{R},$$

则容易证明: $\phi(a,b) = 0$ 当且仅当 $a \geqslant 0, b \geqslant 0, ab = 0$. 注意到: 在最优性条件 (2.5.1) 中, $x \geqslant 0, s \geqslant 0, x^{\mathrm{T}}s = 0$ 当且仅当对任意的 $i \in \{1, 2, \cdots, n\}$ 都有 $x_i \geqslant 0, s_i \geqslant 0, x_i s_i = 0$. 因此, 最优性条件 (2.5.1) 等价地可表示为

$$F(x,y,s) := \begin{pmatrix} Ax - b \\ A^{\mathrm{T}}y + s - c \\ \phi(x_1, s_1) \\ \vdots \\ \phi(x_n, s_n) \end{pmatrix} = 0. \tag{2.6.1}$$

这表明: 可通过求解方程组 $F(x,y,s) = 0$ 来求解原线性规划问题 (2.2.11) 和对偶线性规划 (2.2.12) 的最优解. 然而, 虽然函数 $\phi(\cdot,\cdot)$ 是连续的, 但它不是可微的, 经典的牛顿法不能直接应用于求解方程组 $F(x,y,s) = 0$. 为了能够应用牛顿法求解方程组 $F(x,y,s) = 0$, 需要对函数 $\phi(\cdot,\cdot)$ 进行光滑化. 下面将介绍一类光滑化技术.

任给参数 $\mu > 0$, 定义函数

$$\phi_\mu(a,b) = a + b - \sqrt{(a-b)^2 + 4\mu^2}, \quad \forall (a,b) \in \mathbb{R} \times \mathbb{R}. \tag{2.6.2}$$

易知: 函数 $\phi_\mu(\cdot,\cdot)$ 是无穷次连续可微的, 称 $\phi_\mu(\cdot,\cdot)$ 为 $\phi(\cdot,\cdot)$ 的光滑逼近函数, 简称 $\phi_\mu(\cdot,\cdot)$ 为光滑函数. 定义函数

$$\Phi_\mu(x,s)=\begin{pmatrix}\phi_\mu(x_1,s_1)\\ \vdots\\ \phi_\mu(x_n,s_n)\end{pmatrix} \quad 和 \quad F_\mu(x,y,s)=\begin{pmatrix}Ax-b\\ A^{\mathrm{T}}y+s-c\\ \Phi_\mu(x,s)\end{pmatrix}. \tag{2.6.3}$$

容易得到: 函数 $F_\mu(x,y,s)$ 连续可微, 并且它的 Jacobi 矩阵为

$$F'_\mu(x,y,s)=\begin{pmatrix}A & 0 & 0\\ 0 & A^{\mathrm{T}} & I\\ \partial_x\Phi_\mu(x,s) & 0 & \partial_s\Phi_\mu(x,s)\end{pmatrix}, \tag{2.6.4}$$

其中, $I\in\mathbb{R}^{n\times n}$ 是单位矩阵, 且

$$\partial_x\Phi_\mu(x,s)=\mathrm{diag}\left\{1-\frac{x_i-s_i}{\sqrt{(x_i-s_i)^2+4\mu^2}}\ \middle|\ i\in\{1,2,\cdots,n\}\right\},$$

$$\partial_s\Phi_\mu(x,s)=\mathrm{diag}\left\{1+\frac{x_i-s_i}{\sqrt{(x_i-s_i)^2+4\mu^2}}\ \middle|\ i\in\{1,2,\cdots,n\}\right\},$$

其中 $\mathrm{diag}\{u_i|i\in\{1,2,\cdots,n\}\}$ 表示以 u_i 为对角元素的对角矩阵.

特别地, 类似于引理 2.5.1 的证明可得: 当系数矩阵 A 行满秩时, 则 (2.6.4) 式中的 Jacobi 矩阵是可逆的. 因此, 人们可以用以下方法来求解原线性规划问题 (2.2.11) 和对偶线性规划 (2.2.12) 的最优解: 用牛顿型方法迭代求解方程组 $F_\mu(x,y,s)=0$ 并且在迭代的过程中不断地降低 μ 值, 使其趋于零. 具体算法如下.

算法 2.6.1 (非内部连续化算法)　选择参数 $\delta,\gamma,\sigma\in(0,1)$ 及 $\mu_0\in(0,\infty)$. 取 $x^0\in\mathbb{R}^n$ 并使得 $Ax^0=b$. 取 $y^0\in\mathbb{R}^m$, 并置 $s^0:=c-A^{\mathrm{T}}y^0$ 且 $w^0:=(x^0,y^0,s^0)$. 选择 β 使得 $\beta\geqslant 2\sqrt{n}$ 且 $\|F_{\mu_0}(w^0)\|\leqslant\beta\mu_0$. 置 $k:=0$.

步 1　如果 $F_0(w^k)=0$, 算法终止.

步 2　如果 $F_{\mu_k}(w^k)=0$, 那么置 $w^{k+1}:=w^k$ 及 $\theta_k:=1$, 转步 4; 否则, 令 $\Delta w^k:=(\Delta x^k,\Delta y^k,\Delta s^k)\in\mathbb{R}^n\times\mathbb{R}^m\times\mathbb{R}^n$ 是下述方程组的解

$$F'_{\mu_k}(w^k)\Delta w^k=-F_{\mu_k}(w^k). \tag{2.6.5}$$

步 3　令 θ_k 是 $\{1,\delta,\delta^2,\cdots\}$ 中使得下述不等式成立的最大值

$$\|F_{\mu_k}(w^k+\theta_k\Delta w^k)\|\leqslant[1-\sigma\theta_k]\beta\mu_k. \tag{2.6.6}$$

置 $w^{k+1}:=w^k+\theta_k\Delta w^k$. 若 $F_0(w^{k+1})=0$, 则算法终止; 否则, 转步 4.

步 4　置

$$\hat{\mu}_k:=\left(1-\frac{1}{1+\sqrt{2}}\sigma\theta_k\right)\mu_k. \tag{2.6.7}$$

令 η_k 是 $\{1,\gamma,\gamma^2,\cdots\}$ 中使得下述不等式成立的最小值

$$\|F_{\eta_k\hat{\mu}_k}(w^{k+1})\| \leqslant \beta\eta_k\hat{\mu}_k. \tag{2.6.8}$$

置 $\mu_{k+1} := \eta_k\hat{\mu}_k$ 和 $k := k+1$, 转步 1.

注 (i) 类似的算法框架首先由 Xiu (1999) 提出; Huang (2005) 以及 Huang 和 Han (2003) 给出了进一步的讨论.

(ii) 设 $\mathcal{K}$ 表示迭代指标集. 构造两个集合

$$\mathcal{K}_1 := \{k\in\mathcal{K} \mid F_{\mu_k}(w^k)=0\} \quad 和 \quad \mathcal{K}_2 := \{k\in\mathcal{K} \mid F_{\mu_k}(w^k)\neq 0\}. \tag{2.6.9}$$

那么, $\mathcal{K}_1\cup\mathcal{K}_2=\mathcal{K}$ 且 $\mathcal{K}_1\cap\mathcal{K}_2=\varnothing$. 因此, 对任意的 $k\in\mathcal{K}$, 有 $k\in\mathcal{K}_1$ 或者 $k\in\mathcal{K}_2$.

引理 2.6.1 令假设 2.5.1 中条件 (b) 成立. 那么算法 2.6.1 是适定的. 如果序列 $\{(x^k,y^k,s^k)\}$ 是由算法 2.6.1 产生的迭代序列, 那么下面结论成立.

(i) 数列 $\{\mu_k\}$ 是单调下降的且对任意的 $k\in\mathcal{K}$ 有 $\mu_k>0$.

(ii) 对任意的 $k\in\mathcal{K}$, 有 $\|F_{\mu_k}(w^k)\|\leqslant\beta\mu_k$.

(iii) 对任意的 $k\in\mathcal{K}_2$, 有 $Ax^k=b$ 且 $A^{\mathrm{T}}y^k+s^k=c$, 其中 $\mathcal{K}_2$ 由 (2.6.9) 式定义.

证明 用数学归纳法. 首先, 考虑 $k=0$ 的情况.

由假设 2.5.1 中条件 (b), 可知系数矩阵 A 为行满秩, 类似于引理 2.5.1 的证明, 可得: 对任意的 $\mu>0$, $F'_\mu(w)$ 为可逆. 因为 $\mu_0>0$, 所以当 $k=0$ 时, 若 $F_{\mu_k}(w^k)\neq 0$, 那么牛顿方程 (2.6.5) 式是可解的. 对任意的 $\theta\in(0,1]$, 若记

$$r^k(\theta) := F_{\mu_k}(w^k+\theta\Delta w^k) - F_{\mu_k}(w^k) - \theta F'_{\mu_k}(w^k)\Delta w^k,$$

则当 $k=0$ 时, 由上式和 (2.6.5) 式, 可得

$$\|F_{\mu_k}(w^k+\theta\Delta w^k)\|_2 \leqslant (1-\theta)\|F_{\mu_k}(w^k)\|_2 + \|r^k(\theta)\|_2.$$

由于 $\mu_0>0$, 所以函数 $F_{\mu_0}(\cdot)$ 是连续可微的, 因而, $\|r^0(\theta)\|_2=o(\theta)$. 进而, 存在 $\bar{\theta}\in(0,1]$ 使得对任意的 $\theta\in(0,\bar{\theta}]$, 都有

$$\|F_{\mu_0}(w^0+\theta\Delta w^0)\|_2 \leqslant (1-\sigma\theta)\|F_{\mu_0}(w^0)\|_2.$$

这表明: 当 $k=0$ 时, 线搜索 (2.6.6) 式有限终止. 另外, 对任意的 $\mu_1,\mu_2\in\mathbb{R}$,

$$\phi_{\mu_1}(a,b)-\phi_{\mu_2}(a,b)=\sqrt{(a-b)^2+4\mu_2^2}-\sqrt{(a-b)^2+4\mu_1^2}\leqslant 2|\mu_2-\mu_1|.$$

因此, 若 $F_{\mu_0}(w^0) \neq 0$, 则有

$$\begin{aligned}\|F_{\hat{\mu}_0}(w^1)\|_2 &\leqslant \|F_{\mu_0}(w^1)\|_2 + \|F_{\hat{\mu}_0}(w^1) - F_{\mu_0}(w^1)\|_2 \\ &\leqslant (1-\sigma\theta_0)\|F_{\mu_0}(w^0)\|_2 + \sqrt{2n}|\mu_0 - \hat{\mu}_0| \\ &\leqslant (1-\sigma\theta_0)\beta\mu_0 + \frac{\sqrt{2n}}{1+\sqrt{2}}\sigma\theta_0\mu_0 \\ &\leqslant \beta\hat{\mu}_0.\end{aligned}$$

类似地, 若 $F_{\mu_0}(w^0) = 0$, 注意到 $\|F_{\hat{\mu}_0}(w^1)\|_2 = \|F_{\hat{\mu}_0}(w^1) - F_{\mu_0}(w^1)\|_2$ 及 $(1-\sigma\theta_0)\beta\mu_0 \geqslant 0$, 于是可得上式在此情况下也成立. 这表明: 当 $k=0$ 时, 线搜索 (2.6.8) 式有限终止. 所以, 第一步迭代中每步都是适定的.

由于 $\mu_1 = \eta_0\hat{\mu}_0 = \eta_0(1 - \dfrac{1}{1+\sqrt{2}}\sigma\theta_0)\mu_0$, 因而容易得到 $\mu_1 > 0$ 且 $\mu_1 \leqslant \mu_0$.

由 (2.6.8) 式, 易得 $\|F_{\mu_1}(w^1)\| \leqslant \beta\mu_1$.

若 $F_{\mu_0}(w^0) \neq 0$, 由 $Ax^0 = b, A^{\mathrm{T}}y^0 + s^0 = c$ 以及 $A\Delta x^0 = 0, A^{\mathrm{T}}\Delta y^0 + \Delta s^0 = 0$, 可得

$$Ax^1 = A(x^0 + \Delta x^0) = b, \quad A^{\mathrm{T}}y^1 + s^1 = A^{\mathrm{T}}(y^0 + \Delta y^0) + s^0 + \Delta s^0 = c;$$

若 $F_{\mu_0}(w^0) = 0$, 则 $w^1 = w^0$, 那么上式显然成立.

所以, 当 $k=0$ 时, 引理中的所有结论都成立.

假设当 $k \leqslant l$ 时引理中的所有结论成立, 那么类似以上证明可得: 当 $k = l+1$ 时, 引理中的所有结论也都成立. 因此, 由数学归纳法可得, 引理中的所有结论成立. □

2.6.2 算法的收敛性

首先考虑算法 2.6.1 的全局收敛性. 定义光滑路径的邻域

$$\mathcal{N}(\beta,\mu) := \{w = (x,y,s) \in \mathbb{R}^n \times \mathbb{R}^m \times \mathbb{R}^n \mid \|F_\mu(w)\| \leqslant \beta\mu\},$$

其中 $\mu > 0$ 且 $\beta > 0$ 是邻域的宽度. 那么, $\mu \in (0,\mu_0]$ 的邻域片被定义为

$$\mathcal{N}(\beta,(0,\mu_0)) := \{w \in \mathcal{N}(\beta,\mu) \mid \mu \in (0,\mu_0)\}. \tag{2.6.10}$$

本小节使用下述假设条件.

假设 2.6.1 假设 (2.6.10) 式定义的邻域片是有界的.

这一假设在非内部连续化算法中是基本的条件. 事实上, 大多数在文献中使用的相关假设是这一假设的充分条件.

引理 2.6.2 令假设 2.5.1 中的条件 (b) 和假设 2.6.1 条件成立, 且算法 2.6.1 产生的无穷迭代序列为 $\{(\mu_k, w^k)\}_{k\in\mathcal{K}}$. 那么, $\lim_{k\to\infty}\mu_k = 0$.

证明 由引理 2.6.1 可知, 序列 $\{\mu_k\}_{k\in\mathcal{K}}$ 收敛于某个数 $\mu_*\geqslant 0$. 如果 $\mu_*=0$, 那么结论得证. 下面假设 $\mu_*>0$. 由引理 2.6.1 和假设 2.6.1 可知, 无穷迭代序列 $\{w^k\}_{k\in\mathcal{K}}$ 是有界的. 因此, 序列 $\{w^k\}_{k\in\mathcal{K}}$ 至少存在一个聚点 $w^*:=(x^*,y^*,s^*)\in\mathbb{R}^n\times\mathbb{R}^m\times\mathbb{R}^n$. 以下分两种情况来讨论.

情况 1 如果存在无穷子集 $\widehat{\mathcal{K}}=\{k_1,\cdots,k_i,k_{i+1},\cdots\}\subseteq\mathcal{K}$ 使得 $\widehat{\mathcal{K}}\subseteq\mathcal{K}_1$, 其中 $\mathcal{K}_1$ 由 (2.6.9) 式定义. 那么, 由算法 2.6.1 可知, 对任意的 i 有 $\theta_{k_i}\equiv 1$ 且

$$\mu_{k_{i+1}}\leqslant\mu_{k_i+1}=\eta_{k_i}\hat{\mu}_{k_i}\leqslant\left(1-\frac{\sigma}{1+\sqrt{2}}\right)\mu_{k_i}.$$

令 $i\to+\infty$, 于是有

$$0<\mu_*\leqslant\left(1-\frac{1}{1+\sqrt{2}}\sigma\right)\mu_*,$$

矛盾出现, 故假设不成立, 所以 $\mu_*=0$.

情况 2 注意 $\mathcal{K}_1$ 和 $\mathcal{K}_2$ 由 (2.6.9) 式定义. 假设不存在 $\{(\mu_k,w^k)\}_{k\in\mathcal{K}}$ 的无穷子列使得 $\widehat{\mathcal{K}}\subseteq\mathcal{K}_1$. 那么存在无穷子集 $\breve{\mathcal{K}}=\{k_1,\cdots,k_i,k_{i+1},\cdots\}\subseteq\mathcal{K}$ 使得 $\breve{\mathcal{K}}\subseteq\mathcal{K}_2$, 即 $F_{\mu_{k_i}}(w^{k_i})\neq 0$, $k_i\in\breve{\mathcal{K}}$. 如果 $\theta_*:=\lim_{i\to\infty}\theta_{k_i}>0$, 那么类似情况 1 的讨论, 可以导出矛盾. 因此, 不失一般性, 假设 $\theta_*=0$. 在此情况下, 对任意充分大的 k_i, 步长 $\hat{\theta}_{k_i}:=\theta_{k_i}/\delta$ 不满足线搜索 (2.6.6) 式, 即下面的不等式成立

$$\|F_{\mu_{k_i}}(w^{k_i}+\hat{\theta}_{k_i}\Delta w^{k_i})\|>(1-\sigma\hat{\theta}_{k_i})\beta\mu_{k_i}.$$

因此, 由引理 2.6.1 和上式, 可得 $\|F_{\mu_{k_i}}(w^{k_i}+\hat{\theta}_{k_i}\Delta w^{k_i})\|>(1-\sigma\hat{\theta}_{k_i})\|F_{\mu_{k_i}}(w^{k_i})\|$, 即

$$[\|F_{\mu_{k_i}}(w^{k_i}+\hat{\theta}_{k_i}\Delta w^{k_i})\|-\|F_{\mu_{k_i}}(w^{k_i})\|]/\hat{\theta}_{k_i}>-\sigma\|F_{\mu_{k_i}}(w^{k_i})\|.$$

因此, 令 $i\to+\infty$, 进一步可得

$$[F_{\mu_*}(w^*)^{\mathrm{T}}/\|F_{\mu_*}(w^*)\|]F'_{\mu_*}(w^*)\Delta w^*\geqslant-\sigma\|F_{\mu_*}(w^*)\|. \tag{2.6.11}$$

另一方面, 对方程组 (2.6.5), 令 $i\to+\infty$, 于是有 $F'_{\mu_*}(w^*)\Delta w^*=-F_{\mu_*}(w^*)$. 这与 (2.6.11) 式相结合, 可推得

$$-\sigma\|F_{\mu_*}(w^*)\|\leqslant-\|F_{\mu_*}(w^*)\|.$$

因此 $1-\sigma\leqslant 0$, 矛盾出现. 故 $\mu_*=0$.

结合情况 1 和情况 2 得到 $\mu_*=0$. 引理得证. □

算法 2.6.1 的全局收敛性结论如下.

定理 2.6.1 令假设 2.5.1 中的条件 (b) 和假设 2.6.1 条件成立, 且算法 2.6.1 产生的无穷迭代序列为 $\{\mu_k,w^k\}_{k\in\mathcal{K}}$. 那么, 序列 $\{(\mu_k,w^k)\}_{k\in\mathcal{K}}$ 是有界的, 并且序列 $\{(\mu_k,w^k)\}_{k\in\mathcal{K}}$ 的每个聚点 $(\mu_*,w^*):=(\mu_*,x^*,y^*,s^*)\in\mathbb{R}\times\mathbb{R}^n\times\mathbb{R}^m\times\mathbb{R}^n$ 满足 $\mu_*=0$ 并且 w^* 是最优性条件 (2.5.1) 的一个解.

证明　由引理 2.6.2 可知, 迭代序列 $\{(\mu_k, w^k)\}_{k\in\mathcal{K}}$ 有界并且 $\mu_*=0$. 因此, 通过一个简单的连续性讨论可得到: w^* 是最优性条件 (2.5.1) 的一个解. □

下面考虑算法的全局线性收敛性. 需要使用如下假设.

假设 2.6.2　*令序列* $\{\mu_k\}_{k\in\mathcal{K}}$ *和* $\{\Delta w^k\}_{k\in\mathcal{K}_2}$ *由算法 2.6.1 产生, 其中* $\mathcal{K}_2$ *由 (2.6.9) 式定义. 那么, 存在一个常数* $\mathcal{C}>0$ *使得对所有的* $k\in\mathcal{K}_2$, *有* $\|\Delta w^k\|\leqslant \mathcal{C}\mu_k$.

这一假设弱于文献中相关的假设条件 (Huang, 2005).

对任意的 $\mu\in\mathbb{R}$ 和 $c:=(a,b)\in\mathbb{R}^2$, 令 $\nabla_c\phi(\mu,c):=\nabla_{(a,b)}\phi(\mu,a,b)$, 它表示 ϕ 相对于变量 a 和 b 的梯度. 令 $\{\Delta w^k\}_{k\in\mathcal{K}_2}$ 由算法 2.6.1 产生, 其中 $\mathcal{K}_2$ 由 (2.6.9) 式定义. 记

$$\widetilde{\Delta w}_i^k := ((\Delta x^k)_i, (\Delta s^k)_i)^{\mathrm{T}}, \quad \forall i\in\{1,2,\cdots,n\}, \ \forall k\in\mathcal{K}_2.$$

引理 2.6.3　*假设函数* ϕ *由 (2.6.2) 式定义. 令序列* $\{(\mu_k, w^k)\}_{k\in\mathcal{K}}$ *和* $\{\Delta w^k\}_{k\in\mathcal{K}_2}$ *由算法 2.6.1 产生, 其中指标集* $\mathcal{K}_2$ *由 (2.6.9) 式定义. 那么对任意的* $i\in\{1,2,\cdots,n\}$, $k\in\mathcal{K}_2$ *和* $\alpha\in[0,1)$, *有*

$$\left|\phi(\mu_k,\tilde{w}_i^k+\alpha\widetilde{\Delta w}_i^k)-\phi(\mu_k,\tilde{w}_i^k)-\alpha\nabla_{\tilde{w}_i^k}\phi(\mu_k,\tilde{w}_i^k)^{\mathrm{T}}\widetilde{\Delta w}_i^k\right|\leqslant\frac{\alpha^2}{\mu_k}\|\widetilde{\Delta w}_i^k\|^2.$$

证明　令 $\phi''_{\tilde{w}_i^k}(\mu_k,\tilde{w}_i^k)$ 表示函数 ϕ 相对于变量 $\tilde{w}_i^k$ 的 Hesse 矩阵, 其中 $k\in\mathcal{K}_2$. 那么,

$$\phi''_{\tilde{w}_i^k}(\mu_k,\tilde{w}_i^k)=\frac{4\mu_k^2}{\left(\sqrt{(x_i^k-s_i^k)^2+4\mu_k^2}\right)^3}\begin{pmatrix}-1 & 1\\ 1 & -1\end{pmatrix},\quad \forall k\in\mathcal{K}_2.$$

因此, 对任意的 $i\in\{1,2,\cdots,n\}$ 和 $k\in\mathcal{K}_2$, 有 $\|\phi''_{\tilde{w}_i^k}(\mu_k,\tilde{w}_i^k)\|\leqslant 2/\mu_k$. 进而,

$$\begin{aligned}
&\left|\phi(\mu_k,\tilde{w}_i^k+\alpha\widetilde{\Delta w}_i^k)-\phi(\mu_k,\tilde{w}_i^k)-\alpha\nabla_{\tilde{w}_i^k}\phi(\mu_k,\tilde{w}_i^k)^{\mathrm{T}}\widetilde{\Delta w}_i^k\right|\\
=&\left|\alpha\int_0^1\left(\nabla_{\tilde{w}_i^k}\phi(\mu_k,\tilde{w}_i^k+\alpha t\widetilde{\Delta w}_i^k)-\nabla_{\tilde{w}_i^k}\phi(\mu_k,\tilde{w}_i^k)\right)^{\mathrm{T}}\widetilde{\Delta w}_i^k\mathrm{d}t\right|\\
=&\alpha^2\left|\int_0^1 t\int_0^1\left(\widetilde{\Delta w}_i^k\right)^{\mathrm{T}}\phi''_{\tilde{w}_i^k}(\mu_k,\tilde{w}_i^k+\alpha tr\widetilde{\Delta w}_i^k)\widetilde{\Delta w}_i^k\mathrm{d}r\mathrm{d}t\right|\\
\leqslant&\alpha^2\int_0^1 t\int_0^1\left\|\phi''_{\tilde{w}_i^k}(\mu_k,\tilde{w}_i^k+\alpha tr\widetilde{\Delta w}_i^k)\right\|\mathrm{d}r\mathrm{d}t\left\|\widetilde{\Delta w}_i^k\right\|^2\\
\leqslant&\alpha^2\int_0^1 t\int_0^1\frac{2}{\mu_k}\mathrm{d}r\mathrm{d}t\left\|\widetilde{\Delta w}_i^k\right\|^2\\
=&\frac{\alpha^2}{\mu_k}\|\widetilde{\Delta w}_i^k\|^2,\quad \forall i\in\{1,2,\cdots,n\},\quad \forall k\in\mathcal{K}_2.
\end{aligned}$$

引理得证. □

算法 2.6.1 的全局线性收敛性结论如下.

定理 2.6.2 令假设 2.5.1 中的条件 (b), 假设 2.6.1 以及假设 2.6.2 条件成立, 且 $\{(\mu_k, w^k)\}_{k\in\mathcal{K}}$ 为由算法 2.6.1 产生的无穷迭代序列. 那么, 存在常数 $\breve{C} \in (0,1)$ 使得对任意的 $k \in \mathcal{K}$, 有 $\mu_{k+1} \leqslant \breve{C}\mu_k$.

证明 令 $\mathcal{K}_1$ 和 $\mathcal{K}_2$ 由 (2.6.9) 式定义. 对任意的 $k \in \mathcal{K}$, 则 $k \in \mathcal{K}_1$ 或者 $k \in \mathcal{K}_2$.

情况 1 如果 $k \in \mathcal{K}_1$. 在此情况下, 有 $\theta_k = 1$. 那么, 由算法 2.6.1 的步 4, 可得

$$\mu_{k+1} = \eta_k \hat{\mu}_k \leqslant \hat{\mu}_k = \breve{C}_1 \mu_k, \quad \breve{C}_1 := 1 - \frac{1}{1+\sqrt{2}}\sigma. \tag{2.6.12}$$

情况 2 如果 $k \in \mathcal{K}_2$. 在此情况下, Δw^k 由 (2.6.5) 式产生. 那么,

$$\begin{aligned}
\|r^k(\alpha)\| &= \|F_{\mu_k}(w^k + \alpha\Delta w^k) - F_{\mu_k}(w^k) - \alpha F'_{\mu_k}(w^k)\Delta w^k\| \\
&= \|\Phi_{\mu_k}(w^k + \alpha\Delta w^k) - \Phi_{\mu_k}(w^k) - \alpha \Phi'_{\mu_k}(w^k)\Delta w^k\| \\
&= \sqrt{\sum_{i=1}^n \left[\phi(\mu_k, \tilde{w}_i^k + \alpha\widetilde{\Delta w}_i^k) - \phi(\mu_k, \tilde{w}_i^k) - \alpha \nabla_{\tilde{w}_i^k}\phi(\mu_k, \tilde{w}_i^k)^{\mathrm{T}}\widetilde{\Delta w}_i^k\right]^2} \\
&\leqslant \sqrt{\sum_{i=1}^n \left(\frac{\alpha^2}{\mu_k}\|\widetilde{\Delta w}_i^k\|^2\right)^2} \\
&= \frac{\sqrt{2}\alpha^2}{\mu_k}\|\widetilde{\Delta w}^k\|^2 \\
&\leqslant \sqrt{2}\mathcal{C}\alpha^2\mu_k.
\end{aligned} \tag{2.6.13}$$

令 $\hat{\alpha} := \dfrac{(1-\sigma)\beta}{\sqrt{2}\mathcal{C}}$. 因此, 由 (2.6.13) 可得: 对任意的 $\alpha \in (0, \hat{\alpha})$, 有 $\|r^k(\alpha)\| \leqslant (1-\sigma)\beta\alpha\mu_k$. 进而, 对任意的 $\alpha \in (0, \hat{\alpha})$, 有

$$\begin{aligned}
\|F_{\mu_k}(w^k + \Delta w^k)\| - (1-\sigma\alpha)\beta\mu_k &\leqslant (1-\alpha)\beta\mu_k + \|r^k(\alpha)\| - (1-\sigma\alpha)\beta\mu_k \\
&= (\sigma - 1)\alpha\beta\mu_k + \|r^k(\alpha)\| \\
&\leqslant 0,
\end{aligned}$$

即 $\|F_{\mu_k}(w^k + \Delta w^k)\| \leqslant (1-\sigma\alpha)\beta\mu_k$. 假设 t 是使得不等式 $\delta^t \leqslant \hat{\alpha}$ 成立的最大非负数. 那么, 由算法 2.6.1 步 3 中 θ_k 的定义, 可得 $\theta_k \geqslant \delta^t$. 记 $\hat{\theta}_* := \delta^t$. 那么,

$$\|F_{\mu_k}(w^{k+1})\| \leqslant (1-\sigma\theta_k)\beta\mu_k \leqslant (1-\sigma\hat{\theta}_*)\beta\mu_k.$$

进一步,

$$\mu_{k+1}=\eta_k\hat{\mu}_k\leqslant\hat{\mu}_k=\left(1-\frac{1}{1+\sqrt{2}}\sigma\theta_k\right)\mu_k\leqslant\breve{C}_2\mu_k,\quad \breve{C}_2:=1-\frac{1}{1+\sqrt{2}}\sigma\hat{\theta}_*. \tag{2.6.14}$$

记 $\breve{C}:=\max\{\breve{C}_1,\breve{C}_2\}$, 其中 $\breve{C}_1$ 和 $\breve{C}_2$ 分别由 (2.6.12) 和 (2.6.14) 式定义. 通过结合情况 1 和情况 2 可得

$$\mu_{k+1}\leqslant\breve{C}\mu_k. \tag{2.6.15}$$

注意到 $\breve{C}$ 与迭代指标 k 是无关的. 因此, 对任意的 $k\in\mathcal{K}$, 都有 (2.6.15) 成立, 定理得证. □

下面考虑算法的局部二阶收敛性. 假设 $(\mu_*,w^*):=(\mu_*,x^*,y^*,s^*)$ 为算法 2.6.1 所产生迭代序列的聚点, 那么 $\mu_*=0$ 且 w^* 是线性规划问题 (2.2.11) 和对偶线性规划 (2.2.12) 的最优解, 做如下假设.

假设 2.6.3 w^* 是线性规划问题 (2.2.11) 和对偶线性规划 (2.2.12) 的严格互补最优解, 即: $x^*+s^*>0$.

如果假设 2.6.3 成立, 那么假设 2.6.2 成立 (Huang, 2005).

引理 2.6.4 令无穷序列 $\{(\mu_k,w^k)\}_{k\in\mathcal{K}}$ 和 $\{\Delta w^k\}_{k\in\mathcal{K}_2}$ 由算法 2.6.1 产生, 其中 $\mathcal{K}_2$ 由 (2.6.9) 式定义. 如果假设 2.5.1 中的条件 (b), 假设 2.6.1 和假设 2.6.3 成立, 那么对所有充分大的 $k\in\mathcal{K}_2$, 有 $\theta^k=1$, 其中 θ_k 由算法 2.6.1 的步 3 定义.

证明 因为假设 2.6.3 成立, 所以存在 $\varepsilon>0$ 使得对任意的 $i\in\{1,2,\cdots,n\}$ 和 $k\in\mathcal{K}_2$, 有

$$|x_i^k-s_i^k|>\varepsilon. \tag{2.6.16}$$

因此, 类似于引理 2.6.3 的证明可得: 对任意的 $k\in\mathcal{K}_2$, 有

$$\|F_{\mu_k}(w^k+\Delta w^k)-F_{\mu_k}(w^k)-F'_{\mu_k}(w^k)\Delta w^k\|=O(\|\Delta w^k\|^2).$$

由假设 2.6.3 成立可推出假设 2.6.2 成立, 所以由上式可得

$$\|F_{\mu_k}(w^k+\Delta w^k)-F_{\mu_k}(w^k)-F'_{\mu_k}(w^k)\Delta w^k\|=O(\mu_k^2),\quad k\in\mathcal{K}_2.$$

进而,

$$\|F_{\mu_k}(w^k+\Delta w^k)\|=\|F_{\mu_k}(w^k+\Delta w^k)-F_{\mu_k}(w^k)-F'_{\mu_k}(w^k)\Delta w^k\|=O(\mu_k^2),\quad k\in\mathcal{K}_2.$$

由于 $\mu_k\to 0$, 因而由上式可得: 对任意充分大的 $k\in\mathcal{K}_2$, 有

$$\|F_{\mu_k}(w^k+\Delta w^k)\|\leqslant(1-\sigma(1-\tau))\beta\mu_k.$$

结合此式与 (2.6.6) 式可得: 对任意充分大的 $k\in\mathcal{K}_2$ 有 $\theta_k=1$. 引理得证. □

算法 2.6.1 的局部二阶收敛性结论如下.

定理 2.6.3 令假设 2.5.1 中的条件 (b), 假设 2.6.1 以及假设 2.6.3 成立, 且 $\{(\mu_k, w^k)\}_{k\in\mathcal{K}}$ 为由算法 2.6.1 产生的无穷迭代序列. 那么,

$$\mu_{k+1} = O(\mu_k^2).$$

证明 令 $\mathcal{K}_1$ 和 $\mathcal{K}_2$ 由 (2.6.9) 式定义. 对任意的 $k\in\mathcal{K}$, 则 $k\in\mathcal{K}_1$ 或者 $k\in\mathcal{K}_2$.

情况 1 若 $k\in\mathcal{K}_2$. 在此情况下, 由引理 2.6.4 可知, 对任意充分大的 $k\in\mathcal{K}_2$, 有 $\theta_k = 1$. 因此, 由算法 2.6.1 的步 4, 则 $\hat{\mu}_k = \breve{C}_1\mu_k$, 其中 $\breve{C}_1$ 由 (2.6.12) 式定义. 任意给定 $\eta > 0$, 对任意的 $i\in\{1,2,\cdots,n\}$ 和 $k\in\mathcal{K}$, 有

$$\begin{aligned}
&|(\Phi_{\mu_k}(w^{k+1}))_i - (\Phi_{\eta\mu_k}(w^{k+1}))_i|\\
&\quad\leqslant \frac{4\mu_k^2 + 4\eta^2\hat{\mu}_k^2}{\sqrt{(x_i^{k+1}-s_i^{k+1})^2+4\mu_k^2}+\sqrt{(x_i^{k+1}-s_i^{k+1})^2+4\eta^2\mu_k^2}}\\
&\quad\leqslant \frac{4\mu_k^2}{\sqrt{(x_i^{k+1}-s_i^{k+1})^2+4\mu_k^2}}+\frac{4\eta^2\hat{\mu}_k^2}{\sqrt{(x_i^{k+1}-s_i^{k+1})^2+4\eta^2\mu_k^2}}\\
&\quad\leqslant \frac{4\mu_k^2}{\sqrt{(x_i^{k+1}-s_i^{k+1})^2}}+\frac{4\eta^2\hat{\mu}_k^2}{2\eta\mu_k}\\
&\quad= O(\mu_k^2) + 2\eta\breve{C}_1\hat{\mu}_k,
\end{aligned}$$

所以

$$\|F_{\mu_k}(w^{k+1}) - F_{\eta\mu_k}(w^{k+1})\| = \|\Phi_{\mu_k}(w^{k+1}) - \Phi_{\eta\mu_k}(w^{k+1})\| = O(\mu_k^2) + 2\sqrt{n}\breve{C}_1\eta\mu_k.$$

因此,

$$\|F_{\eta\mu_k}(w^{k+1})\| \leqslant \|F_{\mu_k}(w^{k+1})\| + \|F_{\mu_k}(w^{k+1}) - F_{\eta\mu_k}(w^{k+1})\| = O(\mu_k^2) + 2\sqrt{n}\breve{C}_1\eta\mu_k,$$

这表明: 存在 $\bar{C} > 0$ 使得对任意充分大的 $k\in\mathcal{K}$, 有

$$\|F_{\eta\mu_k}(w^{k+1})\| \leqslant \bar{C}\mu_k^2 + 2\sqrt{n}\breve{C}_1\eta\mu_k.$$

于是, 对任意满足 $\eta \geqslant \dfrac{\bar{C}}{\beta - 2\sqrt{n}\breve{C}_1}\mu_k$ 的 η, 有

$$\bar{C}\mu_k^2 + 2\sqrt{n}\breve{C}_1\eta\mu_k \leqslant \beta\eta\mu_k.$$

不失一般性, 假设 $\eta_k := \gamma^{t_k}$. 那么, 由算法 (2.6.1) 的步 4 中 η_k 的定义, 有

$$\gamma^{t_k+1} = \gamma\gamma^{t_k} = \gamma\eta_k \leqslant \frac{\bar{C}}{\beta - 2\sqrt{n}\breve{C}_1}\mu_k,$$

所以, 对任意充分大的 $k \in \mathcal{K}$ 有

$$\eta_k \leqslant \frac{1}{\gamma} \frac{\bar{\mathcal{C}}}{\beta - 2\sqrt{n}\breve{\mathcal{C}}_1} \mu_k = O(\mu_k).$$

进而, 对任意充分大的 $k \in \mathcal{K}$ 有

$$\mu_{k+1} = \eta_k \mu_k = O(\mu_k^2).$$

情况 2　若 $k \in \mathcal{K}_1$. 在此情况下, 有 $F_{\mu_k}(w^{k+1}) = 0$ 和 $\theta_k = 1$. 由 $\theta_k = 1$ 和 (2.6.7) 式可得 $\hat{\mu}_k = \breve{\mathcal{C}}_1 \mu_k$, 其中 $\breve{\mathcal{C}}_1$ 由 (2.6.12) 式给出. 使用算法 2.6.1 的步 4 中 η_k 的定义有

$$\begin{aligned}
\gamma\beta\eta\hat{\mu}_k &\leqslant \|F_{\gamma\eta_k\hat{\mu}_k}(w^{k+1})\| \\
&\leqslant \|F_{\gamma\eta_k\hat{\mu}_k}(w^{k+1}) - F_{\mu_k}(w^{k+1})\| \\
&= \|\varPhi_{\gamma\eta_k\hat{\mu}_k}(w^{k+1}) - \varPhi_{\mu_k}(w^{k+1})\| \\
&= \sqrt{\sum_{i=1}^{n} \left(\frac{4\mu_k^2 - 4(\gamma\eta_k\hat{\mu}_k)^2}{\sqrt{(x_i^{k+1} - s_i^{k+1})^2 + 4(\gamma\eta_k\hat{\mu}_k^2)^2} + \sqrt{(x_i^{k+1} - s_i^{k+1})^2 + 4\mu_k^2}} \right)^2} \\
&\leqslant \frac{2\sqrt{n}\left(1 - \gamma^2\eta_k^2\breve{\mathcal{C}}_1^2\right)\mu_k^2}{\max_{i\in\mathcal{I}}\{2|x_i^{k+1} - s_i^{k+1}|\}}.
\end{aligned}$$

因此, 对任意充分大的 $k \in \mathcal{K}_1$, 有

$$\mu_{k+1} = \eta_k\hat{\mu}_k \leqslant \frac{1}{\gamma\beta} \frac{2\sqrt{n}\left(1 - \gamma^2\eta_k^2\breve{\mathcal{C}}_1^2\right)\mu_k^2}{\max_{i\in\mathcal{I}}\{2|x_i^{k+1} - s_i^{k+1}|\}} = O(\mu_k^2).$$

综合情况 1 和情况 2, 定理得证. □

习　题　2

2.1　将下列线性规划问题化为标准型:

(1)
$$\begin{aligned}
\min \quad & 2x_1 + 8x_2 + x_3 - x_4 \\
\text{s.t.} \quad & x_1 - 2x_2 + 3x_3 - x_4 \leqslant 12, \\
& 2x_1 + x_2 - 2x_3 + x_4 \geqslant 6, \\
& x_1, x_2, x_3, x_4 \geqslant 0;
\end{aligned}$$

(2) $$\begin{aligned}\min\quad & 2x_1-2x_2+6x_3\\ \text{s.t.}\quad & x_1+x_2+x_3\leqslant 6,\\ & x_1+2x_2+4x_3\geqslant 12,\\ & x_1-x_2+x_3\geqslant 2,\\ & x_1,x_3\geqslant 0;\end{aligned}$$

(3) $$\begin{aligned}\max\quad & -x_1+x_2-x_3\\ \text{s.t.}\quad & x_1-2x_2+x_3\geqslant 1,\\ & -x_1+x_2+x_3=2,\\ & x_1\geqslant -1,x_2,x_3\geqslant 0;\end{aligned}$$

(4) $$\begin{aligned}\min\quad & |x_1|+|x_2|+|x_3|\\ \text{s.t.}\quad & x_1+x_2\leqslant 1,\\ & 2x_1+x_3=3;\end{aligned}$$

2.2 设 x^1, x^2 是某线性规划问题的最优解，试证明：x^1 和 x^2 连线线段上的点都是该线性规划问题的最优解.

2.3 试证明: 平面上长方形区域的四个顶点是极点.

2.4 已知某线性规划的约束条件为

$$\begin{cases}2x_1+x_2-x_3=25,\\ x_1+3x_2-x_4=30,\\ 4x_1+7x_2-x_3-2x_4-x_5=85,\\ x_1,x_2,x_3,x_4,x_5\geqslant 0,\end{cases}$$

试判断下列各点是否是该线性规划可行域的极点.

$$x^1=(5,15,0,20,0)^{\mathrm T},\quad x^2=(9,7,0,0,8)^{\mathrm T},\quad x^3=(15,5,10,0,0)^{\mathrm T}.$$

2.5 写出下列线性规划问题的对偶规划:

(1) $$\begin{aligned}\min\quad & 3x_1+2x_2-4x_3+2x_4\\ \text{s.t.}\quad & 4x_1-x_2+3x_3+x_4\geqslant 9,\\ & x_1+x_2-4x_3-x_5\geqslant 11,\\ & x_1,x_2,x_3,x_4,x_5\geqslant 0;\end{aligned}$$

(2) $$\begin{aligned}\min\quad & 3x_1+2x_2+x_3+4x_4\\ \text{s.t.}\quad & 2x_1+4x_2+3x_3+x_4=\ 6,\\ & -2x_1+3x_2-x_3\geqslant 3,\\ & x_1,x_2,x_3,x_4\geqslant 0;\end{aligned}$$

(3) $$\begin{aligned}\min\quad & f(x)=\sum_{i=1}^{m}\sum_{j=1}^{n}c_{ij}x_{ij}\\ \text{s.t.}\quad & \sum_{j=1}^{n}x_{ij}=a_i,\ \forall i\in\{1,2,\cdots,m\},\\ & \sum_{i=1}^{m}x_{ij}=b_i,\ \forall j\in\{1,2,\cdots,n\},\\ & x_{ij}\geqslant 0,\ \forall i\in\{1,2,\cdots,m\},\ \forall j\in\{1,2,\cdots,n\},\end{aligned}$$

其中，a_i, b_j 满足 $\sum_{i=1}^{m} a_i = \sum_{j=1}^{n} b_j$;

(4) $\min \quad c^{\mathrm{T}}x$

$\text{s.t.} \quad Ax = b, l \leqslant x \leqslant u,$

其中 l, u 是变量 x 的上下界向量.

2.6 设 x^*, y^* 分别为以下两个问题的可行解

$$\text{(I)} \quad \begin{array}{ll} \min & c^{\mathrm{T}}x \\ \text{s.t.} & Ax \geqslant b, x \geqslant 0; \end{array} \qquad \text{(II)} \quad \begin{array}{ll} \min & b^{\mathrm{T}}y \\ \text{s.t.} & A^{\mathrm{T}}y \leqslant c, y \geqslant 0. \end{array}$$

试证明：$c^{\mathrm{T}}x^* \geqslant b^{\mathrm{T}}y^*$.

2.7 设 z^*, s^* 分别为以下两个优化问题的最优值

$$\text{(I)} \quad \begin{array}{ll} \min & c^{\mathrm{T}}x \\ \text{s.t.} & Ax = b, x \geqslant 0. \end{array} \qquad \text{(II)} \quad \begin{array}{ll} \min & c^{\mathrm{T}}x \\ \text{s.t.} & Ax = b + d, x \geqslant 0. \end{array}$$

若 y^* 是问题 (I) 对偶问题的最优解. 试证明：$z^* + d^{\mathrm{T}}y^* \leqslant s^*$.

2.8 应用对偶理论证明下面的线性规划问题没有最优解

$$\begin{array}{ll} \min & x_1 - x_2 + x_3 \\ \text{s.t.} & x_1 - x_3 \geqslant 4, \\ & x_1 - x_2 + 2x_3 \geqslant 4, \\ & x_1, x_2, x_3 \geqslant 0. \end{array}$$

2.9 给定一个线性规划问题

$$\begin{array}{ll} \min & 4x_1 + 3x_2 + x_3 \\ \text{s.t.} & x_1 - x_2 + x_3 \geqslant 1, \\ & x_1 + 2x_2 - 3x_3 \geqslant 2, \\ & x_1, x_2, x_3 \geqslant 0, \end{array}$$

假设已知该问题的对偶问题的最优解为 $(y_1, y_2)^{\mathrm{T}} = (5/3, 7/3)^{\mathrm{T}}$. 试利用线性规划的最优性条件求出原问题的最优解.

2.10 简述单纯形算法的理论基础及其算法思想.

2.11 设在单纯形法的某次迭代中，若 x_j 是出基变量，试证明：在下一次迭代时，x_j 一定不是进基变量.

2.12 用单纯形算法求解下列线性规划问题:

(1)
$$\begin{array}{ll} \min & 3x_1 + 2x_2 + x_3 - x_4 \\ \text{s.t.} & x_1 - 2x_2 + x_3 - x_4 \leqslant 15, \\ & 2x_1 + x_2 - x_3 + 2x_4 \leqslant 10, \\ & x_4 \leqslant 2, \\ & x_4 \geqslant -2, \\ & x_1, x_2, x_3 \geqslant 0; \end{array}$$

(2) $\min \quad 3x_1+2x_2+x_3-x_4$

s.t. $\quad x_1-2x_2+x_3-x_4\leqslant 15,$

$2x_1+x_2-x_3+2x_4\geqslant 10,$

$x_1,x_2,x_3\geqslant 0;$

(3) $\min \quad -3x_1-2x_2$

s.t. $\quad x_1-3x_2\leqslant 6,$

$2x_1+4x_2\geqslant 8,$

$x_1-3x_2\geqslant -6,$

$x_1,x_2\geqslant 0;$

2.13 用大 M 法求解下列线性规划问题:

(1) $\min \quad x_1-2x_2+x_3$

s.t. $\quad -2x_1+x_2+3x_3=2,$

$2x_1+3x_2+4x_3=10,$

$x_1,x_2,x_3\geqslant 0;$

(2) $\min \quad -2x_1-x_2-4x_3-5x_4$

s.t. $\quad x_1+2x_2+2x_3+x_4\leqslant 2,$

$2x_1-x_2+x_3-x_4\geqslant 1,$

$-x_1+x_2+2x_3-x_4\geqslant 1,$

$x_1,x_2,x_3,x_4\geqslant 0;$

2.14 用二阶段法求解下列线性规划问题:

(1) $\min \quad x_1-x_2+x_3$

s.t. $\quad x_1+2x_2+3x_3=6,$

$4x_1+5x_2-6x_3=6,$

$x_1,x_2,x_3\geqslant 0;$

(2) $\min \quad 4x_1+5x_2+6x_3$

s.t. $\quad x_1+x_2+x_3=5,$

$-6x_1+10x_2+5x_3\leqslant 20,$

$5x_1-3x_2+x_3\geqslant 15,$

$x_1,x_2,x_3\geqslant 0.$

2.15 对于下面的线性规划问题

$$\begin{aligned}\min\quad & 5x_1+21x_3\\ \text{s.t.}\quad & x_1-x_2+6x_3\geqslant b,\\ & x_1+x_2+2x_3\geqslant 1,\\ & x_1,x_2,x_3\geqslant 0,\end{aligned}$$

其中 $b>0$，已知该问题的一个最优解为 $x^*=(x_1,x_2,x_3)^{\mathrm T}=(1/2,0,1/4)^{\mathrm T}$.

(1) 写出该线性规划问题的对偶问题;

(2) 求出其对偶问题的最优解和最优值.

2.16　对于下面的线性规划问题

$$\begin{aligned} \min \quad & 4x_1+3x_2+8x_3 \\ \text{s.t.} \quad & x_1+x_2+x_3 \geqslant 12, \\ & 5x_1-2x_2+4x_3 \leqslant 20, \\ & 2x_1+3x_2-x_3=12, \\ & x_1,x_2 \geqslant 0, x_3 \in \mathbb{R} \ . \end{aligned}$$

(1) 写出该线性规划问题的对偶问题;

(2) 求出其对偶问题的最优解和最优值;

(3) 利用互补松弛条件求出原线性规划问题的最优解.

2.17　考虑下面的线性规划问题

$$\begin{aligned} \min \quad & -x_1+x_2-2x_3 \\ \text{s.t.} \quad & x_1+x_2+x_3 \leqslant 6, \\ & -x_1+2x_2+3x_3 \leqslant 9, \\ & x_1,x_2,x_3 \geqslant 0. \end{aligned}$$

(1) 用单纯形法求该问题的最优解;

(2) 假设费用系数向量 $c=(-1,1,-2)^{\mathrm{T}}$ 改为 $c=(-1,1,-2)^{\mathrm{T}}+\lambda(2,1,1)^{\mathrm{T}}$, 其中 $\lambda \in \mathbb{R}$. 对参数 λ 的所有取值求出该问题的最优解和最优值.

2.18　用对偶单纯形算法求解下列线性规划问题:

(1)
$$\begin{aligned} \max \quad & -5x_1-x_2-3x_3 \\ \text{s.t.} \quad & 2x_1-3x_2+2x_3 \geqslant 9, \\ & x_1-x_2+2x_3 \geqslant 6, \\ & 4x_1+x_2+x_3 \geqslant -3, \\ & x_1,x_2,x_3 \geqslant 0; \end{aligned}$$

(2)
$$\begin{aligned} \min \quad & 4x_1+2x_2+x_3 \\ \text{s.t.} \quad & x_1+x_2+x_3 \geqslant 6, \\ & 2x_1-x_2 \geqslant 4, \\ & x_1,x_2,x_3 \geqslant 0. \end{aligned}$$

2.19　用原对偶可行路径跟踪算法求解下面的线性规划问题

$$\begin{aligned} \max \quad & 2x_1-3x_2+4x_3 \\ \text{s.t.} \quad & -3x_1+x_2+2x_3=9.5, \\ & x_1-x_2+x_3 \geqslant 3, \\ & 2x_1+x_2+x_3 \leqslant 10, \\ & x_1,x_2,x_3 \geqslant 0, \end{aligned}$$

其中初始点取为 $x^0=(1/2,0,5)^{\mathrm{T}}$, 精度为 $\varepsilon=0.000001$.

2.20　证明以下两个命题:

(1) 如果定义函数

$$\phi(a,b)=a+b-\sqrt{a^2+b^2},\quad \forall(a,b)\in\mathbb{R}\times\mathbb{R}.$$

那么 $\phi(a,b)=0$ 当且仅当 $a\geqslant 0, b\geqslant 0, ab=0$.

(2) 如果定义函数

$$\phi(\mu,a,b)=a+b-\sqrt{a^2+b^2+2\mu^2},\quad \forall(\mu,a,b)\in\mathbb{R}\times\mathbb{R}\times\mathbb{R}.$$

那么 $\phi(\mu,a,b)=0$ 当且仅当 $a\geqslant 0, b\geqslant 0, ab=\mu$.

2.21 定义

$$\phi(\mu,a,b)=a+b-\sqrt{(a-b)^2+4\mu^2},\quad \forall(\mu,a,b)\in\mathbb{R}\times\mathbb{R}\times\mathbb{R}$$

且

$$H(\mu,x,y,s)=\begin{pmatrix}\mu\\ Ax-b\\ A^{\mathrm{T}}y+s-c\\ \phi(\mu,x_1,s_1)\\ \vdots\\ \phi(\mu,x_n,s_n)\end{pmatrix}=0,\quad \forall(\mu,x,y,s)\in\mathbb{R}\times\mathbb{R}^n\times\mathbb{R}^m\times\mathbb{R}^n.$$

(1) 证明: 最优性条件 (2.5.1) 等价于方程组 $H(\mu,x,y,s)=0$(即 (x^*,y^*,s^*) 是最优性条件 (2.5.1) 的解当且仅当存在 $\mu_*\in\mathbb{R}$ 使得 (μ_*,x^*,y^*,s^*) 是方程组 $H(\mu,x,y,s)=0$ 的解).

(2) 证明: 如果矩阵 A 行满秩且 $\mu>0$, 那么函数 H 的 Jacobi 矩阵可逆.

第 3 章　无约束优化方法

本章考虑无约束优化问题

$$\min_{x\in\mathbb{R}^n} f(x), \tag{3.0.1}$$

其中 $f:\mathbb{R}^n\to\mathbb{R}$. 在介绍问题 (3.0.1) 最优性条件之后，着重介绍求解该问题的各种迭代算法及其收敛性. 下面的符号将频繁使用：

$$g(x):=\nabla f(x),\quad g_k:=\nabla f(x^k),\quad g_*:=\nabla f(x^*),\quad G(x):=\nabla^2 f(x),$$
$$G_k:=\nabla^2 f(x^k),\quad G_*:=\nabla^2 f(x^*).$$

3.1　算法理论基础

3.1.1　最优性条件

回忆一元函数 $\varphi:\mathbb{R}\to\mathbb{R}$ 的极值问题, 有以下结论:

(一阶必要条件) 若函数 φ 一阶连续可微且 λ_* 为 φ 的局部极小值点, 则 $\varphi'(\lambda_*)=0$;

(二阶必要条件) 若函数 φ 二阶连续可微且 λ_* 为 φ 的局部极小值点, 则 $\varphi'(\lambda_*)=0$ 并且 $\varphi''(\lambda_*)\geqslant 0$;

(二阶充分条件) 若函数 φ 二阶连续可微, $\varphi'(\lambda_*)=0$ 且 $\varphi''(\lambda_*)>0$, 则 λ_* 为函数 φ 的严格局部极小值点.

下面的引理给出了一元函数与多元实值函数极值之间的关系.

引理 3.1.1　*假设多元实值函数 $f:\mathbb{R}^n\to\mathbb{R}$ 连续. 对给定的 $x^*\in\mathbb{R}^n$ 和任意的 $d\in\mathbb{R}^n\backslash\{0\}$, 那么 x^* 是函数 f 的 (严格) 局部极小值点当且仅当 $\lambda_*=0$ 是一元函数 $\varphi(\lambda)=f(x^*+\lambda d)$ 的 (严格) 局部极小值点.*

证明　$\varphi(0)=f(x^*)$ 是显然的.

假设 x^* 是多元实值函数 f 的局部极小值点, 那么对任意靠近 x^* 的 $x\in\mathbb{R}^n$ 有 $f(x^*)\leqslant f(x)$. 而对任意的 $d\in\mathbb{R}^n\setminus\{0\}$, 当 λ 充分靠近 0 时, $x^*+\lambda d$ 将充分靠近 x^*, 所以 $\lambda_*=0$ 是一元函数 $\varphi(\lambda)=f(x^*+\lambda d)$ 的局部极小值点.

假设 $\lambda_*=0$ 是一元函数 $\varphi(\lambda)=f(x^*+\lambda d)$ 的局部极小值点, 那么当 λ 充分靠近 0 时, $\varphi(0)\leqslant\varphi(\lambda)$. 因此, 对任意的 $d\in\mathbb{R}^n\setminus\{0\}$, 当 λ 充分靠近 0 时, $x^*+\lambda d$ 将充分靠近 x^* 且 $f(x^*)\leqslant f(x^*+\lambda d)$. 由 d 的任意性可得, 对任意靠近 x^* 的 $x\in\mathbb{R}^n$ 有 $f(x^*)\leqslant f(x)$. 所以 x^* 是多元实值函数 f 的局部极小值点.

因此, x^* 是多元实值函数 f 的局部极小值点当且仅当 $\lambda_* = 0$ 是一元函数 $\varphi(\lambda) = f(x^* + \lambda d)$ 的局部极小值点. 类似可得: x^* 是多元实值函数 f 的严格局部极小值点当且仅当 $\lambda_* = 0$ 是一元函数 $\varphi(\lambda) = f(x^* + \lambda d)$ 的严格局部极小值点. □

借助一元函数的极值条件和引理 3.1.1, 下面讨论无约束优化问题 (3.0.1) 的最优性条件.

定理 3.1.1 (必要条件) (i) (一阶必要条件) *若函数 f 在 $x^* \in \mathbb{R}^n$ 的某邻域内一阶连续可微且 x^* 为 f 的局部极小值点, 那么 $g_* = 0$.*

(ii) (二阶必要条件) *若函数 f 在 $x^* \in \mathbb{R}^n$ 的某邻域内二阶连续可微且 x^* 为 f 的局部极小值点, 那么 $g_* = 0$ 且 G_* 对称半正定.*

证明 只证明 (ii) 中的结论, (i) 中的结论类似可得. 任取 $d \in \mathbb{R}^n \setminus \{0\}$, 定义 $\varphi(\lambda) = f(x^* + \lambda d)$. 由于函数 f 在 x^* 的某邻域内二阶连续可微, 所以函数 φ 在 $\lambda_* = 0$ 的某邻域内二阶连续可微且

$$\varphi'(\lambda) = g(x^* + \lambda d)^{\mathrm{T}} d, \quad \varphi''(\lambda) = d^{\mathrm{T}} G(x^* + \lambda d) d.$$

由于 x^* 为 f 的局部极小值点, 所以由引理 3.1.1 知, $\lambda_* = 0$ 是一元函数 φ 的局部极小值点. 因此, 由一元函数的极值条件 $\varphi'(0) = 0$ 和 $\varphi''(0) \geqslant 0$ 可得

$$g_*^{\mathrm{T}} d = 0, \quad d^{\mathrm{T}} G_* d \geqslant 0.$$

由 d 的任意性进一步可得: $g_* = 0$ 且 G_* 对称半正定. 定理得证. □

称满足一阶必要条件 $g_* = 0$ 的点为稳定点 (也称为驻点). 稳定点可分为三种类型: 极小值点, 极大值点和鞍点. 所谓鞍点, 就是沿着某些方向它是极小值点; 而沿着另一些方向它是极大值点. 当 $n = 3$, 即在立体空间中, 由于在该点附近函数的图像形如马鞍, 所以称为鞍点.

定理 3.1.2 (二阶充分条件) *假设函数 f 在 $x^* \in \mathbb{R}^n$ 的某邻域内二阶连续可微. 如果 $g_* = 0$ 并且 G_* 对称正定, 那么 x^* 为函数 f 的严格局部极小值点.*

证明 任取 $d \in \mathbb{R}^n \setminus \{0\}$, 定义 $\varphi(\lambda) = f(x^* + \lambda d)$. 由于函数 f 在 x^* 的某邻域内二阶连续可微, 所以函数 φ 在 $\lambda_* = 0$ 的某邻域内二阶连续可微且

$$\varphi'(0) = g_*^{\mathrm{T}} d, \quad \varphi''(0) = d^{\mathrm{T}} G_* d.$$

由于 $g_* = 0$ 且 G_* 对称正定, 所以可得

$$\varphi'(0) = g_*^{\mathrm{T}} d = 0 \quad 且 \quad \varphi''(0) = d^{\mathrm{T}} G_* d > 0, \quad \forall d \in \mathbb{R}^n \setminus \{0\}.$$

这表明: $\lambda_* = 0$ 是一元函数 φ 的严格局部极小值点. 所以由引理 3.1.1 可知, x^* 为 f 的严格局部极小值点. 定理得证. □

如果 $f : \mathbb{R}^n \to \mathbb{R}$ 为凸函数, 那么有以下更好的结论.

定理 3.1.3(无约束凸规划的最优性条件)　假设 $f:\mathbb{R}^n\to\mathbb{R}$ 是一阶连续可微的凸函数, 则 x^* 为函数 f 的全局极小值点当且仅当 $g_*=0$.

证明　必要性由定理 3.1.1 可得, 下证充分性. 由于 f 是 $\mathbb{R}^n$ 上的一阶连续可微的凸函数, 根据凸函数的一阶判别定理 (定理 1.3.4), 因而可得对任意的 $x\in\mathbb{R}^n$, 有

$$f(x)-f(x^*)\geqslant g_*^{\mathrm{T}}(x-x^*).$$

结合上式和条件 $g_*=0$, 于是有: 对任意的 $x\in\mathbb{R}^n$ 有 $f(x)\geqslant f(x^*)$. 这表明: x^* 为函数 f 的全局极小值点. 定理得证. □

3.1.2　线搜索迭代下降算法及其收敛性

线搜索迭代下降算法是求解无约束优化问题 (3.0.1) 的流行算法之一，其基本思想为: 从某个初始点开始，按照一定的规则不断地寻找迭代方向和迭代步长进行迭代, 使得目标函数 f 的函数值不断地下降，以至于所得到的点列中的最后一个点（如果点列有限）或点列的某个聚点（如果点列无限）是无约束优化问题 (3.0.1) 的稳定点. 一般迭代框架如下.

算法 3.1.1 (线搜索迭代下降算法)　选择初始点 $x^0\in\mathbb{R}^n$. 置 $k:=0$.

步 1　如果 $g_k=0$, 算法终止.

步 2　确定下降方向 $d^k\in\mathbb{R}^n$.

步 3　使用线搜索确定步长 $\lambda_k>0$, 使得 $f(x^k+\lambda_k d^k)<f(x^k)$.

步 4　置 $x^{k+1}:=x^k+\lambda_k d^k$ 和 $k:=k+1$, 并返回到步 1.

下面讨论算法 3.1.1 的收敛性. 假设 θ_k 表示方向 d^k 与 $-g_k$ 之间的夹角，则

$$\cos\theta_k=-\frac{g_k^{\mathrm{T}}d^k}{\|g_k\|\|d^k\|}.\tag{3.1.1}$$

假设算法 3.1.1 中的步长 λ_k 分别由精确一维线搜索、Armijo 线搜索、Wolfe 线搜索得到, 那么对应算法的全局收敛性分别由以下三个定理给出.

定理 3.1.4　假设函数 $f:\mathbb{R}^n\to\mathbb{R}$ 连续可微且有下界，且其梯度函数 g 具有 Lipschitz 连续性，即存在常数 $\mathcal{L}>0$ 使得对任意的 $x,y\in\mathbb{R}^n$, 有 $\|g(x)-g(y)\|\leqslant\mathcal{L}\|x-y\|$. 设无穷序列 $\{x^k\}$ 由算法 3.1.1 产生，其中步长 λ_k 由精确一维线搜索得到. 那么，

$$\sum_{k=0}^{\infty}\|g_k\|^2\cos^2\theta_k<\infty.\tag{3.1.2}$$

特别地, 若存在常数 $\beta>0$ 使得 $\cos\theta_k\geqslant\beta$, 则 $\lim_{k\to\infty}\|g_k\|=0$.

证明 由于最后的结论可由 (3.1.2) 式的结论直接得到，因而下面只需证明 (3.1.2) 式的结论成立. 因为函数 f 连续可微, 所以对任意的 $\lambda > 0$, 存在 $\alpha_k \in (0,1)$ 使得

$$\begin{aligned} f(x^k + \lambda d^k) &= f(x^k) + \lambda g(x^k + \alpha_k \lambda d^k)^{\mathrm{T}} d^k \\ &= f(x^k) + \lambda g_k^{\mathrm{T}} d^k + \lambda [g(x^k + \alpha_k \lambda d^k) - g_k]^{\mathrm{T}} d^k \\ &\leqslant f(x^k) + \lambda g_k^{\mathrm{T}} d^k + \lambda \|g(x^k + \alpha_k \lambda d^k) - g_k\| \|d^k\| \\ &\leqslant f(x^k) + \lambda g_k^{\mathrm{T}} d^k + \lambda^2 \mathcal{L} \|d^k\|^2, \end{aligned}$$

其中，第一个等式成立是由于中值定理，第一个不等式成立是由于 Cauchy-Schwarz 不等式. 特别地, 取 $\hat{\lambda}_k := -\dfrac{g_k^{\mathrm{T}} d^k}{2\mathcal{L}\|d^k\|^2}$, 则由上式可得

$$f(x^k + \hat{\lambda}_k d^k) \leqslant f(x^k) - \frac{(g_k^{\mathrm{T}} d^k)^2}{4\mathcal{L}\|d^k\|^2}.$$

又由精确一维线搜索知：步长 λ_k 满足 $f(x^{k+1}) = f(x^k + \lambda_k d^k) \leqslant f(x^k + \hat{\lambda}_k d^k)$. 因此，

$$f(x^{k+1}) \leqslant f(x^k + \hat{\lambda}_k d^k) \leqslant f(x^k) - \frac{(g_k^{\mathrm{T}} d^k)^2}{4\mathcal{L}\|d^k\|^2}.$$

根据 (3.1.1) 式, 由上式可得

$$\|g_k\|^2 \cos^2 \theta_k \leqslant 4\mathcal{L}[f(x^k) - f(x^{k+1})].$$

由假设知: 函数 f 有下界. 因此, 对上式求和即可得到 (3.1.2) 式成立. 定理得证. □

定理 3.1.5 假设无穷序列 $\{x^k\}$ 由算法 3.1.1 产生, 其中迭代步长 λ_k 是由 Armijo 线搜索得到, 并且定理 3.1.4 的其他条件成立. 如果存在常数 $c > 0$ 使得

$$\|g_k\| \leqslant c\|d^k\|. \tag{3.1.3}$$

那么定理 3.1.4 的结论成立.

证明 回忆 Armijo 线搜索准则: 选取 $\lambda_k := \rho\gamma^{m_k}$ 使得 m_k 为满足下式的最小非负整数

$$f(x^k + \rho\gamma^{m_k} d^k) - f(x^k) \leqslant \sigma\rho\gamma^{m_k} g_k^{\mathrm{T}} d^k,$$

其中 $\rho > 0, \sigma, \gamma \in (0,1)$. 以下分两种情况进行证明.

情况 1 假设 $\lambda_k \neq 1$ 且 $\lambda_k \neq \rho$. 在这种情况下，由 Armijo 线搜索准则, 可知 $\gamma^{-1}\lambda_k$ 不满足 Armijo 线搜索准则, 即有

$$f(x^k + \gamma^{-1}\lambda_k d^k) - f(x^k) > \sigma\gamma^{-1}\lambda_k g_k^{\mathrm{T}} d^k.$$

又由中值定理可得: 存在 $\alpha_k \in (0,1)$ 使得

$$f(x^k + \gamma^{-1}\lambda_k d^k) = f(x^k) + \gamma^{-1}\lambda_k g(x^k + \alpha_k \gamma^{-1}\lambda_k d^k)^{\mathrm{T}} d^k.$$

结合以上两式可得

$$[g(x^k + \alpha_k \gamma^{-1}\lambda_k d^k) - g_k]^{\mathrm{T}} d^k > -(1-\sigma) g_k^{\mathrm{T}} d^k.$$

进一步, 利用梯度函数 g 的 Lipschitz 连续性及 $\alpha_k \in (0,1)$, 由上式容易得到

$$\lambda_k > -(1-\sigma)\gamma \mathcal{L}^{-1} \frac{g_k^{\mathrm{T}} d^k}{\|d^k\|^2}.$$

因此, 由 Armijo 线搜索准则及 (3.1.1) 式可得

$$f(x^{k+1}) - f(x^k) \leqslant -\sigma(1-\sigma)\gamma\mathcal{L}^{-1}\frac{(g_k^{\mathrm{T}} d^k)^2}{\|d^k\|^2} = -\sigma(1-\sigma)\gamma\mathcal{L}^{-1}\|g_k\|^2 \cos^2\theta_k.$$

类似于定理 3.1.4 的推导证明，在情况 1 下, 定理得证.

情况 2　假设 $\lambda_k = 1$ 或 $\lambda_k = \rho$. 在这种情况下，记 $\hat{\rho} := \min\{1, \rho\}$. 那么，由 Armijo 线搜索准则、(3.1.1) 式及假设条件 (3.1.3) 式, 可得

$$\begin{aligned} f(x^{k+1}) &\leqslant f(x^k) + \sigma\hat{\rho} g_k^{\mathrm{T}} d^k \\ &= f(x^k) - \sigma\hat{\rho}\|g_k\|\|d^k\|\cos\theta_k \\ &\leqslant f(x^k) - \sigma\hat{\rho} c^{-1}\|g_k\|^2 \cos\theta_k \\ &\leqslant f(x^k) - \sigma\hat{\rho} c^{-1}\|g_k\|^2 \cos^2\theta_k. \end{aligned}$$

类似于定理 3.1.4 的推导证明，在情况 2 下，定理得证. □

定理 3.1.6　如果无穷序列 $\{x^k\}$ 由算法 3.1.1 产生，其中迭代步长 λ_k 是由 Wolfe 线搜索得到, 并且定理 3.1.4 的其他条件成立, 那么定理 3.1.4 的结论成立.

证明　回忆 Wolfe 线搜索准则: 选取 $\lambda_k > 0$ 使得

$$f(x^k + \lambda_k d^k) - f(x^k) \leqslant \sigma\lambda_k g_k^{\mathrm{T}} d^k \quad 且 \quad g(x^k + \lambda_k d^k)^{\mathrm{T}} d^k \geqslant \delta g_k^{\mathrm{T}} d^k,$$

其中 $\sigma \in (0, 1/2), \delta \in (\sigma, 1)$.

由 Wolfe 线搜索准则中的第二个不等式和梯度函数 g 的 Lipschitz 连续性, 可得

$$-(1-\delta) g_k^{\mathrm{T}} d^k \leqslant (g_{k+1} - g_k)^{\mathrm{T}} d^k \leqslant \lambda_k \mathcal{L}\|d^k\|^2.$$

由此可得 $\lambda_k \geqslant -(1-\delta)\mathcal{L}^{-1}\dfrac{g_k^{\mathrm{T}}d^k}{\|d^k\|^2}$.

进一步，由 Wolfe 线搜索准则中的第一个不等式以及 (3.1.1) 式, 可得

$$f(x^{k+1})-f(x^k) \leqslant -\delta(1-\delta)\mathcal{L}^{-1}\frac{(g_k^{\mathrm{T}}d^k)^2}{\|d^k\|^2} = -\delta(1-\delta)\mathcal{L}^{-1}\|g_k\|^2\cos^2\theta_k.$$

类似于定理 3.1.4 的推导证明，定理得证. □

下面的定理给出算法 3.1.1 的收敛速度的有关性质.

定理 3.1.7 假设 $f:\mathbb{R}^n \to \mathbb{R}$ 二阶连续可微，无穷序列 $\{x^k\}$ 由算法 3.1.1 产生，其中迭代步长 λ_k 由 Armijo 线搜索得到 ($\sigma \in (0,1/2)$) 或由 Wolfe 线搜索得到. 假定 $x^k \to x^*$, $g_* = 0$ 并且 G_* 对称正定. 如果

$$\lim_{k\to\infty}\frac{\|g_k+G_kd^k\|}{\|d^k\|}=0, \tag{3.1.4}$$

那么，当 k 充分大时有 $\lambda_k = 1$. 进一步，序列 $\{x^k\}$ 局部超线性收敛于 x^*.

证明 由于当 $k\to\infty$ 时 $x^k \to x^*$ 且 G_* 对称正定，所以对所有充分大的 k，G_k 一致对称正定. 从而存在常数 $c_1>0$，使得对任意的 $d\in\mathbb{R}^n\setminus\{0\}$ 以及对所有充分大的 k, 有 $\|G_kd\| \geqslant c_1\|d\|$ 成立. 若记 $\beta_k := \dfrac{\|g_k+G_kd^k\|}{\|d^k\|}$, 则由 (3.1.4) 式可知: 对所有充分大的 k, 有 $\beta_k < c_1/2$ 且 $c_1\|d^k\| \leqslant \|G_kd^k\| \leqslant \beta_k\|d^k\|+\|g_k\|$. 因此，存在常数 $c_2>0$，使得对所有充分大的 k, 有 $\|d^k\| \leqslant c_2\|g_k\| = o(\|x^k-x^*\|)$. 由此式可得 $d^k\to 0$. 另外，由 $-g_k^{\mathrm{T}}d^k = (d^k)^{\mathrm{T}}G_kd^k-(d^k)^{\mathrm{T}}\left(g_k+G_kd^k\right)$ 及 (3.1.4) 式可知: 存在常数 $c_3>0$, 使得对所有充分大的 k, 有 $-g_k^{\mathrm{T}}d^k \geqslant c_3\|d^k\|^2$.

由于利用 Taylor 公式有

$$\begin{aligned}
f(x^k+d^k)-f(x^k)-\sigma g_k^{\mathrm{T}}d^k &= \left[f(x^k+d^k)-f(x^k)-(1/2)g_k^{\mathrm{T}}d^k\right]+(1/2-\sigma)\,g_k^{\mathrm{T}}d^k\\
&=(1/2-\sigma)\,g_k^{\mathrm{T}}d^k+(1/2)(d^k)^{\mathrm{T}}\left(G_kd^k+g_k\right)+o(\|d^k\|^2)\\
&=(1/2-\sigma)g_k^{\mathrm{T}}d^k+o(\|d^k\|^2)\\
&\leqslant(\sigma-1/2)c_3\|d^k\|^2+o(\|d^k\|^2),
\end{aligned}$$

所以，当 k 充分大时, 有 $f(x^k+d^k)-f(x^k)-\sigma g_k^{\mathrm{T}}d^k \leqslant 0$. 这表明：当 k 充分大时，$\lambda_k=1$ 满足 Armijo 线搜索的条件以及 Wolfe 线搜索准则中的第一个不等式.

另外，利用中值定理可得

$$
\begin{aligned}
g(x^k+d^k)^{\mathrm T}d^k-\delta g_k^{\mathrm T}d^k &= \left[g(x^k+d^k)-g_k\right]^{\mathrm T}d^k+(1-\delta)g_k^{\mathrm T}d^k \\
&= (d^k)^{\mathrm T}G_kd^k+(1-\delta)g_k^{\mathrm T}d^k+o(\|d^k\|^2) \\
&= -\delta g_k^{\mathrm T}d^k+(d^k)^{\mathrm T}\left(g_k+G_kd^k\right)+o(\|d^k\|^2) \\
&\geqslant c_3\delta\|d^k\|^2+o(\|d^k\|^2).
\end{aligned}
$$

所以，当 k 充分大时, 有 $g(x^k+d^k)^{\mathrm T}d^k-\delta g_k^{\mathrm T}d^k\geqslant 0$. 这表明：当 k 充分大时，$\lambda_k=1$ 满足 Wolfe 线搜索准则中的第二个不等式. 至此，完成了定理中第一个结论的证明.

进一步，由以上的分析可知

$$
\begin{aligned}
c_1\|x^{k+1}-x^*\| &= c_1\|x^k+d^k-x^*\| \\
&\leqslant \|G_k(x^k+d^k-x^*)\| \\
&= \|G_k(x^k-x^*)-g_k+G_kd^k+g_k\| \\
&\leqslant \|g_k-g_*-G_k(x^k-x^*)\|+\|G_kd^k+g_k\| \\
&= o(\|x^k-x^*\|)+o(\|d^k\|) \\
&= o(\|x^k-x^*\|).
\end{aligned}
$$

由此，证明了定理中的第二个结论. 定理得证. □

3.2　最速下降法

下降算法是求解无约束优化问题 (3.0.1) 的流行算法，那么一个自然的问题是：沿什么方向, 目标函数值下降最快?

本节假设函数 f 连续可微. 由命题 1.4.1 易得：负梯度方向 $-g_k\neq 0$ 是 f 在 x^k 处的一个下降方向. 下面证明：负梯度方向 $-g_k\neq 0$ 是 f 在 x^k 处的最速下降方向. 由

$$f(x^k+\lambda d^k)-f(x^k)=\lambda g_k^{\mathrm T}d^k+o(\|\lambda d^k\|)$$

可以看到：目标函数 f 沿方向 d^k 的变化率是 $g_k^{\mathrm T}d^k$. 因此，最速下降方向是优化问题

$$\min_{d\neq 0}\ g_k^{\mathrm T}\left(\frac{d}{\|d\|}\right)$$

的最优解. 注意

$$g_k^{\mathrm{T}}\left(\frac{d}{\|d\|}\right)=-\|g_k\|\left\|\frac{d}{\|d\|}\right\|\cos\theta_k=-\|g_k\|\cos\theta_k,$$

其中 θ_k 是 $-g_k$ 与 d 之间的夹角. 显然，当 $\theta_k=0$(即 $\cos\theta_k=1$) 时，$g_k^{\mathrm{T}}\left(\frac{d}{\|d\|}\right)$ 最小. 此时有

$$\frac{d}{\|d\|}=-\frac{g_k}{\|g_k\|}.$$

因此，负梯度方向 $-g_k\neq 0$ 是 f 在 x^k 处的最速下降方向.

最速下降法是以负梯度方向作为下降方向的极小化算法，又称梯度法. 它是求解无约束优化问题中最简单的算法. 下面给出求解无约束优化问题 (3.0.1) 的最速下降算法.

算法 3.2.1 (最速下降算法) 选择初始点 $x^0\in\mathbb{R}^n$. 置 $k:=0$.

步 1 计算 $d^k=-g_k$. 如果 $g_k=0$, 算法终止.

步 2 由线搜索确定步长 $\lambda_k>0$, 使得 $f(x^k+\lambda_k d^k)<f(x^k)$.

步 3 置 $x^{k+1}:=x^k+\lambda_k d^k$ 和 $k:=k+1$, 转步 1.

注 (i) 在理论分析中，取 $g_k=0$ 作为算法的终止规则，但在实际计算中，终止规则 $g_k=0$ 由 $\|g_k\|\leqslant\varepsilon$ 来代替，其中 $\varepsilon>0$ 是容许误差 (后面的算法均如此，以后不再赘述).

(ii) 当步长 $\lambda_k>0$ 由精确一维线搜索得到时，对应的算法由法国数学家 Cauchy 于 1847 年提出，它是求解无约束优化问题最早的数值方法.

现在考虑算法 3.2.1 的全局收敛性. 因为最速下降方向与目标函数的负梯度方向一致，所以有 $\|g_k\|=\|d^k\|$. 因此，对所有的 k 有 (3.1.3) 式成立. 故由定理 3.1.4~定理 3.1.6, 容易得到算法 3.2.1 的全局收敛性如下.

定理 3.2.1 假设 $f:\mathbb{R}^n\to\mathbb{R}$ 连续可微有下界，且其梯度函数 g 具有 Lipschitz 连续性. 设序列 $\{x^k\}$ 由最速下降算法 3.2.1 产生，其中步长 λ_k 由精确一维线搜索得到，或由 Armijo 线搜索得到、或由 Wolfe 线搜索得到. 那么，算法 3.2.1 或者有限终止，或者 $\lim_{k\to\infty}\|g_k\|=0$.

下面考虑使用精确一维线搜索的最速下降算法.

例 3.2.1 利用精确一维线搜索的最速下降算法求解下述无约束优化问题

$$\min\ f(x)=\frac{1}{2}x_1^2+x_2^2,$$

其中初始点取为 $x^0=(2,1)^{\mathrm{T}}$.

解 直接计算可得

$$g(x)=\begin{pmatrix}x_1\\2x_2\end{pmatrix},\quad G(x)=\begin{pmatrix}1&0\\0&2\end{pmatrix}.$$

所以，目标函数 f 是正定二次函数，并且容易看出: 所求优化问题有唯一极小值点 $x^* = (0,0)^{\mathrm{T}}$.

容易证明: 如果 f 是正定二次函数，那么由精确一维搜索公式确定的步长 λ_k 满足

$$\lambda_k = -\frac{g_k^{\mathrm{T}} d^k}{(d^k)^{\mathrm{T}} G_k d^k}.$$

因此，求解该优化问题的迭代公式为

$$x^{k+1} = x^k - \frac{g_k^{\mathrm{T}} g_k}{g_k^{\mathrm{T}} G g_k} g_k.$$

因为 $g_0 = g(x^0) = (2,2)^{\mathrm{T}}$, 所以由上述迭代公式可得

$$x^1 = \begin{pmatrix} 2 \\ 1 \end{pmatrix} - \frac{(2,2)\begin{pmatrix} 2 \\ 2 \end{pmatrix}}{(2,2)\begin{pmatrix} 1 & 0 \\ 0 & 2 \end{pmatrix}\begin{pmatrix} 2 \\ 2 \end{pmatrix}} \begin{pmatrix} 2 \\ 2 \end{pmatrix} = \frac{1}{3}\begin{pmatrix} 2 \\ -1 \end{pmatrix}.$$

类似迭代计算下去并进行归纳，可得迭代点列为

$$x^k = \left(\frac{1}{3}\right)^k \begin{pmatrix} 2 \\ (-1)^k \end{pmatrix}, \quad k \in \{0,1,2,\cdots\}.$$

容易看到: 当 $k \to \infty$ 时, 有 $x^k \to x^* = 0$, 即算法产生的点列收敛于问题的最优解. □

由例 3.2.1 不难看到: 采用精确一维线搜索的最速下降算法最多具有线性收敛速度，其收敛速度是很慢的，这似乎与 “最速 “二字相矛盾. 其实不然，因为沿最速下降方向迭代快只是反映了目标函数在迭代点的局部邻域内沿最速下降方向进行迭代目标函数的下降是最快的，并不意味着整体迭代中目标函数的下降也是最快的. 事实上，采用精确一维线搜索的最速下降算法的整体迭代并不快，这可以由以下分析看出: 由精确一维搜索公式容易得到

$$(d^{k+1})^{\mathrm{T}} d^k = 0, \quad k \in \{0,1,2,\cdots\}.$$

这表明: 在相继两次迭代中，迭代方向是相互正交的. 因而，采用精确一维线搜索的最速下降算法逼近极小值点的路线是锯齿形的，并且越靠近极小值点步长越小，即越走越慢.

3.3 牛 顿 法

对于无约束优化问题 (3.0.1), 最速下降法本质上是使用线性函数去近似目标函数. 为了得到快速算法，可考虑目标函数的高阶逼近. 本节假设目标函数 f 二阶连续可微, 并且利用目标函数 f 在迭代点处的二阶 Taylor 展开式的极小值点序列去逼近目标函数的极小值点. 这种方法被称为牛顿法.

3.3.1 经典牛顿法

假设点 x^k 是函数 f 在极小值点 x^* 处的一个近似点，将 f 在 x^k 附近进行二阶 Taylor 展开，且令

$$f(x) \approx q_k(x) = f(x^k) + g_k^{\mathrm{T}}(x - x^k) + \frac{1}{2}(x - x^k)^{\mathrm{T}} G_k (x - x^k).$$

若 G_k 对称正定，则二次函数 $q_k(\cdot)$ 有唯一极小值点，将它取为 x^* 的下一次近似点 x^{k+1}. 由一阶必要条件可知, x^{k+1} 应满足 $G_k(x^{k+1} - x^k) + g_k = 0$. 令

$$x^{k+1} = x^k + d^k, \tag{3.3.1}$$

其中, 方向 d^k 称为牛顿方向且满足

$$G_k d^k = -g_k. \tag{3.3.2}$$

称 (3.3.2) 式为牛顿方程，解得 $d^k = -G_k^{-1} g_k$, 并代入 (3.3.1) 式, 于是有

$$x^{k+1} = x^k - G_k^{-1} g_k. \tag{3.3.3}$$

称 (3.3.3) 式为牛顿迭代公式. 容易证明：牛顿方向 $d^k = -G_k^{-1} g_k$ 是目标函数 f 在椭球范数 $\|\cdot\|_{G_k}$ (注：$\|x\|_{G_k} = \sqrt{x^{\mathrm{T}} G_k x}$, $\forall x \in \mathbb{R}^n$) 下的最速下降方向，即易证：$d^k = -G_k^{-1} g_k$ 是极小化问题

$$\min_{d \in \mathbb{R}^n \setminus \{0\}} \frac{g_k^{\mathrm{T}} d}{\|d\|_{G_k}}$$

的最优解.

算法 3.3.1 (经典牛顿法)　选择初始点 $x^0 \in \mathbb{R}^n$. 置 $k := 0$.

步 1　计算 g_k. 如果 $g_k = 0$, 算法终止.

步 2　计算 G_k, 并由 (3.3.2) 式求解出 d^k.

步 3　置 $x^{k+1} := x^k + d^k$ 和 $k := k + 1$, 转步 1.

下面给出算法 3.3.1 的收敛性质.

定理 3.3.1 给定对称正定矩阵 $Q \in \mathbb{R}^{n\times n}$ 及向量 $q \in \mathbb{R}^n$. 设

$$f(x) = \frac{1}{2}x^{\mathrm{T}}Qx + q^{\mathrm{T}}x.$$

那么，从任意初始点 x^0 出发，算法 3.3.1 至多一步迭代可达到函数 f 的极小值点.

证明 通过简单计算可得 $g(x) = Qx + q$ 且 $G(x) = Q$. 由于矩阵 Q 对称正定，所以函数 f 为严格凸函数. 因此, 由定理 3.1.3 可得, 函数 f 的全局极小值点为 $x^* = -Q^{-1}q$.

另外，若 x^0 不是 f 的极小值点，则由算法 3.3.1 可知

$$x^1 = x^0 - G_0^{-1}g_0 = x^0 - Q^{-1}(Qx^0 + q) = -Q^{-1}q.$$

所以, x^1 为函数 f 的极小值点. 定理得证. □

定义 3.3.1 当一个算法用于求解严格凸二次函数极小值问题时, 若从任意初始点出发, 算法经过有限步迭代后可达到函数的极小值点, 则称该算法具有二次终止性.

由定理 3.3.1 可知: 经典牛顿法具有二次终止性.

定理 3.3.2 假设目标函数 f 二阶连续可微, x^* 是 f 的一个局部极小值点, G_* 对称正定, 且函数 f 的 Hesse 阵 $G(\cdot)$ 具有 Lipschitz 连续性, 即存在 $\mathcal{L} > 0$ 使得对任意的 $x, y \in \mathbb{R}^n$, 有 $\|G(x) - G(y)\| \leqslant \mathcal{L}\|x - y\|$. 当初始点 x^0 充分靠近 x^* 时, 对于所有的 $k \in \mathbb{N}$, 经典牛顿迭代 (3.3.3) 式都有意义, 算法 3.3.1 产生的迭代序列 $\{x^k\}$ 收敛于 x^*, 并且具有二阶收敛性.

证明 由于函数 f 二阶连续可微且其 Hesse 阵 $G(\cdot)$ 具有 Lipschitz 连续性, 所以利用 Taylor 公式有

$$g(x^k + d) = g_k + G_k d + O(\|d\|^2).$$

从而，

$$0 = g(x^*) = g(x^k - (x^k - x^*)) = g_k - G_k(x^k - x^*) + O(\|x^k - x^*\|^2).$$

又因为 f 二阶连续可微且 G_* 对称正定，所以当 x^k 充分靠近 x^* 时，G_k 对称正定且 $\{\|G_k^{-1}\|\}$ 有界. 由此，用 G_k^{-1} 乘上式两边可得

$$O(\|x^k - x^*\|^2) = -G_k^{-1}g_k + (x^k - x^*) = d^k + (x^k - x^*) = x^{k+1} - x^*.$$

这表明: 存在常数 $c > 0$ 使得

$$\|x^{k+1} - x^*\| \leqslant c\|x^k - x^*\|^2. \tag{3.3.4}$$

若 x^k 充分靠近 x^* 使得 $x^k \in \mathcal{N}_\varepsilon(x^*) := \{x \mid \|x - x^*\| \leqslant \varepsilon\}$, 其中 ε 满足 $c\varepsilon < 1$, 那么由 (3.3.4) 式可得

$$\|x^{k+1} - x^*\| \leqslant c\|x^k - x^*\|^2 \leqslant c\varepsilon\|x^k - x^*\| < \|x^k - x^*\|.$$

因此，$x^{k+1} \in \mathcal{N}_\varepsilon(x^*)$.

由归纳法可知: 如果 $x^0 \in \mathcal{N}_\varepsilon(x^*)$，那么对所有的 k，经典牛顿法都有意义，且

$$\|x^k - x^*\| \leqslant (c\varepsilon)^k\|x^0 - x^*\| \to 0 \quad (k \to \infty).$$

因此，由 (3.3.4) 式可知：算法 3.3.1 具有二阶收敛性. 定理得证. □

3.3.2 带线搜索的牛顿法

定理 3.3.2 表明：经典牛顿法 3.3.1 具有很快的收敛速度，但它只是局部收敛的，即只有当初始点 x^0 充分接近极小值点 x^* 时，才能保证其好的收敛性. 另外，该算法收敛于鞍点或极大值点的可能性与收敛于极小值点的可能性是一样的. 为了克服这些缺陷，人们考虑带线搜索的牛顿法，即牛顿迭代公式 (3.3.3) 式改变为

$$x^{k+1} = x^k - \lambda_k G_k^{-1} g_k, \tag{3.3.5}$$

其中步长 λ_k 由某个线搜索得到. 显然，当 $\lambda_k = 1$ 时，(3.3.5) 式即为 (3.3.3) 式. 具体算法如下.

算法 3.3.2 (带线搜索的牛顿法)　选择初始点 $x^0 \in \mathbb{R}^n$. 置 $k := 0$.

步 1　计算 g_k. 如果 $g_k = 0$, 算法终止.

步 2　计算 G_k, 并由 (3.3.2) 式求解出 d^k.

步 3　由线搜索计算步长 λ_k.

步 4　置 $x^{k+1} := x^k + \lambda_k d^k$ 和 $k := k + 1$, 转步 1.

类似于定理 3.3.1 的证明，易得如下结论.

定理 3.3.3　使用精确一维线搜索的牛顿法具有二次终止性.

下面的定理给出了算法 3.3.2 的全局收敛性.

定理 3.3.4　设目标函数 f 二阶连续可微且存在常数 $c > 0$ 使得

$$d^{\mathrm{T}} G(x) d \geqslant c\|d\|^2, \quad \forall d \in \mathbb{R}^n, \quad \forall x \in \mathscr{L}(f) := \{x \mid f(x) \leqslant f(x^0)\}. \tag{3.3.6}$$

设迭代序列 $\{x^k\}$ 由算法 3.3.2 产生，其中步长 λ_k 由精确一维线搜索得到、或由 Armijo 线搜索得到, 或由 Wolfe 线搜索得到, 那么，或者算法 3.3.2 有限终止于 f 在 $\mathscr{L}(f)$ 中的唯一全局极小值点，或者算法 3.3.2 产生的迭代序列 $\{x^k\}$ 收敛于 f 在 $\mathscr{L}(f)$ 中的唯一全局极小值点.

证明 由定理的条件及定理 1.3.6 可知, f 在 $\mathscr{L}(f)$ 上为强凸函数. 根据函数 f 的强凸性，易证: 水平集 $\mathscr{L}(f)$ 是一个有界闭集，且函数 f 的全局极小值点存在且唯一. 由定理 3.1.3 可知, f 的唯一全局极小值点是 $g(x)=0$ 的唯一解.

假设算法 3.3.2 不是有限终止于 f 在 $\mathscr{L}(f)$ 中的唯一全局极小值点的. 由算法 3.3.2 可知: 数列 $\{f(x^k)\}$ 是单调下降数列. 因此，对所有的 k, 有 $x^k \in \mathscr{L}(f)$. 另外，利用 (3.3.6) 式, 验证可得：定理 3.1.4~ 定理 3.1.6 的条件满足，因此，由定理 3.1.4~ 定理 3.1.6 可得

$$\lim_{k\to\infty} \|g(x^k)\| = 0,$$

即 $\{x^k\}$ 的任何聚点都是函数 f 的稳定点. 定理得证. □

下面的定理给出了算法 3.3.2 的局部快速收敛性.

定理 3.3.5 设定理 3.3.4 的条件成立且 f 的 Hesse 阵 $G(x)$ 具有 Lipschitz 连续性. 令迭代序列 $\{x^k\}$ 由算法 3.3.2 产生，其中步长 λ_k 由 Armijo 线搜索得到 ($\sigma \in (0,1/2)$) 或由 Wolfe 线搜索得到. 假设 $x^k \to x^*$, 且 $g_* = 0$ 以及 G_* 对称正定. 那么，迭代序列 $\{x^k\}$ 二阶收敛于 x^*.

证明 根据定理 3.3.4 可知, 序列 $\{x^k\}$ 收敛于 x^* 且 $g(x^*)=0$. 又由牛顿方程 (3.3.3) 式, 可得 (3.1.4) 式成立. 因此，从定理 3.1.7 的结论可知, 当 k 充分大时，$\lambda_k = 1$ 满足线搜索条件. 所以，由定理 3.3.2 可得, 迭代序列 $\{x^k\}$ 二阶收敛于 x^*. 定理得证. □

3.4 共轭梯度法

由 Taylor 公式可知：一个函数在某一极小值点附近的性态与一个二次函数很接近. 因此，为了给出有效的算法，往往采用二次模型尝试，再推广到一般的非线性函数. 本节首先介绍求解凸二次函数

$$f(x) = \frac{1}{2}x^{\mathrm{T}}Gx + q^{\mathrm{T}}x \tag{3.4.1}$$

极小化问题的共轭方向法，其中 $G \in \mathbb{R}^{n\times n}$ 为对称正定矩阵且 $q \in \mathbb{R}^n$, 然后介绍共轭方向法中非常有效的共轭梯度法. 算法的计算效果介于最速下降法和牛顿法之间，既能克服最速下降法慢的收敛性，又避免了牛顿法计算量大的缺陷.

3.4.1 二次函数极小化的共轭方向法

首先介绍共轭方向的概念及其性质.

定义 3.4.1 设 G 为 n 阶对称正定矩阵, $d^0, d^1, \cdots, d^{k-1}$ $(k \leqslant n)$ 为 n 维向量组，如果

$$(d^i)^{\mathrm{T}}Gd^j = 0, \quad \forall i,j \in \{0,1,\cdots,k-1\}, \quad i \neq j,$$

那么，称向量组 $d^0,d^1,\cdots,d^{k-1}$ 关于 G 共轭.

若 $G=I$ 为单位矩阵，则由共轭向量组的定义可以看出，它们是正交的. 因此，向量组的共轭性是其正交性的一种推广形式. 下面的定理描述了共轭向量组的性质.

定理 3.4.1 设 G 为 n 阶对称正定矩阵. 非零 n 维向量组 $d^0,d^1,\cdots,d^{k-1}$ $(k\leqslant n)$ 关于 G 共轭，则

(i) 向量组 $d^0,d^1,\cdots,d^{k-1}$ 线性无关;

(ii) 若 $k=n$, 则向量组 $d^0,d^1,\cdots,d^{n-1}$ 构成 $\mathbb{R}^n$ 的一组基;

(iii) 若 $k=n$, 且向量 v 与向量组 $d^0,d^1,\cdots,d^{n-1}$ 关于 G 共轭，则 $v=0$.

证明 证明从略. □

下面讨论共轭方向法的理论基础.

定义 3.4.2 设 n 维向量组 $d^0,d^1,\cdots,d^{k-1}$ $(k\leqslant n)$ 线性无关，给定 $x^0\in\mathbb{R}^n$, 称集合

$$H_k:=\left\{x^0+\sum_{i=0}^{k-1}\lambda_i d^i \;\middle|\; \lambda_i\in\mathbb{R}, i\in\{0,1,\cdots,k-1\}\right\}$$

为由点 x^0 与 $d^0,d^1,\cdots,d^{k-1}$ 生成的 k 维超平面.

引理 3.4.1 设 f 为连续可微的严格凸函数，$d^0,d^1,\cdots,d^{k-1}$ $(k\leqslant n)$ 为一组线性无关的 n 维向量，$x^0\in\mathbb{R}^n$, 则

$$x^k=x^0+\sum_{i=0}^{k-1}\hat{\lambda}_i d^i$$

是函数 f 在 x^0 与 $d^0,d^1,\cdots,d^{k-1}$ 所生成 k 维超平面 H_k 上的唯一极小值点的充要条件是

$$g_k^{\mathrm{T}}d^i=0,\quad \forall i\in\{0,1,\cdots,k-1\}. \tag{3.4.2}$$

证明 定义函数

$$h(\lambda_0,\lambda_1,\cdots,\lambda_{k-1}):=f\left(x^0+\sum_{i=0}^{k-1}\lambda_i d^i\right).$$

那么，

(i) $\nabla h(\hat{\lambda}_0,\hat{\lambda}_1,\cdots,\hat{\lambda}_{k-1})=(g_k^{\mathrm{T}}d^0,g_k^{\mathrm{T}}d^1,\cdots,g_k^{\mathrm{T}}d^{k-1})^{\mathrm{T}}$;

(ii) h 是 k 维空间 $\mathbb{R}^k$ 上的严格凸函数;

(iii) x^k 是函数 f 在 H_k 上的极小值点当且仅当 $(\hat{\lambda}_0,\hat{\lambda}_1,\cdots,\hat{\lambda}_{k-1})^{\mathrm{T}}$ 是函数 $h(\lambda_0,\lambda_1,\cdots,\lambda_{k-1})$ 在 $\mathbb{R}^k$ 上的极小值点.

一方面，若 x^k 是 f 在 H_k 上的极小值点，则由定理 3.1.1 中的 (i) 可知，$\nabla h(\hat{\lambda}_0, \hat{\lambda}_1, \ldots, \hat{\lambda}_{k-1}) = 0$. 这与上述结论 (i) 相结合可得 (3.4.2) 式成立.

另一方面，若 (3.4.2) 式成立，则结合上述结论 (i)，可得 $\nabla h(\hat{\lambda}_0, \hat{\lambda}_1, \cdots, \hat{\lambda}_{k-1}) = 0$. 又由上述结论 (ii) 可知, h 是 k 维空间 $\mathbb{R}^k$ 上的严格凸函数. 根据定理 3.1.3, 可得 $(\hat{\lambda}_0, \hat{\lambda}_1, \cdots, \hat{\lambda}_{k-1})^{\mathrm{T}}$ 是 h 在 $\mathbb{R}^k$ 上的极小值点. 这与上述结论 (iii) 相结合可得: x^k 是 f 在 H_k 上的唯一极小值点. 引理得证. □

定理 3.4.2 (子空间扩展定理) 设 G 为 n 阶对称正定矩阵, 非零 n 维向量组 $d^0, d^1, \cdots, d^{k-1}$ $(k \leqslant n)$ 关于 G 共轭, 且二次函数 f 由 (3.4.1) 式定义. 由任意初始点 x^0 开始, 依次进行 k 次精确一维线搜索, 得

$$x^{i+1} = x^i + \lambda_i d^i, \quad \forall i \in \{0, 1, \cdots, k-1\}.$$

那么, x^k 是由 (3.4.1) 式所定义二次函数 f 在 H_k 上的极小值点.

证明 由引理 3.4.1 可知, 只需证明 (3.4.2) 式成立. 因为

$$\begin{aligned} g_k^{\mathrm{T}} d^i &= g_k^{\mathrm{T}} d^i - g_{k-1}^{\mathrm{T}} d^i + g_{k-1}^{\mathrm{T}} d^i - g_{k-2}^{\mathrm{T}} d^i + \cdots + g_{i+2}^{\mathrm{T}} d^i - g_{i+1}^{\mathrm{T}} d^i + g_{i+1}^{\mathrm{T}} d^i \\ &= g_{i+1}^{\mathrm{T}} d^i + \sum_{j=i+1}^{k-1} (g_{j+1} - g_j)^{\mathrm{T}} d^i, \quad \forall i \in \{0, 1, \cdots, k-1\}, \end{aligned}$$

且 $g_{j+1} - g_j = G(x^{j+1} - x^j) = \lambda_j G d^j$, 所以,

$$g_k^{\mathrm{T}} d^i = g_{i+1}^{\mathrm{T}} d^i + \sum_{j=i+1}^{k-1} \lambda_j (d^j)^{\mathrm{T}} G d^i, \quad \forall i \in \{0, 1, \cdots, k-1\}. \tag{3.4.3}$$

一方面，利用精确一维线搜索可得 $g_{i+1}^{\mathrm{T}} d^i = 0$; 另一方面，由向量组的共轭性可得，对任意的 $j \in \{i+1, \cdots, k-1\}$ 都有 $(d^j)^{\mathrm{T}} G d^i = 0$. 因此, 由 (3.4.3) 式可得 (3.4.2) 式成立. 定理得证. □

基于定理 3.4.2，共轭方向法的算法框架可叙述如下.

算法 3.4.1 (二次函数极小化的共轭方向法) 设二次函数 f 由 (3.4.1) 式定义. 给定初始点 $x^0 \in \mathbb{R}^n$ 及初始下降方向 d^0. 计算 g_0. 如果 $g_0 = 0$, 算法终止. 否则, 置 $k := 0$.

步 1 由精确一维线搜索 $f(x^k + \lambda_k d^k) = \min_{\lambda \geqslant 0} f(x^k + \lambda d^k)$, 计算步长 λ_k.

步 2 置 $x^{k+1} := x^k + \lambda_k d^k$.

步 3 计算 g_{k+1}. 如果 $g_{k+1} = 0$, 算法终止. 否则, 转步 4.

步 4 取共轭方向 d^{k+1}, 使得对任意的 $i \in \{0, 1, \cdots, k\}$ 都有 $(d^{k+1})^{\mathrm{T}} G d^i = 0$.

步 5 置 $k := k + 1$, 转步 1.

注 (i) 由定理 3.4.2 可知, 使用算法 3.4.1 求解由 (3.4.1) 式定义的严格凸二次函数极小化问题时，至多 n 步迭代可达到其极小值点. 因此，算法 3.4.1 具有二次终止性.

(ii) 算法 3.4.1 是一个概念性算法，实现它的关键在于如何选择一组合适的共轭方向. 3.4.2 小节介绍一个基于目标函数的梯度构造共轭方向的方法，称为共轭梯度法.

3.4.2 二次函数极小化的共轭梯度法

假设二次函数 f 由 (3.4.1) 式定义. 给定初始点 x^0, 选取初始下降方向为

$$d^0 = -g_0.$$

从 x^0 出发, 沿 d^0 进行精确一维线搜索得迭代点 x^1, 完成第一次迭代. 不妨设 $g_1 \neq 0$, 现在考虑如何选取共轭方向 d^1. 定义一维子空间

$$L_1 := \left\{\beta_0 d^0 \mid \beta_0 \in \mathbb{R}\right\},$$

将负梯度方向分解成 $-g_1 = u^1 + v^1$, 其中 $u^1 \in L_1$ 且 v^1 与 d^0 关于 G 共轭 (由线性代数的知识，这种分解是存在的). 令 $d^1 = v^1$, 关键在于如何求解 d^1. 显然，存在 $\beta_0 \in \mathbb{R}$ 使得 $-u^1 = \beta_0 d^0$. 因此，

$$d^1 = -g_1 + \beta_0 d^0.$$

用 $(d^0)^{\mathrm{T}}G$ 左乘上式两边，并利用共轭性，可得 $0 = (d^0)^{\mathrm{T}}Gd^1 = -(d^0)^{\mathrm{T}}Gg_1 + \beta_0(d^0)^{\mathrm{T}}Gd^0$. 于是有

$$\beta_0 = \frac{g_1^{\mathrm{T}}Gd^0}{(d^0)^{\mathrm{T}}Gd^0},$$

进而

$$d^1 = -g_1 + \frac{g_1^{\mathrm{T}}Gd^0}{(d^0)^{\mathrm{T}}Gd^0}d^0.$$

类似递推，假设已沿 k 个共轭方向 $d^0, d^1, \cdots, d^{k-1}$ 进行了 k 次精确一维线搜索，依次得到迭代点 $x^1, x^2, \cdots, x^k$. 不失一般性，假设 $g_k \neq 0$, 下面关键在于如何选取共轭方向 d^k. 定义 k $(k > 1)$ 维子空间

$$L_k := \left\{\sum_{i=0}^{k-1} \beta_i d^i \,\middle|\, \beta_i \in \mathbb{R},\ i \in \{0, 1, \cdots, k-1\}\right\},$$

将负梯度方向分解成

$$-g_k = u^k + v^k,$$

其中 $u^k \in L_k$ 且 v^k 与 L_k 的基 $d^0, d^1, \cdots, d^{k-1}$ 关于 G 共轭. 令 $d^k = v^k$, 关键在于如何求解 d^k. 类似于前面的推导, 可得

$$d^k = -g_k + \beta_{k-1}d^{k-1},$$

其中

$$\beta_{k-1}=\frac{g_k^{\mathrm{T}}Gd^{k-1}}{(d^{k-1})^{\mathrm{T}}Gd^{k-1}},$$

并且可以得到下面的结论.

定理 3.4.3 设 G 为 n 阶对称正定矩阵且二次函数 f 由 (3.4.1) 式定义. 共轭梯度法的迭代方向为由以下公式产生的共轭方向 $d^0,d^1,\cdots,d^{k-1}\ (k\leqslant n)$

$$\begin{cases} d^0=-g_0,\\ d^k=-g_k+\beta_{k-1}d^{k-1}, \quad \beta_{k-1}=\dfrac{g_k^{\mathrm{T}}Gd^{k-1}}{(d^{k-1})^{\mathrm{T}}Gd^{k-1}}, \quad k>0, \end{cases} \tag{3.4.4}$$

且迭代步长由精确一维线搜索得到. 那么, 共轭梯度法 $k\ (k\leqslant n)$ 次迭代可求得二次函数 f 的极小值点, 并且对所有的 $i\in\{0,1,\cdots,k-1\}$, 有

(i) $(d^i)^{\mathrm{T}}Gd^j=0, g_i^{\mathrm{T}}g_j=0, g_i^{\mathrm{T}}d^j=0,\ \forall j\in\{0,1,\cdots,i-1\}$;

(ii) $g_i^{\mathrm{T}}d^i=-g_i^{\mathrm{T}}g_i$.

3.4.3 一般函数极小化的共轭梯度法

利用迭代方向的校正公式 (3.4.4) 式和定理 3.4.3 的结论, 容易得到 $\beta_{k-1}\ (k>0)$ 的一些等价公式. 以 Flecher-Reeves 公式为例, 简单推导如下: 由于

$$Gd^{k-1}=G\left[\frac{1}{\lambda_{k-1}}(x^k-x^{k-1})\right]=\frac{1}{\lambda_{k-1}}(g_k-g_{k-1}),$$

所以,

$$\begin{aligned} g_k^{\mathrm{T}}Gd^{k-1}&=\frac{1}{\lambda_{k-1}}g_k^{\mathrm{T}}(g_k-g_{k-1})=\frac{1}{\lambda_{k-1}}g_k^{\mathrm{T}}g_k,\\ (d^{k-1})^{\mathrm{T}}Gd^{k-1}&=\frac{1}{\lambda_{k-1}}(-g_{k-1}+\beta_{k-2}d^{k-2})^{\mathrm{T}}(g_k-g_{k-1})=\frac{1}{\lambda_{k-1}}g_{k-1}^{\mathrm{T}}g_{k-1}, \end{aligned}$$

故有

$$\beta_{k-1}=\frac{g_k^{\mathrm{T}}g_k}{g_{k-1}^{\mathrm{T}}g_{k-1}}.$$

以上公式是 Flecher 和 Reeves 在 1964 年提出的, 所以称为 Flecher-Reeves 公式, 简称为 FR 公式. 类似的推导, 可得到以下三个常用的等价公式

$$\beta_{k-1}=\frac{g_k^{\mathrm{T}}(g_k-g_{k-1})}{g_{k-1}^{\mathrm{T}}g_{k-1}} \quad \text{(Polak-Ribiere-Polyak公式, 简称为PRP公式)};$$

$$\beta_{k-1}=-\frac{g_k^{\mathrm{T}}g_k}{g_{k-1}^{\mathrm{T}}d^{k-1}} \quad \text{(Dixon公式)};$$

$$\beta_{k-1}=\frac{g_k^{\mathrm{T}}g_k}{(g_k-g_{k-1})^{\mathrm{T}}d^{k-1}} \quad \text{(Dai-Yuan公式 简称为DY公式)}.$$

虽然 FR 公式、PRP 公式、Dixon 公式和 DY 公式是依据二次函数极小化来推导得出的, 但是公式中不显含二次函数的特有特征 (如不含矩阵 G), 因此，这些公式常被应用于求解一般非线性函数的极小化问题 (3.0.1). 另外，这些公式中主要的计算量只是计算一些向量的乘法，故计算量小，适合于求解大规模无约束优化问题.

以求解无约束优化问题 (3.0.1) 的 FR 共轭梯度法为例，具体算法如下.

算法 3.4.2 (FR 共轭梯度法) 设函数 f 由问题 (3.0.1) 给出. 给定初始点 $x^0 \in \mathbb{R}^n$. 置 $k := 0$.

步 1 计算 g_k. 如果 $g_k = 0$, 算法终止. 否则, 转步 2.

步 2 取

$$d^k = \begin{cases} -g_k, & 若 k = 0, \\ -g_k + \dfrac{g_k^{\mathrm{T}} g_k}{g_{k-1}^{\mathrm{T}} g_{k-1}} d^{k-1}, & 否则. \end{cases}$$

步 3 由线搜索计算步长 λ_k.

步 4 置 $x^{k+1} := x^k + \lambda_k d^k$ 且 $k := k+1$, 转步 1.

注 (i) 在算法 3.4.2 中，步长 λ_k 可由精确一维线搜索或非精确线搜索得到. 以下只考虑步长 λ_k 由精确一维线搜索得到的情况.

(ii) 如果算法 3.4.2 中的 FR 公式被 PRP 公式、Dixon 公式、DY 公式代替，则分别得到 PRP 共轭梯度法、Dixon 共轭梯度法、DY 共轭梯度法.

(iii) 采用精确一维线搜索的 FR 共轭梯度法、PRP 共轭梯度法、Dixon 共轭梯度法、DY 共轭梯度法均为下降算法，因为它们产生的搜索方向若非零，则满足

$$\begin{cases} g_k^{\mathrm{T}} d^k = -g_0^{\mathrm{T}} g_0 < 0, & 若 k = 0, \\ g_k^{\mathrm{T}} d^k = g_k^{\mathrm{T}}(-g_k + \beta_{k-1} d^{k-1}) = -g_k^{\mathrm{T}} g_k < 0, & 否则. \end{cases}$$

以 FR 共轭梯度法为例，其算法的全局收敛性结论如下.

定理 3.4.4 设由问题 (3.0.1) 给出函数 f 在有界水平集 $\mathscr{L}(f) = \{x \in \mathbb{R}^n | f(x) \leqslant f(x^0)\}$ 上连续可微且有下界, 序列 $\{x^k\}$ 是由采用精确一维线搜索的 FR 共轭梯度法产生的序列. 如果 $\{x^k\}$ 有限, 那么 $\{x^k\}$ 有限地终止于 f 的一个稳定点; 否则, $\{x^k\}$ 的每个聚点都是 f 的一个稳定点.

证明 不妨假设序列 $\{x^k\}$ 是无限点列. 迭代方向 d^k 是下降方向，结合函数 f 的函数值在水平集上有下界, 因而 $\{f(x^k)\}$ 是单调下降且有下界的序列. 所以，$\lim_{k\to\infty} f(x^k)$ 存在. 又由于 $\{x^k\} \subseteq \mathscr{L}$ 且 $\mathscr{L}$ 有界，所以 $\{x^k\}$ 为有界点列，因而存在收敛子列. 不失一般性，不妨设 $\lim_{k\to\infty} x^k = x^*$. 那么由 f 的连续性可知, $\lim_{k\to\infty} f(x^k) = f(\lim_{k\to\infty} x^k) = f(x^*)$.

下面采用反证法证明 $g_* = 0$. 假设 $g_* \neq 0$. 那么必存在一下降方向 d^*, 使得对任意充分小的 $\lambda_* > 0$, 有

$$f(x^* + \lambda_* d^*) < f(x^*). \tag{3.4.5}$$

而利用精确一维线搜索可知, $f(x^{k+1}) = f(x^k + \lambda_k d^k) \leqslant f(x^k + \lambda_* d^k)$, 两边取极限可得

$$f(x^*) \leqslant f(x^* + \lambda_* d^*).$$

这与 (3.4.5) 式相矛盾. 定理得证. □

进一步, 可以证明：在定理 3.4.4 的条件下，采用精确一维线搜索的 FR 共轭梯度法所产生的迭代序列线性收敛于目标函数 f 的极小值点.

例 3.4.1 采用精确一维线搜索的 FR 共轭梯度法求解下述无约束优化问题

$$\min\ f(x) = \frac{1}{2}x_1^2 + x_2^2,$$

其中初始点取为 $x^0 = (2,1)^{\mathrm{T}}$.

解 通过简单计算可得 $g(x) = (x_1, 2x_2)^{\mathrm{T}}$. 由于 $g_0 = (2,2)^{\mathrm{T}} \neq (0,0)^{\mathrm{T}}$, 因而取 $d^0 = (-2,-2)^{\mathrm{T}}$.

从 x^0 出发沿 d^0 进行精确一维线搜索，即求

$$\min\ f(x^0 + \lambda d^0) = 6\lambda^2 - 8\lambda + 3$$

的极小值点，得步长 $\lambda_0 = \dfrac{2}{3}$. 进而，$x^1 = x^0 + \lambda_0 d^0 = \left(\dfrac{2}{3}, -\dfrac{1}{3}\right)^{\mathrm{T}}$，并且 $g_1 = \left(\dfrac{2}{3}, -\dfrac{2}{3}\right)^{\mathrm{T}}$. 由 FR 公式得 $\beta_0 = g_1^{\mathrm{T}} g_1 / g_0^{\mathrm{T}} g_0 = \dfrac{1}{9}$. 从而, $d^1 = -g_1 + \beta_0 d^0 = \left(-\dfrac{8}{9}, \dfrac{4}{9}\right)^{\mathrm{T}}$.

从 x^1 出发沿 d^1 进行精确一维线搜索，即求

$$\min\ f(x^1 + \lambda d^1) = \frac{1}{162}(96\lambda^2 - 144\lambda + 54)$$

的极小值点，得步长 $\lambda_1 = \dfrac{3}{4}$. 进而, $x^2 = x^1 + \lambda_1 d^1 = (0,0)^{\mathrm{T}}$, 并且 $g_2 = (0,0)^{\mathrm{T}}$.

因此，所求无约束优化问题的最优解为 $x^* = (0,0)^{\mathrm{T}}$, 最优值为 $f^* = 0$. □

对于求解严格凸二次函数的极小化问题，FR 共轭梯度法、PRP 共轭梯度法、Dixon 共轭梯度法、DY 共轭梯度法都是等价的，但是，对于求解一般非线性函数的极小化问题，这些算法是不同的，并且目标函数的 Hesse 阵不是常数矩

阵，迭代过程中所产生的迭代方向不再是共轭方向. 众所周知：在最优解附近，目标函数与一个严格凸二次函数很接近. 因此，当迭代点进入目标函数逼近严格凸二次函数的区域后，如果能及时产生接近于共轭方向的搜索方向，那么算法就能迅速地收敛到最优解. 所以，当迭代点进入目标函数逼近严格凸二次函数的区域时，重新取负梯度方向作为搜索方向，那么后面的迭代将产生近似的共轭方向，从而提高算法的效率. 基于这一想法，共轭梯度法可修改如下：每迭代 n 次，就重新取负梯度方向作为搜索方向，得到的算法称为 n 步重新开始的共轭梯度法. 以采用精确一维线搜索的 FR 共轭梯度法为例，具体算法如下.

算法 3.4.3 (n 步重新开始的 FR 共轭梯度法)　设函数 f 由问题 (3.0.1) 给出. 给定初始点 $x^0 \in \mathbb{R}^n$. 置 $k := 0$.

步 1　计算 g_k. 如果 $g_k = 0$, 算法终止. 否则, 转步 2.

步 2　若 k 是 n 的倍数, 则取 $d^k = -g_k$, 否则, 取

$$d^k = -g_k + \frac{g_k^{\mathrm{T}} g_k}{g_{k-1}^{\mathrm{T}} g_{k-1}} d^{k-1}.$$

步 3　由精确一维线搜索 $f(x^k + \lambda_k d^k) = \min_{\lambda \geqslant 0} f(x^k + \lambda d^k)$, 计算步长 λ_k.

步 4　置 $x^{k+1} := x^k + \lambda_k d^k$ 且 $k := k+1$, 转步 1.

与共轭梯度法一样，n 步重新开始的共轭梯度法具有全局收敛性和线性收敛速度.

3.5 拟牛顿法

牛顿法的主要优点是收敛速度快, 因而倍受欢迎. 但是, 牛顿法也有一个大的缺陷: 需要计算目标函数的 Hesse 阵的逆矩阵，其计算量比较大，并且有时很难计算，甚至不能计算. 这就导致了一个想法: 能否利用目标函数值和一阶导数的信息，来逼近 Hesse 阵的逆矩阵，并且使得方法具有类似牛顿法收敛速度快的优点. 拟牛顿法就是这样的一类算法，由于它不需要计算目标函数的二阶导数，计算量小，适合于求解大规模问题，且算法的收敛速度快，通常比牛顿法更有效.

3.5.1 拟牛顿条件

类似于牛顿法，给出以下迭代公式

$$x^{k+1} = x^k - \lambda_k H_k g_k, \tag{3.5.1}$$

其中，λ_k 为迭代步长. 在 (3.5.1) 式中, 若令 $H_k = G_k^{-1}$, 则 (3.5.1) 式为牛顿迭代公式. 拟牛顿法就是利用目标函数值和一阶导数的信息，构造合适的 H_k 来逼近

G_k^{-1}，使得既不需要计算 G_k^{-1}，算法又收敛得快. 为此，H_k 的选取应满足以下的条件.

(i) H_k 是对称正定矩阵. 显然，当 H_k 是对称正定矩阵时，若 $g_k \neq 0$, 则 $g_k^{\mathrm{T}}(-H_k g_k) = -g_k^{\mathrm{T}} H_k g_k < 0$, 此时，$d^k = -H_k g_k$ 为下降方向. 因此，若对任意的 k，H_k 是对称正定矩阵，由 (3.5.1) 式定义的算法为下降算法.

(ii) H_{k+1} 由 H_k 经简单校正而得，$H_{k+1} = H_k + E_k$, 其中，E_k 称为校正矩阵，上式称为校正公式. E_k 不同, 即可得到不同的算法.

(iii) H_k 满足拟牛顿方程: $H_{k+1} y_k = s_k$, 其中 $s_k = x^{k+1} - x^k$ 且 $y_k = g_{k+1} - g_k$.

由 Taylor 公式有 $g_k \approx g_{k+1} + G_{k+1}(x^k - x^{k+1})$. 当 G_{k+1} 非奇异时，有 $G_{k+1}^{-1} y_k \approx s_k$. 因为目标函数在极小值点附近的形态与二次函数近似，所以一个合理的想法就是，如果选择 B_{k+1} 使其满足

$$B_{k+1} s_k = y_k, \tag{3.5.2}$$

或选取 $H_{k+1} = B_{k+1}^{-1}$ 使其满足

$$H_{k+1} y_k = s_k, \tag{3.5.3}$$

那么，B_{k+1} 就可以较好地近似 G_{k+1}，H_{k+1} 也就可以较好地近似 G_{k+1}^{-1}. 关系式 (3.5.2) 和 (3.5.3) 式均称为拟牛顿方程.

容易看到: 拟牛顿方程 (3.5.2)（或 (3.5.3)）中含有 $(n^2+n)/2$ 个未知数，但只有 n 个方程，所以方程组 (3.5.2)（或 (3.5.3)）一般有无穷多个解. 因而，由拟牛顿方程确定的是一簇算法，称为拟牛顿法. 值得提到的是, 在拟牛顿算法的设计中，有些是基于拟牛顿方程 (3.5.2)（在此情况下，校正公式为 $B_{k+1} = B_k + E_k$）; 有些是基于拟牛顿方程 (3.5.3). 在本书中，选择后一种方式. 由于在每次迭代中，尺度矩阵 H_k(或 B_k) 总是变化的，所以，拟牛顿法也称为变尺度法.

正如牛顿法是在椭球范数 $\|\cdot\|_{G_k}$ 意义下的最速下降法一样，拟牛顿法是在椭球范数 $\|\cdot\|_{B_k}$ 意义下的最速下降法. 事实上，由 $f(x^k + d) = f(x^k) + g_k^{\mathrm{T}} d + o(\|d\|)$ 可知, $g_k^{\mathrm{T}} d$ 越小，目标函数 f 下降的越快. 所以极小化问题

$$\begin{aligned} \min \quad & g_k^{\mathrm{T}} d \\ \text{s.t.} \quad & \|d\|_{B_k} = 1 \end{aligned} \tag{3.5.4}$$

的最优解就是目标函数 f 在椭球范数 $\|\cdot\|_{B_k}$ 意义下 x^k 处的最速下降方向. 由广义 Cauchy-Schwarz 不等式, 于是有

$$(g_k^{\mathrm{T}} d)^2 \leqslant (g_k^{\mathrm{T}} B_k^{-1} g_k)(d^{\mathrm{T}} B_k d),$$

且当 $d = -B_k^{-1}g_k$ 时等式成立，此时 $g_k^{\mathrm{T}}d$ 最小. 所以，$d = -\dfrac{B_k^{-1}g_k}{\|B_k^{-1}g_k\|_{B_k}}$ 是优化问题 (3.5.4) 的最优解. 故拟牛顿方向 $d = -B_k^{-1}g_k$ 是目标函数 f 在椭球范数 $\|\cdot\|_{B_k}$ 意义下 x^k 处的最速下降方向.

3.5.2 DFP 算法

DFP 算法是最先被研究的一类拟牛顿法，是由 Davidon 于 1959 年最先提出的，后来分别由 Flecher 和 Powell 于 1963 年加以改进而成. 为了得到其校正公式，考虑对称秩二校正

$$H_{k+1} = H_k + \alpha uu^{\mathrm{T}} + \beta vv^{\mathrm{T}}.$$

结合拟牛顿方程 (3.5.3) 式，进一步可得

$$H_{k+1}y_k = H_k y_k + \alpha uu^{\mathrm{T}}y_k + \beta vv^{\mathrm{T}}y_k = s_k.$$

在此公式中，选择 $u = s_k$ 及 $v = H_k y_k$, 并且 α 和 β 分别由 $\alpha u^{\mathrm{T}}y_k = 1$ 及 $\beta v^{\mathrm{T}}y_k = -1$ 来确定，即

$$\alpha = \frac{1}{u^{\mathrm{T}}y_k} = \frac{1}{s_k^{\mathrm{T}}y_k}, \quad \beta = -\frac{1}{v^{\mathrm{T}}y_k} = -\frac{1}{y_k^{\mathrm{T}}H_k y_k}.$$

于是，得到的校正公式为

$$H_{k+1} = H_k - \frac{H_k y_k y_k^{\mathrm{T}} H_k}{y_k^{\mathrm{T}} H_k y_k} + \frac{s_k s_k^{\mathrm{T}}}{y_k^{\mathrm{T}} s_k}, \tag{3.5.5}$$

称此公式为 DFP 校正公式.

算法 3.5.1 (DFP 算法)　设函数 f 由问题 (3.0.1) 给出. 选取初始点 $x^0 \in \mathbb{R}^n$, 若 $\|g_0\| = 0$, 算法终止. 否则，选取初始矩阵 H_0(通常取为单位矩阵 I), 置 $k := 0$.

步 1　置 $d^k := -H_k g_k$.

步 2　由精确一维线搜索 $f(x^k + \lambda_k d^k) = \min_{\lambda \geqslant 0} f(x^k + \lambda d^k)$, 计算步长 λ_k.

步 3　置 $x^{k+1} := x^k + \lambda_k d^k$, 若 $\|g_{k+1}\| = 0$, 算法终止. 否则，转步 4.

步 4　置 $s_k := x^{k+1} - x^k$, $y_k := g_{k+1} - g_k$. 由 DFP 校正公式 (3.5.5) 式得 H_{k+1}.

步 5　置 $k := k + 1$, 转步 1.

注　在步 2 中，迭代步长 λ_k 也可由非精确一维线搜索确定，由于对应算法的理论分析较为复杂，所以本书中只考虑步长 λ_k 是由精确一维线搜索确定的情况.

下面讨论 DFP 算法的理论性质.

定理 3.5.1 (DFP 校正公式的正定继承性)　在 DFP 算法中，如果初始矩阵 H_0 对称正定，那么整个矩阵序列 $\{H_k\}$ 都是对称正定的.

证明　使用数学归纳法. 显然，当 $k=0$ 时, 结论成立. 假设当 $k=i$ 时结论成立，即矩阵 H_i 是对称正定的且 $g_i \neq 0$(否则迭代终止). 为了使用 DFP 校正公式计算 H_{i+1}，需要说明计算 H_{i+1} 的校正公式 (3.5.5) 是有意义的，为此，需证明 $y_i^{\mathrm{T}} s_i > 0$. 由 y_i, s_i 的定义及迭代公式，于是有

$$y_i^{\mathrm{T}} s_i = (g_{i+1} - g_i)^{\mathrm{T}}(x^{i+1} - x^i) = (g_{i+1} - g_i)^{\mathrm{T}}(-\lambda_i H_i g_i) = -\lambda_i g_{i+1}^{\mathrm{T}} H_i g_i + \lambda_i g_i^{\mathrm{T}} H_i g_i.$$

利用精确一维搜索可得 $g_{i+1}^{\mathrm{T}} H_k g_i = 0$. 又因为 H_i 正定，所以 $-H_i g_i$ 为下降方向. 又由 $\lambda_i > 0$，故

$$y_i^{\mathrm{T}} s_i = \lambda_i g_i^{\mathrm{T}} H_i g_i > 0.$$

所以, 计算 H_{i+1} 的校正公式 (3.5.5) 是有意义的.

由 H_i 的对称性及校正公式 (3.5.5) 知, 矩阵 H_{i+1} 是对称的. 下面证明矩阵 H_{i+1} 是正定的. 任取 $x \in \mathbb{R}^n \setminus \{0\}$, 由 DFP 校正公式可得

$$\begin{aligned} x^{\mathrm{T}} H_{i+1} x &= x^{\mathrm{T}} H_i x - \frac{x^{\mathrm{T}} H_i y_i y_i^{\mathrm{T}} H_i x}{y_i^{\mathrm{T}} H_i y_i} + \frac{(s_i^{\mathrm{T}} x)^2}{y_i^{\mathrm{T}} s_i} \\ &= \frac{x^{\mathrm{T}} H_i x y_i^{\mathrm{T}} H_i y_i - x^{\mathrm{T}} H_i y_i y_i^{\mathrm{T}} H_i x}{y_i^{\mathrm{T}} H_i y_i} + \frac{(s_i^{\mathrm{T}} x)^2}{y_i^{\mathrm{T}} s_i}. \end{aligned}$$

因为 H_i 对称正定，所以存在对称正定矩阵 D_i 使得 $H_i = D_i^2$. 记 $u_i = D_i x, v_i = D_i y_i$，则上式变为

$$x^{\mathrm{T}} H_{i+1} x = \frac{u_i^{\mathrm{T}} u_i v_i^{\mathrm{T}} v_i - (u_i^{\mathrm{T}} v_i)^2}{y_i^{\mathrm{T}} H_i y_i} + \frac{(s_i^{\mathrm{T}} x)^2}{y_i^{\mathrm{T}} s_i}. \tag{3.5.6}$$

由 Chauchy-Schwarz 不等式可知, $(u_i^{\mathrm{T}} v_i)^2 \leqslant u_i^{\mathrm{T}} u_i v_i^{\mathrm{T}} v_i$ 且等号成立当且仅当 $u_i = \gamma v_i\ (\gamma \neq 0)$ 时成立. 因此，(3.5.6) 式右端的第一项非负，且仅当 $u_i = \gamma v_i\ (\gamma \neq 0)$ 时等于零; 而此时 (3.5.6) 式右端的第二项

$$\frac{(s_i^{\mathrm{T}} x)^2}{y_i^{\mathrm{T}} s_i} = \frac{(\gamma s_i^{\mathrm{T}} y_i)^2}{y_i^{\mathrm{T}} s_i} = \gamma^2 s_i^{\mathrm{T}} y_i > 0.$$

又因为 (3.5.6) 式右端的第二项大于零, 所以总有 $x^{\mathrm{T}} H_{i+1} x > 0$, 即矩阵 H_{i+1} 是正定的.

由数学归纳法，定理得证. □

引理 3.5.1　将 DFP 算法用于求解由 (3.4.1) 式所定义严格凸二次函数的极小化问题. 如果初始矩阵 H_0 对称正定，产生的迭代点互异，且产生的迭代方向分别记为 $d^0, d^1, \cdots, d^k (k \leqslant n)$, 那么,

(i) $H_k y_i = s_i,\ \forall i \in \{0, 1, \cdots, k-1\}$;

(ii) $(d^i)^{\mathrm{T}} G d^j = 0,\ \forall i, j \in \{0, 1, \cdots, k\}$ 且 $i < j$.

证明 对 k 使用数学归纳法. 注意到

$$s_i = x^{i+1} - x^i = \lambda_i d^i, \quad y_i = g_{i+1} - g_i = G(x^{i+1} - x^i) = Gs_i.$$

当 $k = 1$ 时，由拟牛顿方程易验证: $H_1 y_0 = s_0$ 成立. 另外，利用 $Gd^0 = \frac{1}{\lambda_0} Gs_0$, $d^1 = -H_1 g_1$, $Gs_0 = y_0$, $H_1 y_0 = s_0$, $\frac{1}{\lambda_0} s_0 = d^0$ 以及 $g_1^{\mathrm{T}} d^0 = 0$ 可得

$$\begin{aligned}(d^0)^{\mathrm{T}} Gd^1 &= (Gd^0)^{\mathrm{T}} d^1 = -\frac{1}{\lambda_0}(Gs_0)^{\mathrm{T}} H_1 g_1 \\ &= -\frac{1}{\lambda_0} y_0^{\mathrm{T}} H_1 g_1 = -\frac{1}{\lambda_0} g_1^{\mathrm{T}} s_0 = -g_1^{\mathrm{T}} d^0 = 0.\end{aligned}$$

所以，当 $k = 1$ 时, 引理的结论成立.

假设当 $k = l$ 时, 引理的结论成立. 需证当 $k = l + 1$ 时, 引理的结论也成立. 由归纳假设，则

$$H_l y_i = s_i,\ \forall i \in \{0, 1, \cdots, l-1\}; \quad (d^i)^{\mathrm{T}} Gd^j = 0,\ \forall i, j \in \{0, 1, \cdots, l\}\text{且}i < j. \tag{3.5.7}$$

当 $k = l + 1$ 时，对于任意的 $i \in \{0, 1, \cdots, l-1\}$, 有

$$\begin{aligned}H_{l+1} y_i &= \left(H_l - \frac{H_l y_l y_l^{\mathrm{T}} H_l}{y_l^{\mathrm{T}} H_l y_l} + \frac{s_l s_l^{\mathrm{T}}}{y_l^{\mathrm{T}} s_l}\right) y_i = H_l y_i - \frac{H_l y_l y_l^{\mathrm{T}} H_l y_i}{y_l^{\mathrm{T}} H_l y_l} + \frac{s_l s_l^{\mathrm{T}} y_i}{y_l^{\mathrm{T}} s_l} \\ &= s_i - \frac{H_l y_l (y_l^{\mathrm{T}} s_i)}{y_l^{\mathrm{T}} H_l y_l} + \frac{s_l s_l^{\mathrm{T}} G s_i}{y_l^{\mathrm{T}} s_l} = s_i - \frac{H_l y_l (s_l^{\mathrm{T}} G s_i)}{y_l^{\mathrm{T}} H_l y_l} + \frac{s_l (s_l^{\mathrm{T}} G s_i)}{y_l^{\mathrm{T}} s_l}.\end{aligned}$$

再由 (3.5.7) 式及 $s_i = \lambda_i d^i$ 知, 上式右端后两项为零. 所以对于任意的 $i \in \{0, 1, \cdots, l-1\}$ 有 $H_{l+1} y_i = s_i$ 成立; 又根据拟牛顿方程可知, $H_{l+1} y_l = s_l$. 所以，当 $k = l + 1$ 时引理的结论 (i) 成立. 另外，为了证明当 $k = l + 1$ 时引理的结论 (ii) 成立, 由 (3.5.7) 式可知，只需证明

$$(d^i)^{\mathrm{T}} Gd^{l+1} = 0, \quad \forall i \in \{0, 1, \cdots, l\}.$$

事实上,

$$\begin{aligned}(d^i)^{\mathrm{T}} Gd^{l+1} &= (Gd^i)^{\mathrm{T}} d^{l+1} = \frac{1}{\lambda_i} y_i^{\mathrm{T}} (-H_{l+1} g_{l+1}) = -\frac{1}{\lambda_i} s_i^{\mathrm{T}} g_{l+1} = -g_{l+1}^{\mathrm{T}} d^i \\ &= -\left(g_{i+1} + \sum_{j=i+1}^{l} y_j\right)^{\mathrm{T}} d^i = -g_{i+1}^{\mathrm{T}} d^i - \sum_{j=i+1}^{l} (s_j^{\mathrm{T}} G d^i) = 0.\end{aligned}$$

所以，当 $k = l + 1$ 时引理的结论 (ii) 成立.

由数学归纳法，定理得证. □

定理 3.5.2 (DFP 算法的二次终止性) 假设引理 3.5.1 的条件成立. 则 DFP 算法至多迭代 n 次就可达到函数的极小值点, 即存在 $k_0 \in \{0,1,\cdots,n\}$ 使得 $x^{k_0} = x^*$. 特别地, 如果对任意的 $k \in \{0,1,\cdots,n-1\}$ 有 $x^k \neq x^*$, 那么 $H_n = G^{-1}$.

证明 由引理 3.5.1 知, DFP 算法是一种共轭方向法, 因而定理的第一个结论成立. 另外, 若对任意的 $k \in \{0,1,\cdots,n-1\}$ 有 $x^k \neq x^*$, 那么 DFP 算法将产生 n 个共轭方向, 不妨记为 $d^0, d^1, \cdots, d^{n-1}$, 于是方向 $d^0, d^1, \cdots, d^{n-1}$ 线性无关, 而对任意的 $i \in \{0,1,\cdots,n-1\}$ 有 $s_i = \lambda_i d^i$ 且 $\lambda_i > 0$, 所以 $s_0, s_1, \cdots, s_{n-1}$ 线性无关. 又根据引理 3.5.1 知: 对任意的 $i \in \{0,1,\cdots,n-1\}$, 有 $H_n y_i = H_n G s_i = s_i$ 成立, 即

$$H_n G(s_0\ s_1\ \cdots\ s_{n-1}) = (s_0\ s_1\ \cdots\ s_{n-1}), \tag{3.5.8}$$

其中 $(s_0\ s_1\ \cdots\ s_{n-1})$ 表示以 $s_0, s_1, \cdots, s_{n-1}$ 为列的矩阵. 因为 $s_0, s_1, \cdots, s_{n-1}$ 线性无关, 所以矩阵 $(s_0\ s_1\ \cdots\ s_{n-1})$ 非奇异. 因此, 由 (3.5.8) 式可得: $H_n G = I$, 即 $H_n = G^{-1}$. 定理得证. □

另外, 可以证明: 在一定的条件下, DFP 算法是全局收敛的. 也可证明: 在一定的条件下, DFP 算法是局部超线性收敛的. 由于收敛性分析较为复杂, 本书从略.

3.5.3 BFGS 算法

BFGS 算法是目前求解无约束优化问题的最流行的也是最有效的拟牛顿算法, 它是分别由 Broyden, Flecher, Goldfarb 和 Shanno 于 1970 年独立提出的拟牛顿法.

在 DFP 校正公式的推导中, 使用拟牛顿方程 (3.5.2) 式代替拟牛顿方程 (3.5.3) 式, 可得

$$B_{k+1}s_k = B_k s_k + \alpha u u^{\mathrm{T}} s_k + \beta v v^{\mathrm{T}} s_k = y_k.$$

类似于 DFP 校正公式的推导, 可得相对于 B_k 的 BFGS 校正公式为

$$B_{k+1} = B_k - \frac{B_k s_k s_k^{\mathrm{T}} B_k}{s_k^{\mathrm{T}} B_k s_k} + \frac{y_k y_k^{\mathrm{T}}}{y_k^{\mathrm{T}} s_k}. \tag{3.5.9}$$

两次使用逆的秩一校正的 Sherman-Morrison 公式, 即

$$(A + uv^{\mathrm{T}})^{-1} = A^{-1} - \frac{A^{-1}uv^{\mathrm{T}}A^{-1}}{1 + v^{\mathrm{T}}A^{-1}u},$$

其中 $A \in \mathbb{R}^{n\times n}$ 可逆, $u, v \in \mathbb{R}^n, 1 + v^{\mathrm{T}}A^{-1}u \neq 0$, 进而, 可得相对于 H_k 的 BFGS 校正公式

$$H_{k+1} = H_k + \frac{(s_k - H_k y_k)s_k^{\mathrm{T}} + s_k(s_k - H_k y_k)^{\mathrm{T}}}{s_k^{\mathrm{T}} y_k} - \frac{(s_k - H_k y_k)^{\mathrm{T}} y_k}{(s_k^{\mathrm{T}} y_k)^2} s_k s_k^{\mathrm{T}}. \tag{3.5.10}$$

记

$$w_k := \sqrt{y_k^{\mathrm{T}} H_k y_k} \left(\frac{s_k}{y_k^{\mathrm{T}} s_k} - \frac{H_k y_k}{y_k^{\mathrm{T}} H_k y_k} \right), \tag{3.5.11}$$

那么，容易验证：(3.5.10) 式等价于

$$H_{k+1} = H_k - \frac{H_k y_k y_k^{\mathrm{T}} H_k}{y_k^{\mathrm{T}} H_k y_k} + \frac{s_k s_k^{\mathrm{T}}}{y_k^{\mathrm{T}} s_k} + w_k w_k^{\mathrm{T}}, \tag{3.5.12}$$

其中 w_k 由 (3.5.11) 式定义.

因此，在 DFP 算法 (算法 3.5.1) 中，用“由 BFGS 校正公式 (3.5.12) 得到的矩阵 H_{k+1}”代替“由 DFP 校正公式 (3.5.5) 得到的矩阵 H_{k+1}”，进而可得 BFGS 算法.

下面介绍 Broyden 簇拟牛顿法，其中校正公式为

$$H_{k+1}^{\phi} = H_k - \frac{H_k y_k y_k^{\mathrm{T}} H_k}{y_k^{\mathrm{T}} H_k y_k} + \frac{s_k s_k^{\mathrm{T}}}{y_k^{\mathrm{T}} s_k} + \phi w_k w_k^{\mathrm{T}}, \tag{3.5.13}$$

其中 ϕ 为一个实参数，w_k 由 (3.5.11) 式定义. 显然，当 $\phi = 0$ 时，Broyden 簇校正公式 (3.5.13) 正好是 DFP 校正公式 (3.5.5); 当 $\phi = 1$ 时，Broyden 簇校正公式 (3.5.13) 正好是 BFGS 校正公式 (3.5.12). 在 DFP 算法 (算法 3.5.1) 中，使用“由 Broyden 簇校正公式 (3.5.13) 得到的矩阵 H_{k+1}”代替“由 DFP 校正公式 (3.5.5) 得到的矩阵 H_{k+1}”，可得到 Broyden 簇拟牛顿法. 因此，DFP 算法和 BFGS 算法是 Broyden 簇拟牛顿法中两个特殊的算法.

1972 年，Dixon 证明了下面的定理 (本书证明从略).

定理 3.5.3 *假设函数 f 在 $\mathbb{R}^n$ 上是连续可微的. 则由 Broyden 簇拟牛顿法产生的迭代点列 $\{x^k\}$ 与参数 ϕ 无关.*

利用定理 3.5.3, 可以把 DFP 算法的性质推广到所有的 Broyden 簇拟牛顿法.

在实际计算中，由于舍入误差等因素，DFP 算法的效率会受到很大的影响，但 BFGS 算法受到的影响要小得多. 特别是采用非精确一维线搜索时，DFP 算法的效率很低，而 BFGS 算法仍然十分有效. 另外，本书中只是介绍了基本的 BFGS 算法，有很多改进的 BFGS 算法非常有效，如 L-BFGS 算法 (Liu 等, 1989). 因此, BFGS 算法是目前公认为最好的拟牛顿算法.

3.6 非单调线搜索算法

前几节介绍求解无约束优化问题 (3.0.1) 的算法中, 保证目标函数的值随着迭代的进行不断下降, 属于单调下降算法. 本节介绍非单调下降算法，即在算法中，

允许目标函数在部分迭代点处的函数值有所上升，但总的趋势保证函数值下降. 相比于单调下降算法，这类算法往往能找到更好的局部最优解, 改进算法的执行效果. 特别地，当目标函数是高度非凸非线性函数时，这类算法往往更有效.

Grippo 等 (1986) 提出了第一个非单调一维线搜索准则 (见 (1.4.3) 式), 即, 寻找步长 $\lambda_k=\rho\gamma^{h_k}$ 使得 h_k 是满足下式的最小非负整数

$$f(x^k+\rho\gamma^{h_k}d^k)\leqslant \max_{0\leqslant j\leqslant m_k} f(x^{k-j})+\sigma\rho\gamma^{h_k}\nabla f(x^k)^{\mathrm{T}}d^k, \tag{3.6.1}$$

其中, $m_0=0$ 且对于 $k\geqslant 1$ 有: m_k 是一个正整数且满足 $0\leqslant m_k\leqslant \min\{m_{k-1}+1,M\}$, M 是一个正整数, ρ 是一个给定的正实数, σ 和 γ 是满足 $\sigma,\gamma\in(0,1)$ 的两个常数.

算法 3.6.1 (GLP 非单调线搜索算法)　选取初始点 $x^0\in\mathbb{R}^n$, 初始参数: 正实数 ρ, 实数 $\sigma,\gamma\in(0,1)$ 和整数 $M>1$. 置 $m_0:=0$. 对于 $k\geqslant 1$, 选取正整数 m_k 使其满足 $0\leqslant m_k\leqslant\min\{m_{k-1}+1,M\}$. 置 $k:=0$.

步 1　若 $g_k=0$, 算法终止, 得到解 x^k.

步 2　置 $x^{k+1}:=x^k+\lambda_k d^k$, 其中 d^k 是一个给定的下降方向且 λ_k 是由线搜索 (3.6.1) 得到的迭代步长.

步 3　置 $k:=k+1$, 转步 1.

在一定条件下，算法 3.6.1 具有全局收敛性.

定理 3.6.1　令序列 $\{x^k\}$ 由算法 3.6.1 产生. 假设水平集 $\mathscr{L}(f):=\{x\in\mathscr{F}\mid f(x)\leqslant f(x^0)\}$ 是紧的, 并且存在正常数 c_1,c_2 使得

$$g_k^{\mathrm{T}}d^k\leqslant -c_1\|g_k\|^2 \quad 且 \quad \|d^k\|\leqslant c_2\|g_k\|. \tag{3.6.2}$$

那么,

(i) $\{x^k\}\subseteq\mathscr{L}(f)$ 且 $\{x^k\}$ 的每个聚点 x^* 满足 $g(x^*)=0$;

(ii) $\{x^k\}$ 没有聚点是 f 的极大值点.

证明　(i) 令正整数 l_k 满足 $k-m_k\leqslant l_k\leqslant k$ 且 $f(x^{l_k})=\max_{0\leqslant j\leqslant m_k}f(x^{k-j})$. 由线搜索 (3.6.1) 知, 序列 $\{f(x^{l_k})\}$ 是单调非减的. 事实上

如果 $m_{k+1}\leqslant m_k+1$, 那么

$$f(x^{l_{k+1}})=\max_{0\leqslant j\leqslant m_{k+1}} f(x^{k+1-j})\leqslant \max_{0\leqslant j\leqslant m_k+1} f(x^{k+1-j})=\max\{f(x^{l_k}),f(x^{k+1})\}=f(x^{l_k});$$

如果 $k>M$, 那么由线搜索 (3.6.1) 有

$$\begin{aligned} f(x^{l_k}) &= f(x^{l_k-1})+\lambda_{l_k-1}d^{l_k-1}\\ &\leqslant \max\nolimits_{0\leqslant j\leqslant m_{l_k-1}} f(x^{l_k-1-j})+\sigma\lambda_{l_k-1}g_{l_k-1}^{\mathrm{T}}d^{l_k-1}\\ &= f(x^{l_{l_k-1}})+\sigma\lambda_{l_k-1}g_{l_k-1}^{\mathrm{T}}d^{l_k-1}\\ &\leqslant f(x^{l_k}). \end{aligned} \tag{3.6.3}$$

由于对任意的 k 有 $f(x^k) \leqslant f(x^0)$ 且序列 $\{x^k\}$ 包含于紧集 $\mathscr{L}(f)$, 所以序列 $\{f(x^{l_k})\}$ 存在收敛的子序列. 由于 $\lambda_k > 0$ 且 $g_k^{\mathrm{T}} d^k < 0$, 所以由 (3.6.3) 式知: 存在子序列 (不妨仍记为 $\{x^k\}$) 使得

$$\lim_{k\to\infty} \lambda_{l_k-1} g_{l_k-1}^{\mathrm{T}} d^{l_k-1} = 0.$$

由 (3.6.2) 式知, 对所有的 k 有 $\lambda_k g_k^{\mathrm{T}} d^k \leqslant -c_1\lambda_k\|g_k\|^2 \leqslant -(c_1/c_2^2)\lambda_k\|d^k\|^2$. 所以由上式可得

$$\lim_{k\to\infty} \lambda_{l_k-1}\|d^{l_k-1}\| = 0. \tag{3.6.4}$$

以下证明 $\lim_{k\to\infty}\lambda_k\|d^k\| = 0$. 记 $\hat{l}_k := l_{k+M+2}$.

利用归纳法, 首先证明对任意的 $j \geqslant 1$ 有

$$\lim_{k\to\infty} \lambda_{\hat{l}_k-j}\|d^{\hat{l}_k-j}\| = 0 \quad 且 \quad \lim_{k\to\infty} f(x^{\hat{l}_k-j}) = \lim_{k\to\infty} f(x^{l_k}). \tag{3.6.5}$$

如果 $j=1$, 由于对所有充分大的 k 有 $\{\hat{l}_k\} \subseteq \{l_k\}$, 所以由 (3.6.4) 式可得, (3.6.5) 式中的第一个等式成立. 这又可推出 $\|x^{\hat{l}_k} - x^{\hat{l}_k-1}\| \to 0$. 由于函数 f 在紧集 $\mathscr{L}(f)$ 上一致连续, 所以 (3.6.5) 的第二个等式在 $j=1$ 时成立. 假设对任意给定的 j, (3.6.5) 式中的两个等式成立. 那么对所有充分大的 k, 由线搜索 (3.6.1) 有

$$f(x^{\hat{l}_k-j}) \leqslant f(x^{l_{\hat{l}_k-j-1}}) + \sigma\lambda_{\hat{l}_k-j-1} g_{\hat{l}_k-j-1}^{\mathrm{T}} d^{\hat{l}_k-j-1}.$$

令 $k\to\infty$, 由 (3.6.5) 式中的第二个等式有 $\lim_{k\to\infty}\lambda_{\hat{l}_k-j-1} g_{\hat{l}_k-j-1}^{\mathrm{T}} d^{\hat{l}_k-j-1} = 0$. 类似于 (3.6.4) 式的推导有 $\lim_{k\to\infty}\lambda_{\hat{l}_k-j-1}\|d^{\hat{l}_k-j-1}\| = 0$. 这又可推出 $\|x^{\hat{l}_k-j} - x^{\hat{l}-j-1}\| \to 0$, 以至于

$$\lim_{k\to\infty} f(x^{\hat{l}_k-j-1}) = \lim_{k\to\infty} f(x^{\hat{l}_k-j}) = \lim_{k\to\infty} f(x^{l_k}).$$

因此, 对任意给定的 $j \geqslant 1$, (3.6.5) 式中的两个等式成立. 对任意的 k 有

$$x^{k+1} = x^{\hat{l}_k} - \sum_{j=1}^{\hat{l}_k-k-1} \lambda_{\hat{l}_k-j} d^{\hat{l}_k-j}. \tag{3.6.6}$$

由于 l_k 满足 $k - m_k \leqslant l_k \leqslant k$, 所以 $\hat{l}_k - k - 1 = l_{k+M+2} - k - 1 \leqslant M+1$. 因此由 (3.6.5) 式中的第一个等式及 (3.6.6) 式可得

$$\lim_{k\to\infty}\|x^{k+1} - x^{\hat{l}_k}\| = 0. \tag{3.6.7}$$

从而由函数 f 的一致连续性可得

$$\lim_{k\to\infty} f(x^k) = \lim_{k\to\infty} f(x^{l_k}). \tag{3.6.8}$$

由线搜索 (3.6.1) 有 $f(x^{k+1}) \leqslant f(x^{l_k}) + \sigma\lambda_k g_k^{\mathrm{T}} d^k$. 令 $k \to \infty$, 由 (3.6.8) 式可得 $\lim_{k\to\infty} \lambda_k g_k^{\mathrm{T}} d^k = 0$, 进而

$$\lim_{k\to\infty} \lambda_k \|d^k\| = 0. \tag{3.6.9}$$

令 x^* 是收敛子序列 $\{x^k\}$ 的极限点. 由 (3.6.9) 式可得 $\lim_{k\to\infty} \lambda_k \|g_k\|^2 = 0$, 所以或者有 $\lim_{k\to\infty} \|g_k\| = 0$, 因而 $g(x^*) = 0$; 或者存在子序列 (不妨仍记为 $\{x^k\}$) 使得 $\lim_{k\to\infty} \lambda_k = 0$. 在后一种情况, 由线搜索 (3.6.1) 知: 存在指标 $\bar{k}$ 使得对任意的 $k \geqslant \bar{k}$ 有

$$f(x^k + (\lambda_k/\gamma)d^k) > \max_{0\leqslant j\leqslant m_k} f(x^{k-j}) + \sigma(\lambda_k/\gamma) g_k^{\mathrm{T}} d^k \geqslant f(x^k) + \sigma(\lambda_k/\gamma) g_k^{\mathrm{T}} d^k.$$

由中值定理知: 对任意的 $k \geqslant \bar{k}$, 存在 $\omega_k \in (0,1)$ 和点 $u^k = x^k + \omega_k(\lambda_k/\gamma)d^k$ 使得

$$g(u^k)^{\mathrm{T}} d^k \geqslant \sigma g_k^{\mathrm{T}} d^k. \tag{3.6.10}$$

不妨设 $\lim_{k\to\infty} x^k = x^*$ 且 $\lim_{k\to\infty} \dfrac{d^k}{\|d^k\|} = d^*$. 由 (3.6.9) 式可得 $\lim_{k\to\infty} u^k = x^*$, 进而, (3.6.10) 式两边除以 $\|d^k\|$ 并取极限可得 $(1-\sigma)g(x^*)^{\mathrm{T}} d^* = 0$. 由于 $1-\sigma > 0$ 且对任意的 k 有 $g_k^{\mathrm{T}} d^k < 0$, 所以有 $g(x^*)^{\mathrm{T}} d^* = 0$, 这进一步可推出 $g(x^*) = 0$. 完成了 (i) 的证明.

(ii) 假设 $\{x^k\}$ 的一个聚点 x^* 是 f 的一个局部极大值点. 那么由 (3.6.7) 式知, 存在 $\{x^{l_k}\}$ 的一个子序列 (不妨仍记为 $\{x^{l_k}\}$) 收敛于 x^*. 回忆序列 $\{f(x^{l_k})\}$ 是非增的, 不妨设 $\lim_{k\to\infty} f(x^{l_k}) = f(x^*)$, 那么对任意的 k 有 $f(x^{l_k}) \geqslant f(x^*)$. 另外, 由 (3.6.3) 式知, 对任意的 $k' \geqslant k + M$ 有 $f(x^{l_{k'}}) < f(x^{l_k})$, 以至于对所有充分大的 k, 对任意靠近 x^* 的 x^{l_k} 有 $f(x^{l_k}) > f(x^*)$, 这与 x^* 是 f 的一个局部极大值点相矛盾. 因此 (ii) 中的结论成立.

定理得证. □

2010 年, Hu 等 (2010) 提出了一个新的非单调线搜索, 基于此搜索规则提出了下面的算法.

算法 3.6.2　*选取初始点 $x^0 \in \mathbb{R}^n$, 初始参数 $0 \leqslant \eta_{\min} \leqslant \eta_{\max} \leqslant 1$, $0 < \delta < \sigma < 1$, 整数 $M > 1$. 置 $C_0 := f(x_0)$, $Q_0 := 1$, $\eta_0 \in [\eta_{\min}, \eta_{\max}]$, $m_0 := 1$ 以及 $k := 0$. 如果梯度函数 g 是 Lipschitz 连续的, 则令 $\mathcal{L}$ 是其 Lipschitz 常数.*

步 1　*若 $g_k = 0$, 算法终止, 得到解 x^k. 否则, 转步 2.*

步 2 置 $x^{k+1} := x^k + \lambda_k d^k$, 其中 d^k 是一个给定的下降方向, 且 λ_k 是迭代步长, 它满足以下规则

$$f(x_k + \lambda_k d^k) \leqslant C_k + \frac{\delta \lambda_k g_k^{\mathrm{T}} d_k}{2}, \quad g(x_k + \lambda_k d^k)^{\mathrm{T}} d^k \geqslant \sigma g_k^{\mathrm{T}} d^k. \tag{3.6.11}$$

步 3 置 $k := k+1$. 如果 g 不是 Lipschitz 连续的, 则置 $l_k := 0$; 否则, 置

$$l_k := \frac{(1-\sigma)|g_k^{\mathrm{T}} d^k|}{\mathcal{L}\|d^k\|^2}.$$

选择 $\eta_k \in [\eta_{\min}, \eta_{\max}]$ 以及一个正整数 $m_k \leqslant \min\{m_{k-1}+1, M\}$ 使得

$$f(x_k) - C_k \leqslant \frac{\delta l_k |g_k^{\mathrm{T}} d^k|}{2}, \tag{3.6.12}$$

其中

$$Q_k := 1 + \eta_k \sum_{i=1}^{m_k-1} \eta_{k-i}, \quad C_k := \frac{\eta_k \displaystyle\sum_{i=1}^{m_k-1} \eta_{k-i} f(x_{k-i}) + f(x_k)}{Q_k}. \tag{3.6.13}$$

转步 1.

对此算法作以下说明.

(i) 算法 3.6.2 中的 (3.6.11) 式 ~(3.6.13) 式给出了一个 Wolfe 型的非单调线搜索规则, 此非单调线搜索规则是由 Hu 等 (2010) 提出的.

(ii) 在算法 3.6.2 中, C_k 是当前迭代点处的函数值和之前若干迭代点对应函数值的一个凸组合. 这一方法综合使用了 Grippo-Lampariello-Lucidi 的非单调线搜索准则和 Zhang-Hager 的非单调线搜索准则的思想.

(iii) 算法 3.6.2 是适定的. 事实上, 可以分两种情况进行证明. 情况 1: 如果目标函数 f 只是连续可微但其梯度不满足 Lipschitz 连续性, 那么 $l_k = 0$. 在这种情况下, 如果 $\displaystyle\sum_{i=1}^{m_k-1} \eta_{k-i} f(x_{k-i}) \geqslant \sum_{i=1}^{m_k-1} \eta_{k-i} f(x_k)$, 那么选择 $\eta_k \in [\eta_{\min}, \eta_{\max}]$; 否则, 选择 $\eta_k = 0$. 所以 (3.6.12) 式成立. 情况 2: 假设 $l_k > 0$. 在这种情况下, (3.6.12) 式的右边是正的. 由于 C_k 连续地依赖于 η_k, 因而存在一个非负实数 $\eta_k^0 \leqslant \eta_{\max}$ 使得 C_k 对任意的 $\eta_k \in [0, \eta_k^0]$ 都满足 (3.6.12) 式. 另外, 如果 $\displaystyle\sum_{i=1}^{m_k-1} \eta_{k-i} f(x_{k-i}) \geqslant \sum_{i=1}^{m_k-1} \eta_{k-i} f(x_k)$, 那么可以验证: 对任意的 $\eta_k \in [\eta_{\min}, \eta_{\max}]$, (3.6.12) 式都成立.

(iv) 在算法 3.6.2 中, 如果梯度函数 g 是 Lipschitz 连续的, 那么算法需要涉及梯度函数 g 的 Lipschitz 常数 $\mathcal{L}$. 然而, 即使 g 是 Lipschitz 连续的, 往往也难以确定其 Lipschitz 常数 $\mathcal{L}$. 事实上, 如果我们不知道 Lipschitz 常数 $\mathcal{L}$, 可以简单地取 $l_k := 0$.

(v) 算法 3.6.2 的一个重要特例: 若 $\sum_{i=1}^{m_k-1}\eta_{k-i}f(x^{k-i})\geqslant\sum_{i=1}^{m_k-1}\eta_{k-i}f(x^k)$, 则选择 $\eta_k\in(0,1]$; 否则选择 $\eta_k=0$, 于是在每步迭代中, 或者使用单调线搜索 (即 $\eta_k=0$ 时); 或者使用非单调线搜索 (即 $\eta_k\neq 0$ 时). 因此, 它可以被看成一个单调线搜索和非单调线搜索的混合线搜索方法.

下面的定理给出了算法 3.6.2 的全局收敛性的结果 (Hu 等, 2010).

定理 3.6.2　*假设函数 f 连续可微且有下界, 序列 $\{x^k\}$ 是由算法 3.6.2 产生的迭代序列, 梯度函数 g 在水平集 $\mathscr{L}(f)=\{x\in\mathbb{R}^n:f(x)\leqslant f(x^0)\}$ 上是 Lipschitz 连续的. 若存在正常数 c_1 和 c_2 使得*

$$g_k^{\mathrm{T}}d^k\leqslant -c_1\|g_k\|^2\quad \text{和}\quad \|d^k\|\leqslant c_2\|g_k\| \tag{3.6.14}$$

成立, 则算法 3.6.2 或者有限终止; 或者有 $\liminf_{k\to\infty}\|g_k\|=0$.

显然，若取迭代方向 d^k 为负梯度方向且 $c_1\in(0,1]$ 和 $c_2\geqslant 1$，则 (3.6.14) 式中的条件自然满足. 另外，如果函数 f 是强凸的并且定理 3.6.2 的条件满足，那么可以证明: 如果算法 3.6.2 不是有限终止的，那么算法 3.6.2 具有线性收敛率.

3.7　信赖域方法

前面几节介绍的求解无约束优化问题的方法，都为线搜索方法，其基本思想为：在每一步迭代中，得到迭代点 x^k 和迭代方向 d^k 后，从 x^k 出发沿 d^k 需要进行一维线搜索得到迭代步长 λ_k, 然后按 $x^{k+1}=x^k+\lambda_k d^k$ 进行迭代，得到下一步的迭代点 x^{k+1}. 与线搜索方法不同，信赖域方法的基本思想为: 在得到迭代点 x^k 后，确定一个合适的变化范围 (通常取为以 x^k 为中心的球域)，称为信赖域，在当前迭代点附近定义目标函数的一个近似二次模型，取二次模型在该信赖域内的极小值点作为下一次的迭代点，重复迭代直到算法终止. 在信赖域方法中，所考虑的二次模型在信赖域内的极小化问题称为信赖域子问题.

假设 x^k 为第 k 步迭代的迭代点，定义信赖域为 $\{x\in\mathbb{R}^n\mid\|x-x^k\|\leqslant r_k\}$, 其中 r_k 称为信赖域半径. 考虑函数 f 在迭代点 x^k 处的二阶 Taylor 展开, 并且令

$$f(x)\approx f(x^k)+g_k^{\mathrm{T}}(x-x^k)+\frac{1}{2}(x-x^k)^{\mathrm{T}}G_k(x-x^k).$$

若记 $d:=x-x^k$, 则信赖域子问题为

$$\begin{aligned}\min\quad & q_k(d):=f(x^k)+\frac{1}{2}g_k^{\mathrm{T}}d+d^{\mathrm{T}}B_kd\\ \text{s.t.}\quad & \|d\|\leqslant r_k,\end{aligned}\tag{3.7.1}$$

其中 B_k 是一个对称矩阵，它是 Hesse 阵 G_k 或是 G_k 的一个近似矩阵. 显然，$q_k(0) = f(x^k)$.

在信赖域方法中，如何选择信赖域半径是至关重要的.

如果信赖域半径太小，虽然二次模型与目标函数会更接近，但可能会失去下一个迭代点与目标函数的极小值点更靠近的机会, 从而影响算法的效率；

如果信赖域半径太大，那么二次模型与目标函数的近似度差，从而使得二次模型的极小值点与目标函数的极小值点相距太远, 以至于目标函数在新迭代点处的函数值得不到应有的下降.

因此，在信赖域方法中，通常根据二次模型与目标函数的近似程度，按照一定的规则来选择合适的信赖域半径. 具体地，假设 d^k 是信赖域子问题 (3.7.1) 的最优解，利用目标函数定义实际下降量为 $\mathrm{Ared}^k = f(x^k) - f(x^k + d^k)$; 且利用二次模型函数定义预测下降量为 $\mathrm{Pred}^k = q_k(0) - q_k(d^k)$. 进一步，定义比值

$$\rho_k = \frac{\mathrm{Ared}^k}{\mathrm{Pred}^k} = \frac{f(x^k) - f(x^k + d^k)}{q_k(0) - q_k(d^k)}. \tag{3.7.2}$$

显然，ρ_k 越接近 1，函数 f 与函数 q_k 的一致性程度越好; $\rho_k \in [0,1]$ 越接近 0(甚至于 ρ_k 取负值)，函数 f 与函数 q_k 的一致性程度越差. 因此，若 ρ_k 接近 1，可增大信赖域半径; 若 $\rho_k \in [0,1]$ 适中，保持信赖域半径不变; 若 $\rho_k \in [0,1]$ 接近 0(或 ρ_k 取负值)，可减小信赖域半径. 具体的算法如下.

算法 3.7.1 (信赖域算法)　选取初始点 $x^0 \in \mathbb{R}^n$, 信赖域半径的上界 $\hat{r}$, 初始信赖域半径 $r_0 \in (0, \hat{r})$, 参数 $0 < \eta_1 \leqslant \eta_2 < 1, 0 < \gamma_1 < 1 < \gamma_2$. 置 $k := 0$.

步 1　若 $g_k = 0$, 算法终止，得到解 x^k. 否则，转步 2.

步 2　求解信赖域子问题 (3.7.1), 得到的解为 d^k.

步 3　由 (3.7.2) 式计算 ρ_k. 如果 $\rho_k < \eta_1$, 那么置 $x^{k+1} := x^k$; 否则，置 $x^{k+1} := x^k + d^k$.

步 4 (信赖域半径的校正)　选择

$$\begin{cases} r_{k+1} \in (0, \gamma_1 r_k], & 若 \rho_k < \eta_1, \\ r_{k+1} \in [\gamma_1 r_k, r_k], & 若 \rho_k \in [\eta_1, \eta_2), \\ r_{k+1} \in [r_k, \min\{\gamma_2 r_k, \hat{r}\}], & 若 \rho_k \geqslant \eta_2 且 \|d^k\| = r_k. \end{cases}$$

步 5　产生 B_{k+1}, 校正 q_k. 置 $k := k+1$, 转步 1.

注　(i) 在算法 3.7.1 中, 参数通常取 $\eta_1 = 1/4, \eta_2 = 3/4, \gamma_1 = 1/2$, 以及 $\gamma_2 = 2$; 初始信赖域半径通常取为 $r_0 = 1$ 或 $r_0 = \|g_0\|/10$.

(ii) 信赖域半径的具体取法之一如下: 若 $\rho_k < \eta_1$, 则取 $r_{k+1} = \gamma_1 r_k$; 若 $\rho_k \in [\eta_1, \eta_2)$, 则取 $r_{k+1} = r_k$; 若 $\rho_k \geqslant \eta_2$ 且 $\|d^k\| = r_k$, 则取 $r_{k+1} = \min\{\gamma_2 r_k, \hat{r}\}$.

(iii) 若 $\rho_k \geqslant \eta_1$, 则称该步为成功步; 否则称为不成功步.

在一定的条件下, 算法 3.7.1 具有全局收敛性. 下面的定理是在子问题 (3.7.1) 精确求解的情况下讨论算法 3.7.1 的收敛性.

定理 3.7.1 假设算法 3.7.1 中的子问题 (3.7.1) 精确求解且当 $\rho_k \in [\eta_1, \eta_2)$ 时取 $r_{k+1} = r_k$. 令序列 $\{x^k\}$ 是由算法 3.7.1 产生的迭代序列. 假设水平集 $\mathscr{L}(f) = \{x \in \mathbb{R}^n \mid f(x) \leqslant f(x^0)\}$ 是紧的, 且 $f(\cdot), \nabla f(\cdot)$ 和 $G(\cdot)$ 在 $\mathscr{L}(f)$ 上连续. 那么算法 3.7.1 或者有限终止, 或者有

$$\liminf_{k\to\infty} \|g_k\| = 0. \tag{3.7.3}$$

证明 由于 $G(\cdot)$ 在紧集 $\mathscr{L}(f)$ 上连续, 所以存在正整数 M 使得对任意的 k 有 $\|G_k\| \leqslant M$. 首先给出第 k 次迭代函数值预测下降量 $q_k(0) - q_k(d^k)$ 的一个下界估计. 由定义知, 它是在信赖域上的最大下降量. 为了给出它的一个下界估计, 不妨取下降方向 $\hat{d} = -\dfrac{g_k}{\|g_k\|}$, 那么沿这个方向步长为 λ 时的下降量为

$$\begin{aligned}\hat{q}_k(\lambda) &= q_k(0) - q_k(\lambda\hat{d}) \\ &= f(x^k) - \left[f(x^k) + g_k^{\mathrm{T}}\left(-\lambda\frac{g_k}{\|g_k\|}\right) + \frac{1}{2}\left(-\lambda\frac{g_k}{\|g_k\|}\right)^{\mathrm{T}} G_k \left(-\lambda\frac{g_k}{\|g_k\|}\right)\right] \\ &= \|g_k\|\lambda - \frac{g_k^{\mathrm{T}} G_k g_k}{2\|g_k\|^2}\lambda^2.\end{aligned}$$

容易求得 $\hat{q}_k(\lambda)$ 的稳定点为 $\hat{\lambda} = \dfrac{\|g_k\|^3}{g_k^{\mathrm{T}} g_k}$. 因此,

(i) 当 $\hat{\lambda} \in (0, r_k)$ 时, $\hat{q}_k(\hat{\lambda}) = \dfrac{\|g_k\|^4}{2g_k^{\mathrm{T}} G_k g_k} \geqslant \dfrac{\|g_k\|^2}{2M}$;

(ii) 当 $\hat{\lambda} \geqslant r_k$ 时, 即 $g_k^{\mathrm{T}} G_k g_k r_k \leqslant \|g_k\|^3$ 时,

$$\hat{q}_k(\hat{\lambda}) \geqslant \|g_k\| r_k - \frac{g_k^{\mathrm{T}} G_k g_k}{2\|g_k\|^2} r_k \geqslant \frac{1}{2}\|g_k\| r_k.$$

进而,

$$q_k(0) - q_k(d^k) \geqslant \hat{q}_k(\hat{\lambda}) \geqslant \frac{1}{2}\|g_k\| \min\left\{r_k, \frac{\|g_k\|}{M}\right\}. \tag{3.7.4}$$

下面假设算法 3.7.1 并不有限终止, 用反证法证明 (3.7.3) 式成立. 假设 (3.7.3) 式不成立, 那么对任意充分大的 k 均有 $\|g_k\| \geqslant \varepsilon$ (ε 是某个正数), 下面导出矛盾. 矛盾的导出是基于以下两种情况的讨论.

(i) 证明 $\lim_{k\to\infty} r_k = 0$. 对于成功步, 利用 ρ_k 的定义 (见 (3.7.2) 式) 和 $\rho_k \geqslant \eta_1$ 可得

$$\begin{aligned} f(x^k) - f(x^k + d^k) &\geqslant \eta_1 (q_k(0) - q_k(d^k)) \\ &\geqslant \frac{1}{2}\eta_1 \|g_k\| \min\left\{r_k, \frac{\|g_k\|}{M}\right\} \\ &\geqslant \frac{1}{2}\eta_1 \varepsilon \min\left\{r_k, \frac{\|g_k\|}{M}\right\}, \end{aligned} \tag{3.7.5}$$

其中, 最后一个不等式中使用了假设条件 $\|g_k\| \geqslant \varepsilon$. 由于序列 $\{f(x^k)\}$ 单调下降有下界, 所以它必收敛, 因而, 当 $k \to \infty$ 时, $f(x^k) - f(x^k + d^k) \to 0$. 进而, 由 (3.7.5) 式可得: (3.7.5) 式的右端趋向于零, 进一步推出 $\lim_{k\to\infty} r_k = 0$. 另外, 对于任意两个成功步之间的不成功步, 均导致信赖域半径减小. 所以, 总有 $\lim_{k\to\infty} r_k = 0$.

(iii) 证明 $\lim_{k\to\infty} \rho_k = 1$. 由 (3.7.2) 有

$$\rho_k - 1 = \frac{f(x^k) - f(x^k + d^k)}{q_k(0) - q_k(d^k)} - 1 = \frac{-f(x^k + d^k) + q_k(d^k)}{q_k(0) - q_k(d^k)}. \tag{3.7.6}$$

由于

$$\begin{aligned} -f(x^k + d^k) + q_k(d^k) =& -\left[f(x^k) + g_k^{\mathrm{T}} d^k + \frac{1}{2}(d^k)^{\mathrm{T}} \nabla^2 f(x^k + t d^k) d^k\right] \\ &+ \left[f(x^k) + g_k^{\mathrm{T}} d^k + \frac{1}{2}(d^k)^{\mathrm{T}} G_k d^k\right] \\ =& -\frac{1}{2}(d^k)^{\mathrm{T}} \nabla^2 f(x^k + t d^k) d^k + \frac{1}{2}(d^k)^{\mathrm{T}} G_k d^k, \quad t \in (0,1), \end{aligned}$$

且当 k 充分大时有 $q_k(0) - q_k(d^k) \geqslant \frac{1}{2}\|g_k\| r_k \geqslant \frac{1}{2}\varepsilon r_k$, 所以, 由 (3.7.6) 式可得

$$|\rho_k - 1| = \frac{\left|-\frac{1}{2}(d^k)^{\mathrm{T}} \nabla^2 f(x^k + t d^k) d^k + \frac{1}{2}(d^k)^{\mathrm{T}} G_k d^k\right|}{q_k(0) - q_k(d^k)} \leqslant \frac{\frac{1}{2}\|d^k\|^2 M + \frac{1}{2}\|d^k\|^2 M}{\frac{1}{2}\varepsilon r_k},$$

这与 $\lim_{k\to\infty} r_k = 0$ 相结合, 可推出 $\lim_{k\to\infty} \rho_k = 1$.

由算法 3.7.1 知: 当 $\rho_k \geqslant \eta_1$ 时, 数列 $\{r_k\}$ 非减. 这与 $\lim_{k\to\infty} r_k = 0$ 和 $\lim_{k\to\infty} \rho_k = 1$ 相矛盾. 因此, 定理的结论成立. □

注 (i) 在与定理 3.7.1 相同的假设条件下, 进一步可证明 $\lim_{k\to\infty} \|g_k\| = 0$. 本书省略.

(ii) 在定理 3.7.1 中, 我们对算法 3.7.1 做了如下限制: 算法 3.7.1 中的子问题 (3.7.1) 精确求解且当 $\rho_k \in [\eta_1, \eta_2)$ 时取 $r_{k+1} = r_k$. 实际上, 不做这些限制, 在一定的条件下, 算法 3.7.1 也具有全局收敛性.

3.8　最小二乘法

在很多实际问题中, 例如, 曲线拟合问题等, 经常会遇到求解若干个函数平方和的极小化问题, 即目标函数为

$$R(x)=\sum_{i=1}^{m} f_i^2(x), \quad \forall x \in \mathbb{R}^n$$

的极小化问题, 称此类问题为最小二乘问题. 如果目标函数中所涉及的函数都是线性的, 那么对应的问题称为线性最小二乘问题; 否则, 即目标函数中涉及的函数至少有一个是非线性的函数，则对应的问题称为非线性最小二乘问题. 本节介绍最小二乘问题的基本求解方法.

3.8.1　线性最小二乘问题

线性最小二乘问题的模型为

$$\min_{x\in\mathbb{R}^n} \|Ax-b\|^2, \tag{3.8.1}$$

其中 $A\in\mathbb{R}^{m\times n}$ 且 $b\in\mathbb{R}^m$. 一般地，假设 $n\leqslant m$ 且矩阵 A 为列满秩矩阵.

显然, 线性最小二乘问题 (3.8.1) 是一类特殊的无约束优化问题. 令其目标函数的梯度等于零, 由无约束优化问题的最优性条件, 有

$$A^{\mathrm{T}}Ax=A^{\mathrm{T}}b.$$

由于矩阵 A 列满秩, 所以矩阵 $A^{\mathrm{T}}A$ 是正定的. 因而可得线性最小二乘问题 (3.8.1) 的稳定点为

$$x^*=(A^{\mathrm{T}}A)^{-1}A^{\mathrm{T}}b.$$

此外，易证问题 (3.8.1) 的目标函数是一个凸函数, 所以以上求得的稳定点是线性最小二乘问题 (3.8.1) 的全局极小值点. 这个极小值点也称为最小二乘解. 以上讨论可归结为如下定理.

定理 3.8.1　对于线性最小二乘问题 (3.8.1), 如果矩阵 $A\in\mathbb{R}^{m\times n}$ 是列满秩的矩阵, 那么 $x^*=(A^{\mathrm{T}}A)^{-1}A^{\mathrm{T}}b$ 为线性最小二乘问题 (3.8.1) 的全局极小值点.

对于线性最小二乘问题 (3.8.1)，只要矩阵 $A^{\mathrm{T}}A$ 非奇异，就可以用定理 3.8.1 来求解.

例 3.8.1　求函数

$$f(x)=\|Ax-b\|^2, \quad A=\begin{pmatrix}1 & 1\\ 2 & -3\\ -1 & 4\end{pmatrix}, \quad b=\begin{pmatrix}3\\ 2\\ 4\end{pmatrix}$$

的最小二乘解.

解 简单计算可得

$$A^{\mathrm{T}}A = \begin{pmatrix} 6 & -9 \\ -9 & 26 \end{pmatrix}, \quad (A^{\mathrm{T}}A)^{-1} = \frac{1}{75}\begin{pmatrix} 26 & 9 \\ 9 & 6 \end{pmatrix}.$$

因此,

$$x^* = \frac{1}{75}\begin{pmatrix} 26 & 9 \\ 9 & 6 \end{pmatrix}\begin{pmatrix} 1 & 2 & -1 \\ 1 & -3 & 4 \end{pmatrix}\begin{pmatrix} 3 \\ 2 \\ 4 \end{pmatrix} = \frac{1}{5}\begin{pmatrix} 13 \\ 7 \end{pmatrix}$$

即为所求的最小二乘解. □

对于矩阵 $A^{\mathrm{T}}A$ 是奇异的情况，可采用一些改进的最小二乘方法来处理，如 Golub 的改进方法等，本书不做介绍.

3.8.2 非线性最小二乘问题

非线性最小二乘问题的模型为

$$\min_{x\in\mathbb{R}^n} \ R(x) = \sum_{i=1}^{m} f_i^2(x), \tag{3.8.2}$$

其中, 函数 f_i $(i \in \{1, 2, \cdots, m\})$ 中至少有一个是非线性的且函数 R 具有一阶连续可微性.

求解非线性最小二乘问题 (3.8.2) 的基本方法如下：通过解一系列的线性最小二乘问题逐步逼近非线性最小二乘问题的解. 具体地，假设 x^k 是最小二乘解的第 k 次的近似解, 将每个函数 f_i 在 x^k 处进行线性展开，以至于把原来的问题转化为线性最小二乘问题，将其最优解作为最小二乘解的第 $k+1$ 次的近似解 x^{k+1}, 不断重复以上过程，直到得到原问题的解为止. 若记

$$f(x) := (f_1(x), \cdots, f_m(x))^{\mathrm{T}}, \quad A_k := (\nabla f_1(x^k) \ \cdots \ \nabla f_m(x^k)), \quad b := A_k x^k - f(x^k),$$

则上述方法中的 x^{k+1} 为下面无约束优化问题的解

$$\min_{x\in\mathbb{R}^n} \ \|A_k x - b\|^2.$$

假设每个 A_k 是列满秩的矩阵, 那么可得到迭代公式为

$$x^{k+1} = x^k + d^k, \quad d^k = -(A_k^{\mathrm{T}} A_k)^{-1} A_k^{\mathrm{T}} f(x^k). \tag{3.8.3}$$

(3.8.3) 式中的迭代公式称为 Gauss-Newton 公式，其中的 d^k 称为 Gauss-Newton 方向.

类似于带线搜索的牛顿法，可从 x^k 出发，沿方向 d^k 进行一维线搜索得到迭代步长 λ_k，进而，可设计带线搜索的 Gauss-Newton 法.

算法 3.8.1 (带线搜索的 Gauss-Newton 法) 选择初始点 $x^0 \in \mathbb{R}^n$. 置 $k := 0$.

步 1 若 $\|A_k^{\mathrm{T}} f(x^k)\| = 0$, 则算法终止, 得到解为 x^k; 否则, 转步 2.

步 2 由 $A_k^{\mathrm{T}} A_k d = -A_k^{\mathrm{T}} f(x^k)$ 求得迭代方向 d^k.

步 3 由线搜索计算步长 λ_k.

步 4 置 $x^{k+1} := x^k + \lambda_k d^k$ 和 $k := k+1$, 转步 1.

在实际中，经常会出现矩阵 $A_k^{\mathrm{T}} A_k$ 是奇异的情况. 在这种情况下，可采用下面的 Levenberg-Marquart 方法来求解.

算法 3.8.2 (Levenberg-Marquart 法) 取初始点 $x^0 \in \mathbb{R}^n$, 初始参数 $\alpha > 0$, 增长因子 $\beta > 1$. 置 $k := 0$.

步 1 置 $\alpha := \alpha/\beta$.

步 2 由 $(A_k^{\mathrm{T}} A_k + \alpha I)d = -A_k^{\mathrm{T}} f(x^k)$ 求得迭代方向 d^k. 置 $x^{k+1} := x^k + d^k$.

步 3 若 $R(x^{k+1}) < R(x^k)$, 则转步 5; 否则, 转步 4.

步 4 若 $\|A_k^{\mathrm{T}} f(x^k)\| = 0$, 算法终止, 得到解为 x^k; 否则, 置 $\alpha := \beta\alpha$, 转步 2.

步 5 若 $\|A_k^{\mathrm{T}} f(x^k)\| = 0$, 算法终止, 得到解为 x^{k+1}; 否则, 置 $k := k+1$, 转步 1.

在一定条件下，Gauss-Newton 法与 Levenberg-Marquart 法均具有好的收敛性质. 下面的定理给出了 Levenberg-Marquart 法的收敛性, 其证明本书省略.

定理 3.8.2 设 $\{x^k\}$ 是由算法 3.8.2 产生的迭代序列. 假设水平集 $\mathscr{L}(R) = \{x \in \mathbb{R}^n \mid R(x) \leqslant R(x^0)\}$ 是紧的, 且矩阵 $A_k^{\mathrm{T}} A_k$ 在 $\mathscr{L}(R)$ 上恒为对称正定矩阵. 那么算法 3.8.2 或者有限终止, 或者产生一个无穷序列. 在后一种情况, 迭代序列的极限点必为函数 $R(\cdot)$ 的稳定点.

习 题 3

3.1 求出函数

$$f(x) = 2x_1^2 + x_2^2 - 2x_1x_2 + 2x_1^3 + x_1^4$$

所有的稳定点, 并判断哪些稳定点是极小值点? 是否是整体极小值点?

3.2 试证明: 函数

$$f(x_1, x_2) = x_1^2 - 4x_2^2 + 20x_1 + 64x_2$$

存在唯一的稳定点，但该点既不是函数 f 的极大值点，也不是函数 f 的极小值点.

3.3 试讨论参数 a 取何值时，点 $x = (0,0,0)^{\mathrm{T}}$ 是函数 $f(x) = ax_1^2\mathrm{e}^{x_2} + x_2^2\mathrm{e}^{x_3} + x_3^2\mathrm{e}^{x_1}$ 的极大值点，极小值点，鞍点?

3.4 给定对称正定矩阵 $G \in \mathbb{R}^{n\times n}$, 向量 $b \in \mathbb{R}^n$ 以及实数 $c \in \mathbb{R}$. 定义二次函数 $f(x) = \dfrac{1}{2}x^{\mathrm{T}}Gx + b^{\mathrm{T}}x + c$. 沿射线 $x^k + \lambda d^k$ ($d^k \neq 0$) 进行一维线搜索: $\min_{\lambda\geqslant 0} f(x^k + \lambda d^k)$.

试证明：搜索步长为

$$\lambda_k = -\frac{g_k^{\mathrm{T}} d^k}{(d^k)^{\mathrm{T}} G d^k}.$$

3.5　试证明：在用精确一维线搜索的最速下降算法中，相邻两次迭代中的迭代方向是相互正交的.

3.6　给定函数

$$f(x) = (6 + x_1 + x_2)^2 + (2 - 3x_1 - 3x_2 - x_1 x_2)^2,$$

分别求此函数在点 $\bar{x} = (-4, 6)^{\mathrm{T}}$ 处的最速下降迭代方向和牛顿迭代方向.

3.7　用带精确一维线搜索的最速下降算法求解下面的无约束优化问题

$$\min f(x) = x_1^2 + 2x_2^2,$$

其中初始点取为 $x^0 = (4, 4)^{\mathrm{T}}$，迭代三次，并验证相邻两次迭代的迭代方向是相互正交的.

3.8　设函数 $f(x) = \frac{1}{2}x^{\mathrm{T}}Ax + b^{\mathrm{T}}x + c$，其中 A 为对称正定矩阵，$b \in \mathbb{R}^n$ 且 $c \in \mathbb{R}$. 又设 x^1 可表示为

$$x^1 = x^* + \mu d,$$

其中 x^* 是函数 f 的极小值点, d 是矩阵 A 对应于特征值 λ 的特征向量. 试证明:

(1) $\nabla f(x^1) = \mu\lambda d$;

(2) 若从 x^1 出发, 沿着最速下降迭代方向作精确一维线搜索, 则只需一步迭代可达到极小值点 x^*.

3.9　试证明：使用精确一维线搜索的牛顿法求解严格凸二次函数的极小化问题，至多一步迭代可达到目标函数的全局极小值点.

3.10　用经典牛顿法求解下列函数的极小值点:

(1) $\min\ f(x) = x_1^2 + 4x_2^2 + 9x_3^2 - 2x_1 + 18x_3$;

(2) $\min\ f(x_1, x_2) = x_1^2 - 2x_1x_2 + \frac{3}{2}x_2^2 + x_1 - 2x_2$, 其中初始点可任意选取, 精度 $\|g_k\| < 0.1$.

3.11　假设函数 $f: \mathbb{R}^n \to \mathbb{R}$ 二阶连续可微，且对任意的 $x \in \mathbb{R}^n$，函数 f 的 Hesse 阵 $G(x)$ 对称正定. 试证明: 牛顿方向 $d^k = -G_k^{-1}g_k$ 是极小化问题

$$\min_{d \in \mathbb{R}^n \setminus \{0\}} \frac{g_k^{\mathrm{T}} d}{\|d\|_{G_k}}$$

的最优解.

3.12 (Gram-Schmidt 共轭化)　假设 $G \in \mathbb{R}^{n\times n}$ 为对称正定矩阵. $u^1, u^2, \cdots, u^n \in \mathbb{R}^n$ 线性无关. 假设 $d^1, d^2, \cdots, d^n$ 由以下方式产生

$$d^1 = u^1; \quad d^{k+1} = u^{k+1} - \sum_{i=1}^{k} \frac{(u^{k+1})^{\mathrm{T}} G d^i}{(d^i)^{\mathrm{T}} G d^i} d^i, \quad \forall k \in \{1, 2, \cdots, n-1\}.$$

试证明: $d^1, d^2, \ldots, d^n$ 关于 G 共轭.

3.13　考虑函数 $f(x)=\frac{1}{2}x_1^2+\frac{1}{2}x_2^2$, 设初始点取为 $x^0=(1,1)^{\mathrm{T}}$, $d^0=(-1,0)^{\mathrm{T}}$. 沿方向 d^0 进行精确一维线搜索可得 λ_0, 令 $x^1=x^0+\lambda_0 d^0$, 用 FR 公式求得方向 d^1. 试证明: 方向 d^0 和 d^1 不是关于单位矩阵 I 共轭的.

3.14　用精确一维线搜索的 FR 共轭梯度法 (及 PRP 共轭梯度法) 求解下列无约束优化问题:

(1) $\min f(x_1,x_2)=x_1^2-x_1x_2+x_2^2+2x_1-4$, 其中初始点取为 $x^0=(2,2)^{\mathrm{T}}$;

(2) $\min f(x_1,x_2)=x_1^2+2x_2^2$, 其中初始点取为 $x^0=(1,1)^{\mathrm{T}}$.

3.15　用精确一维线搜索的 DFP 算法求解下列无约束优化问题:

(1) $\min f(x_1,x_2)=2x_1^2+x_2^2-4x_1+2$, 其中初始点取为 $x^0=(2,1)^{\mathrm{T}}$, 初始矩阵取为单位矩阵;

(2) $\min f(x_1,x_2)=x_1^2-x_1x_2+x_2^2+2x_1-4$, 其中初始点取为 $x^0=(2,2)^{\mathrm{T}}$, 初始矩阵取为单位矩阵.

3.16　设 H_k 是一个奇异的对称半正定矩阵, 试证明: 用精确一维线搜索的 DFP 修正公式得到的矩阵 H_{k+1} 也是奇异矩阵.

3.17　用 BFGS 算法求解下列无约束优化问题:

(1) $\min f(x_1,x_2)=2x_1^2-2x_1x_2+x_2^2+2x_1-2x_2$, 其中初始点取为 $x^0=(0,0)^{\mathrm{T}}$, 精度 $\varepsilon=0.0003$;

(2) $\min f(x_1,x_2)=(x_1-2)^4+(x_1-2x_2)^2$, 其中初始点取为 $x^0=(0,3)^{\mathrm{T}}$, 精度 $\varepsilon=0.0003$.

3.18　用信赖域方法求解下面的无约束优化问题

$$\min f(x)=x_1^4+x_1^2+x_2^2-4x_2+5,$$

其中初始点取为 $x^0=(0,0)^{\mathrm{T}}$, $\eta=\frac{1}{4}$, $\gamma=\frac{3}{4}$ 以及信赖域半径取为 $r_1=1$.

3.19　求解下面的线性最小二乘问题

$$\min f(x)=\|Ax-b\|^2,$$

其中

$$A=\begin{pmatrix}3 & 1\\ 2 & -3\\ -1 & 4\end{pmatrix},\quad b=\begin{pmatrix}2\\ -3\\ -1\end{pmatrix}.$$

3.20　考虑下面的非线性方程组

$$\begin{cases}x_1^2+2x_2^2-1=0,\\ 2x_1^2+x_2-2=0.\end{cases}$$

写出此方程组的最小二乘问题的数学模型，并求解该最小二乘问题.

第 4 章　约束优化方法

在实际问题中, 约束优化问题是一类经常遇到、应用非常广泛的数学规划问题. 求解约束优化问题要比求解无约束优化问题困难得多, 也复杂得多. 由于约束优化问题应用广泛, 所以其求解方法引起了广泛关注, 研究其解法的人也越来越多, 并得到了很多有效的求解方法. 本章在介绍约束优化问题的基本理论之后, 重点介绍以下三类基本的求解方法:

(I) 通过构造增广目标函数, 把约束优化问题转化为无约束优化问题求解. 这类求解方法主要有 SUMT 外点法 (外罚函数法), SUMT 内点法 (内罚函数法) 和乘子法等;

(II) 对约束优化问题直接进行求解, 在可行域内寻找迭代点列来逼近问题的最优解, 从而可得到问题的最优解. 例如, 可行方向法, 梯度投影法, 简约梯度法以及约束变尺度法等;

(III) 利用一系列的二次规划 (或线性规划) 最优解的点列, 逐次逼近原约束优化问题的最优解. 例如, 序列二次规划法 (SQP 法).

4.1　约束优化问题的最优性条件

本节考虑约束优化问题的最优性条件, 即讨论约束优化问题的目标函数和约束函数在最优解处所满足的必要条件、充分条件以及充要条件. 这些最优性条件是非线性最优化理论的重要组成部分, 也是算法设计和其算法理论分析的基础.

4.1.1　一阶最优性条件

考虑一般约束优化问题 (1.1.1), 即

$$\begin{aligned} \min\quad & f(x) \\ \text{s.t.}\quad & c_i(x) \geqslant 0, \quad \forall i \in I := \{1, 2, \cdots, p\}, \\ & c_i(x) = 0, \quad \forall i \in E := \{p+1, p+2, \cdots, m\}, \end{aligned} \tag{4.1.1}$$

其中 $f : \mathbb{R}^n \to \mathbb{R}$, $c_i : \mathbb{R}^n \to \mathbb{R}$ $(i \in \{1, \cdots, m\})$, $x \in \mathbb{R}^n$, E 和 I 分别表示等式约束和不等式约束的指标集. 记该约束优化问题的可行域为

$$\mathscr{F} := \left\{ x \in \mathbb{R}^n \;\middle|\; \begin{array}{ll} c_i(x) \geqslant 0, & \forall i \in I = \{1, 2, \cdots, p\}; \\ c_i(x) = 0, & \forall i \in E = \{p+1, p+2, \cdots, m\} \end{array} \right\}.$$

在这一小节中, 我们给出一般约束优化问题 (4.1.1) 的几何最优性条件和代数最优性条件 (K-T 条件). 在讨论最优性条件之前, 先给出几个概念作为后面讨论问题的基础.

定义 4.1.1　设 $\bar{x}$ 是问题 (4.1.1) 的一个可行解, 则不等式约束条件在 $\bar{x}$ 处会呈现两种情况:

(i) 若 $c_i(\bar{x}) = 0$, 则说明该不等式约束 $c_i(x) \geqslant 0$ 在 $\bar{x}$ 处起到约束作用, 由此, 称此约束关于 $\bar{x}$ 为有效约束或紧约束, 或积极约束;

(ii) 若 $c_i(\bar{x}) > 0$, 说明该不等式约束 $c_i(x) \geqslant 0$ 在 $\bar{x}$ 处起到约束作用不大, 于是称此约束关于 $\bar{x}$ 为非有效约束或松约束, 或非积极约束.

对于有效约束, 通常用 $I(\bar{x})$ 表示在可行点 $\bar{x}$ 处的有效约束指标集, 即

$$I(\bar{x}) := \{i \mid c_i(\bar{x}) = 0, \;\; i \in I = \{1, 2, \cdots, p\}\}.$$

简称 $I(\bar{x})$ 为 $\bar{x}$ 处的有效约束指标集或有效集.

在可行点 $\bar{x}$ 处, 当点沿着某些方向稍微离开点 $\bar{x}$ 时, 此约束可能仍会满足约束条件, 而沿另外一些方向离开 $\bar{x}$ 时, 无论离开的距离多么小, 这些约束都不会满足约束条件. 由此对任意的可行点, 可知所有的等式约束都可以看成有效约束. 而对于非有效约束, 当点稍微离开 $\bar{x}$ 时, 无论什么方向, 这些约束仍能满足约束条件. 由此可知, 对于可行域的任何内点, 所有的不等式约束都是非有效约束. 因此, 在研究可行解处的可行方向时, 只要考虑在该点的有效约束, 对于非有效约束可以暂时不用考虑.

定义 4.1.2　对于非空集合 $C \subseteq \mathbb{R}^n$, 若对任意的 $x \in C$ 和 $\lambda > 0$, 都有 $\lambda x \in C$, 则称 C 为 $\mathbb{R}^n$ 中的一个锥. 此外, 若 C 同时也是一个凸集, 则称 C 为一个凸锥.

1. 几何最优性条件

在给出一般约束优化问题 (4.1.1) 的几何最优性条件之前, 先给出隐函数定理的内容, 在此仅仅给出结论, 其详细内容可参见文献 (陈宝林, 2005; 谢政等, 2003).

定理 4.1.1　对于 m 个 n 维向量的方程组 $c_i(x) = 0$ $(\forall i \in \{1, 2, \cdots, m\})$, 设 $\bar{x} \in \mathbb{R}^n$ 满足下列条件:

(1) $c_i(\bar{x}) = 0$ $(\forall i \in \{1, 2, \cdots, m\})$;

(2) 在点 $\bar{x}$ 的某邻域内, 函数 c_i $(\forall i \in \{1, 2, \cdots, m\})$ 连续可微;

(3) 关于变量 $x_1, x_2, \cdots, x_m$, 方程组中向量函数 $(c_1(x), \cdots, c_m(x))^{\mathrm{T}}$ 的 Jacobi 矩阵可逆,

则存在 $\widetilde{x} = (\widetilde{x}_{m+1}, \cdots, \widetilde{x}_n)^{\mathrm{T}} \in \mathbb{R}^{n-m}$ 的一个邻域, 使得对邻域中任意的点 $\hat{x}$, 都存在函数 $\theta_i(\hat{x})$ $(\forall i \in \{1, 2, \cdots, m\})$ 满足

(i) 函数 θ_i $(\forall i \in \{1, 2, \cdots, m\})$ 连续可微;

(ii) $\widetilde{x}_i = \theta_i(\widetilde{x})\ \ (\forall i \in \{1, 2, \cdots, m\})$;

(iii) $c_i(\theta_1(\hat{x}), \cdots, \theta_m(\hat{x}), \hat{x}) = 0\ \ (\forall i \in \{1, 2, \cdots, m\})$.

定理 4.1.2 设 x^* 是一般约束优化问题 (4.1.1) 的局部最优解, 令 $I(x^*) = \{i \mid c_i(x^*) = 0,\ \ i \in \{1, \cdots, p\}\}$ 为 x^* 处的有效集. 若

(i) 函数 f 和 $c_i\ \ (i \in I(x^*))$ 在 x^* 处可微;

(ii) $c_i\ \ (i \in I \setminus I(x^*))$ 在 x^* 处连续, 且 $c_i\ \ (i \in E)$ 在 x^* 处连续可微;

(iii) $\{\nabla c_i(x^*) \mid \forall i \in E\}$ 线性无关,

则

$$\mathcal{F} \cap \mathcal{G} \cap \mathcal{H} = \varnothing,$$

其中, $\mathcal{F} := \{d \in \mathbb{R}^n \mid \nabla f(x^*)^{\mathrm{T}} d < 0\}$, $\mathcal{G} := \{d \in \mathbb{R}^n \mid \nabla c_i(x^*)^{\mathrm{T}} d > 0,\ \ \forall i \in I(x^*)\}$, $\mathcal{H} := \{d \in \mathbb{R}^n \mid \nabla c_i(x^*)^{\mathrm{T}} d = 0,\ \ \forall i \in E\}$.

证明 对于一般约束优化问题 (4.1.1), 若 $m = n + p$, 即指标集 $E = \{p+1, p+2, \cdots, p+n\}$, 由 $\{\nabla c_i(x^*) \mid \forall i \in E\}$ 线性无关以及集合 $\mathcal{H}$ 的定义可知, $\mathcal{H} = \{0\}$. 于是显然有 $\mathcal{F} \cap \mathcal{G} \cap \mathcal{H} = \varnothing$, 从而定理得证.

下设 $m < n + p$ 且 $\mathcal{G} \cap \mathcal{H} \neq \varnothing$. 要证 $\mathcal{F} \cap \mathcal{G} \cap \mathcal{H} = \varnothing$, 则只需证: 对任意的 $d \in \mathcal{G} \cap \mathcal{H}$, 都有 $d \notin \mathcal{F}$. 由 $\{\nabla c_i(x^*) \mid \forall i \in E\}$ 线性无关, 则 $\{\nabla c_i(x^*) \mid \forall i \in E\}$ 可生成 $\mathbb{R}^n$ 中一个 $m - p$ 维子空间, 进而可得一个正交补空间 (设为 T) 且此空间的维数为 $n - m + p$. 因为 $d \in \mathcal{G} \cap \mathcal{H}$, 结合集合 $\mathcal{G}$ 和 $\mathcal{H}$ 的定义, 所以 $d \neq 0$ 且 d 可作为正交补空间 T 的一个基元素. 不妨设正交补空间 T 的一组正交基为 $d, d^1, \cdots, d^{n-m+p-1}$.

考虑下面的方程组

$$\begin{cases} c_i(x) = 0, & \forall i \in \{p+1, \cdots, m\}, \\ (d^i)^{\mathrm{T}}(x - x^*) = 0, & \forall i \in \{1, \cdots, n-m+p-1\}, \\ d^{\mathrm{T}}(x - x^*) - \alpha = 0, \end{cases} \tag{4.1.2}$$

其中 $\alpha \in \mathbb{R}$. 若令

$$c(x) = (c_{p+1}(x), \cdots, c_m(x))^{\mathrm{T}}, \quad D = (d^1, d^2, \cdots, d^{n-m+p-1}),$$

以及

$$\theta(x, \alpha) = \begin{pmatrix} c(x) \\ D^{\mathrm{T}}(x - x^*) \\ d^{\mathrm{T}}(x - x^*) - \alpha \end{pmatrix},$$

则方程组 (4.1.2) 可等价转化为 $\theta(x, \alpha) = 0$. 此外, 函数 θ 在点 $((x^*)^{\mathrm{T}}, 0)^{\mathrm{T}}$ 处关于

x 的 Jacobi 矩阵为

$$\nabla_x \theta(x^*, 0) = \begin{pmatrix} \nabla c(x^*) \\ D \\ d^{\mathrm{T}} \end{pmatrix},$$

其中 $\nabla c(x^*) = (\nabla c_{p+1}(x^*), \cdots, \nabla c_m(x^*))^{\mathrm{T}}$, 即 $\nabla c(x^*)$ 是向量函数 $c(x)$ 在点 x^* 处的 Jacobi 矩阵. 根据该定理的条件以及定理 4.1.1, 所以在 $\alpha = 0$ 的某邻域内, 存在具有一阶连续可微的向量函数 $x(\alpha)$ 使得 $x(0) = x^*$, 并且当 $\alpha > 0$ 的值充分小时, 都有 $\theta(x(\alpha), \alpha) = 0$, 从而有 $c(x(\alpha)) = 0$. 再根据方程组 $\theta(x, \alpha) = 0$, 两边对 α 求导, 整理可得

$$\nabla\theta(0) = -(\nabla_x \theta(x^*, 0))^{-1} \nabla_\alpha (x^*, 0) = d.$$

根据该定理的条件: 对任意的 $i \in I \setminus I(x^*)$, 函数 c_i 在 x^* 处连续. 此外, 也易知 $c_i(x^*) > 0$ $(\forall i \in I \setminus I(x^*))$, 所以当 $\alpha > 0$ 的值充分小时, 有

$$c_i(x(\alpha)) > 0, \quad \forall i \in I \setminus I(x^*).$$

由 $\nabla\theta(0) = d$ 可知, $\nabla c_i(x^*)^{\mathrm{T}} d$ 恰好表示函数 c_i $(\forall i \in I(x^*))$ 在 $\alpha = 0$ 处的导数, 结合 $d \in \mathcal{G}$, 有

$$\nabla c_i(x^*)^{\mathrm{T}} d > 0.$$

这说明函数 $c_i(x(\alpha))$ $(\forall i \in I(x^*))$ 在 $\alpha = 0$ 处是严格单调递增的, 即当 $\alpha > 0$ 的值充分小时, 都有

$$c_i(x(\alpha)) > c_i(x(0)) = 0, \quad \forall i \in I(x^*).$$

综合上述分析, 当 $\alpha > 0$ 的值充分小时, 有

$$\begin{cases} c_i(x(\alpha)) > 0, & i \in I, \\ c_i(x(\alpha)) = 0, & i \in E. \end{cases}$$

又因为 x^* 是问题 (4.1.1) 的局部最优解, 所以当 $\alpha > 0$ 的值充分小时, 有

$$f(x(\alpha)) \geqslant f(x^*).$$

根据函数 f 在 $x^* = x(0)$ 处可微, 故由一阶 Taylor 公式可知

$$f(x(\alpha)) = f(x^*) + \alpha \nabla f(x^*)^{\mathrm{T}} d + o(\alpha),$$

进而可得 $\nabla f(x^*)^{\mathrm{T}} d + \dfrac{o(\alpha)}{\alpha} \geqslant 0$. 将上式令 $\alpha \to 0^+$, 于是有 $\nabla f(x^*)^{\mathrm{T}} d \geqslant 0$, 即 $d \notin \mathcal{F}$. 定理得证. □

注 事实上, 集合 $\mathcal{F}=\{d\in\mathbb{R}^n \mid \nabla f(x^*)^{\mathrm{T}}d<0\}$ 是一个锥, 因此称集合 $\mathcal{F}$ 为点 x^* 处的一个下降方向锥. 此外, 定理 4.1.2 也说明: 对于一般约束优化问题 (4.1.1), 目标函数 f 在最优解 x^* 处不存在可行下降方向. 这也就是问题 (4.1.1) 最优性条件的几何解释, 其特点比较直观. 然而, 在实际计算中, 几何最优性条件难以应用. 因此, 人们经常考虑其代数最优性条件.

2. 代数最优性条件

定理 4.1.3(Fritz-John 一阶必要条件) 设 x^* 是一般约束优化问题 (4.1.1) 的局部最优解, 令 $I(x^*)=\{i\mid c_i(x^*)=0,\ i\in I\}$ 为 x^* 处的有效集. 若

(i) 函数 f 和 $c_i\ \ (i\in I(x^*))$ 在 x^* 处可微;

(ii) $c_i\ \ (i\in I\setminus I(x^*))$ 在 x^* 处连续, 且 $c_i\ \ (i\in E)$ 在 x^* 处连续可微,

则存在不全为零的非负实数 $\lambda_0,\lambda_i\ (i\in I(x^*))$ 和实数 $\lambda_i\ (i\in E)$, 使得

$$\lambda_0\nabla f(x^*)-\sum_{i\in I(x^*)\cup E}\lambda_i\nabla c_i(x^*)=0. \tag{4.1.3}$$

证明 如果 $\{\nabla c_i(x^*)\mid \forall i\in E\}$ 线性相关, 那么存在不全为零的实数 $\lambda_i\ (i\in E)$ 使得

$$\sum_{i\in E}\lambda_i\nabla c_i(x^*)=0.$$

此时, 令 $\lambda_0=0$ 且 $\lambda_i=0\ (\forall i\in I(x^*))$, 定理即可得证.

如果 $\{\nabla c_i(x^*)\mid \forall i\in E\}$ 线性无关, 由定理 4.1.2 可得 $\mathcal{F}\cap\mathcal{G}\cap\mathcal{H}=\varnothing$, 即方程组

$$\begin{cases}\nabla f(x^*)^{\mathrm{T}}d<0,\\ \nabla c_i(x^*)^{\mathrm{T}}d>0, \quad \forall i\in I(x^*),\\ \nabla c_i(x^*)^{\mathrm{T}}d=0, \quad \forall i\in E\end{cases}$$

无解. 类似于定理 1.3.3 的证明 ($u_0=0$ 的情况), 则必存在不全为零的非负实数 $\lambda_0,\lambda_i\ (i\in I(x^*))$ 和实数 $\lambda_i\ (i\in E)$, 使得

$$\lambda_0\nabla f(x^*)-\sum_{i\in I(x^*)\cup E}\lambda_i\nabla c_i(x^*)=0.$$

定理得证. □

注 定理 4.1.3 中的 (4.1.3) 式称为问题 (4.1.1) 的 Fritz-John 条件, 满足 Fritz-John 条件的点 x^* 称为 Fritz-John 点.

例 4.1.1　考虑约束优化问题

$$
\begin{aligned}
\min\quad & f(x) = (x_1-1)^2 + (x_2-1)^2 \\
\text{s.t.}\quad & c_1(x) = (1-x_1-x_2)^3 \geqslant 0, \\
& c_2(x) = x_1 \geqslant 0, \\
& c_3(x) = x_2 \geqslant 0,
\end{aligned}
$$

其中 $x = (x_1, x_2)^{\mathrm{T}}$. 易知此问题存在唯一的最优解为 $x^* = \left(\dfrac{1}{2}, \dfrac{1}{2}\right)^{\mathrm{T}}$. 又因为直线 $x_1 + x_2 = 1$ 上的所有可行解 $\bar{x}$ 都满足 $c_1(\bar{x}) = 0$. 若取 $\lambda_0 = \lambda_2 = \lambda_3 = 0$, $\lambda_1 = k > 0$ (k 取任意的正数), 则总有

$$\lambda_0 \nabla f(\bar{x}) - \lambda_1 \nabla c_1(\bar{x}) - \lambda_2 \nabla c_2(\bar{x}) - \lambda_3 \nabla c_3(\bar{x}) = 0,$$

且

$$\lambda_i c_i(\bar{x}) = 0, \quad i = 1, 2, 3.$$

这说明直线 $x_1 + x_2 = 1$ 上所有的可行解 $\bar{x}$ 都是 Fritz-John 点, 但是只有点 $x^* = \left(\dfrac{1}{2}, \dfrac{1}{2}\right)^{\mathrm{T}}$ 是该问题的最优解, 而其它点都不是该问题的最优解. □

此例说明了 Fritz-John 条件仅仅是判断可行解是否为最优解的必要条件, 而不是充分条件. 此外, 在这个例子中, 运用 Fritz-John 条件时, 会出现 $\lambda_0 = 0$ 的情形. 在此情况下, Fritz-John 条件中不含有目标函数的任何信息, 这显然是不合理的. 这也是 Fritz-John 条件的主要缺点. 为了保证 $\lambda_0 \neq 0$, 或要求 $\lambda_0 > 0$, 还需要对约束附加某种限制条件. 通常把这种限制条件称为**约束规格或约束规范**. 例如, 附加条件为:“向量组 $\{\nabla c_i(x^*) \mid \forall i \in I(x^*) \cup E\}$ 线性无关”的约束规格, 称此约束规格为 K-T 约束规格. 进一步, 可得到下面著名的 K-T 条件 (Kuhn-Tucker), 或称为 K-K-T 条件 (Karush-Kuhn-Tucker).

定理 4.1.4(Kuhn-Tucker 一阶必要条件)　设 x^* 是一般约束优化问题 (4.1.1) 的一个局部最优解, $I(x^*) = \{i \mid c_i(x^*) = 0,\ i \in I\}$ 为 x^* 处的有效集. 若

(i) 函数 f 和 c_i $(i \in I(x^*))$ 在 x^* 处可微;

(ii) c_i $(i \in I \setminus I(x^*))$ 在 x^* 处连续, 并且 c_i $(i \in E)$ 在 x^* 处一阶连续可微;

(iii) 向量组 $\{\nabla c_i(x^*) \mid \forall i \in E \cup I(x^*)\}$ 线性无关,

则存在实数 $\lambda_i \geqslant 0$ $(i \in I(x^*))$ 和 λ_i $(i \in E)$, 使得

$$\nabla f(x^*) - \sum_{i \in I(x^*) \cup E} \lambda_i \nabla c_i(x^*) = 0. \tag{4.1.4}$$

若 $c_i \quad (i \in I \setminus I(x^*))$ 在点 x^* 处可微, 则存在实数 $\lambda_i \geqslant 0 \quad (i \in I)$ 和 $\lambda_i \quad (i \in E)$, 使得

$$\begin{cases} \nabla f(x^*) - \sum_{i \in I \cup E} \lambda_i \nabla c_i(x^*) = 0, \\ \lambda_i c_i(x^*) = 0, & i \in I, \\ \lambda_i \geqslant 0, & i \in I. \end{cases} \tag{4.1.5}$$

证明 根据定理 4.1.3, 则存在不全为零的非负实数 $\bar{\lambda}_0, \bar{\lambda}_i \ (i \in I(x^*))$ 和实数 $\bar{\lambda}_i \ (i \in E)$, 使得

$$\bar{\lambda}_0 \nabla f(x^*) - \sum_{i \in I(x^*) \cup E} \bar{\lambda}_i \nabla c_i(x^*) = 0.$$

容易得到 $\bar{\lambda}_0 > 0$. 事实上, 若 $\bar{\lambda}_0 = 0$, 则由向量组 $\{\nabla c_i(x^*) \mid \forall i \in E \cup I(x^*)\}$ 线性无关可得: 对任意的 $i \in I(x^*) \cup E$ 都有 $\bar{\lambda}_i = 0$. 这与 $\bar{\lambda}_0, \bar{\lambda}_i \ (i \in I(x^*))$ 和实数 $\bar{\lambda}_i \ (i \in E)$ 不全为零相矛盾. 故 $\bar{\lambda}_0 > 0$. 于是, 记 $\lambda_i := \dfrac{\bar{\lambda}_i}{\bar{\lambda}_0} (\forall i \in I(x^*) \cup E)$, 则有

$$\nabla f(x^*) - \sum_{i \in I(x^*) \cup E} \lambda_i \nabla c_i(x^*) = 0 \quad \lambda_i \geqslant 0, \quad \forall i \in I(x^*),$$

即 (4.1.4) 式成立. 第一个结论得证.

再证第二个结论. 由于函数 $c_i \ (i \in I \setminus I(x^*))$ 在点 x^* 处可微, 所以只要取相应的乘子 $\lambda_i = 0$, 即有 (4.1.5) 式成立. 定理得证. □

注 (i) 定理 4.1.4 中的 (4.1.4) 和 (4.1.5) 式均称为是一般约束优化问题 (4.1.1) 的 K-T 条件. 满足 K-T 条件的点 x^* 称为 K-T 点; 满足 K-T 条件的点对 (x^*, λ^*) 称为 K-T 点对, 其中 λ^* 是由 $\lambda_i \geqslant 0 (i \in I)$ 和 $\lambda_i (i \in E)$ 组成的向量.

(ii) 一般约束优化问题 (4.1.1) 的广义 Lagrange 函数定义为

$$L(x, \lambda) = f(x) - \sum_{i \in E \cup I} \lambda_i c_i(x), \tag{4.1.6}$$

其中 $\lambda = (\lambda_1, \lambda_2, \cdots, \lambda_m)^{\mathrm{T}} \in \mathbb{R}^m$ 称为广义的 Lagrange 乘子向量. 则问题 (4.1.1) 的 K-T 条件可变为

$$\begin{cases} \nabla L_x(x, \lambda) = 0, \\ \lambda_i c_i(x) = 0, & i \in I, \\ \lambda_i \geqslant 0, & i \in I. \end{cases}$$

通过上述 K-T 条件可以看出, 不等式约束与其对应的 Lagrange 乘子之间存在一种互补关系, 称为**互补松弛条件**. 若对任意的 $i \in I$, Lagrange 乘子 λ_i 与 $c_i(x)$ 不

全为零, 此时的互补关系称为**严格互补松弛条件**, 并称该问题在最优解 x^* 处满足严格互补松弛条件.

注　根据 Kuhn-Tucker 一阶必要条件可知: 在满足 K-T 约束规格条件下, 最优解 x^* 是问题的 K-T 点; 否则, 最优解 x^* 不一定是问题的 K-T 点.

例 4.1.2　对于约束优化问题

$$\begin{aligned} \min \quad & f(x) = x_1 \\ \text{s.t.} \quad & c_1(x) = x_1^3 - x_2 \geqslant 0, \\ & c_2(x) = x_2 \geqslant 0. \end{aligned}$$

易知该问题的最优解为 $x^* = (0,0)^{\mathrm{T}}$. 但是, 对任意的 $\lambda = (\lambda_1, \lambda_2)^{\mathrm{T}}$, 都有

$$\nabla f(x^*) - \lambda_1 \nabla c_1(x^*) - \lambda_2 \nabla c_2(x^*) = (1, \lambda_1 - \lambda_2)^{\mathrm{T}} \neq 0,$$

故 $x^* = (0,0)^{\mathrm{T}}$ 不是该问题的 K-T 点. 另外, 也可验证约束函数 c_1 和 c_2 在 x^* 处不满足 K-T 约束规格, 即不满足定理 4.1.4 中的条件 (iii). □

例 4.1.3　求约束优化问题

$$\begin{aligned} \min \quad & f(x) = (x_1 - 1)^2 + x_2 \\ \text{s.t.} \quad & c_1(x) = -x_1 - x_2 + 2 \geqslant 0, \\ & c_2(x) = x_2 \geqslant 0 \end{aligned}$$

的可行 K-T 点.

解　因为目标函数和约束函数的梯度函数分别为

$$\nabla f(x) = \begin{pmatrix} 2(x_1 - 1) \\ 1 \end{pmatrix}, \quad \nabla c_1(x) = \begin{pmatrix} -1 \\ -1 \end{pmatrix}, \quad \nabla c_2(x) = \begin{pmatrix} 0 \\ 1 \end{pmatrix},$$

所以, 此问题对应的 K-T 条件为

$$\begin{cases} 2(x_1 - 1) + \lambda_1 = 0, \\ 1 + \lambda_1 - \lambda_2 = 0, \\ \lambda_1(-x_1 - x_2 + 2) = 0, \\ \lambda_2 x_2 = 0, \\ \lambda_1 \geqslant 0, \lambda_2 \geqslant 0. \end{cases}$$

下面分情况讨论求解.

若 $\lambda_2 = 0$, 由 K-T 条件的第 2 个式子, 可得 $\lambda_1 = -1$. 这与 $\lambda_1 \geqslant 0$ 相矛盾, 由

此可得 $\lambda_2>0$. 再由 K-T 条件的第 4 个式子, 可得 $x_2=0$, 于是上述方程组变为

$$\begin{cases} 2(x_1-1)+\lambda_1=0, \\ 1+\lambda_1-\lambda_2=0, \\ \lambda_1(-x_1+2)=0, \\ \lambda_1\geqslant 0, \lambda_2>0. \end{cases}$$

若 $-x_1+2=0$, 即 $x_1=2$, 由上述方程组中的第 1 个式子, 可得 $\lambda_1=-2$. 这与 $\lambda_1\geqslant 0$ 相矛盾, 所以 $-x_1+2\neq 0$. 再由方程组中的第 3 个式子, 可得 $\lambda_1=0$. 然后, 将 $\lambda_1=0$ 分别代入上述方程组中的第 1 个和第 2 个式子中, 可得 $x_1=1, \lambda_2=1$. 由于 $x^*=(1,0)^{\mathrm{T}}$ 是问题的可行解, 并且满足 K-T 条件, 因此, $x^*=(1,0)^{\mathrm{T}}$ 为所求问题的可行 K-T 点. □

4.1.2 二阶最优性条件

4.1.1 小节给出了一般约束优化问题的一阶最优性条件, 但在一阶最优性条件中并没有涉及目标函数以及约束函数的二阶导数的信息. 而二阶导数能够反映函数的曲率特性, 对算法的设计具有重要意义, 因而对一般约束优化问题二阶最优性条件的研究是必要的.

下面利用广义 Lagrange 函数给出一般约束优化问题 (4.1.1) 的二阶最优性条件. 首先, 介绍二阶必要条件.

定理 4.1.5(二阶必要条件) 设 x^* 是一般约束优化问题 (4.1.1) 的局部最优解, 并满足 K-T 条件, λ^* 是相应的 Lagrange 乘子向量, 其中对任意的 $i\in I$ 有 $\lambda_i^*\geqslant 0$. 若函数 f 和 c_i $(\forall i\in I\cup E)$ 在 x^* 处二阶连续可微, 则对任意的

$$d\in T(x^*,\lambda^*):=\left\{d\in\mathbb{R}^n \,\middle|\, x^*+\delta_k d^k\in\mathscr{F}, \sum_{i\in I}\lambda_i^* c_i(x^*+\delta_k d^k)=0, \delta_k\to 0, d^k\to d\right\},$$

都有 $d^{\mathrm{T}}\nabla_{xx}^2 L(x^*,\lambda^*)d\geqslant 0$, 其中 $L(\cdot,\cdot)$ 为问题 (4.1.1) 的广义 Lagrange 函数, 由 (4.1.6) 式给出.

证明 对任意的 $d\in T(x^*,\lambda^*)$, 若 $d=0$, 则结论显然成立; 若 $d\neq 0$, 则必存在序列 $\{d^k\}$ 和正数列 $\{\delta_k\}$ 使得 $\delta_k\to 0$, $x^*+\delta_k d^k\in\mathscr{F}$, 且 $\sum_{i\in I}\lambda_i^* c_i(x^*+\delta_k d^k)=0$. 所以由 (4.1.6) 式, 可得

$$\begin{aligned} f(x^*+\delta_k d^k) &= L(x^*+\delta_k d^k,\lambda^*) \\ &= L(x^*,\lambda^*)+\frac{1}{2}\delta_k^2(d^k)^{\mathrm{T}}\nabla_{xx}^2 L(x^*,\lambda^*)d^k+o(\delta_k^2\|d^k\|^2) \\ &= f(x^*)+\frac{1}{2}\delta_k^2(d^k)^{\mathrm{T}}\nabla_{xx}^2 L(x^*,\lambda^*)d^k+o(\delta_k^2\|d^k\|^2). \end{aligned} \tag{4.1.7}$$

又由 x^* 是问题 (4.1.1) 的局部最优解, 故对充分大的 k, 都有 $f(x^*+\delta_k d^k)\geqslant f(x^*)$. 再结合 (4.1.7) 式, 令 $\delta_k\to 0$ 以及 $d^k\to d$, 即可得到 $d^{\mathrm{T}}\nabla_{xx}^2 L(x^*,\lambda^*)d\geqslant 0$. 定理得证. □

将定理 4.1.5 中的条件稍微加强, 即可得到问题 (4.1.1) 的二阶充分条件.

定理 4.1.6(二阶充分条件)　对于一般约束优化问题 (4.1.1), 若

(i) 函数 f 和 c_i $(i\in I\cup E)$ 二阶连续可微;

(ii) 可行点对 (x^*,λ^*) 为该问题的 K-T 点对, 且严格互补松弛条件成立;

(iii) 对任意的 $d\in M:=\{d\in\mathbb{R}^n\mid d^{\mathrm{T}}\nabla c_i(x^*)=0,\ \ \forall i\in I(x^*)\cup E\}$, 都有

$$d^{\mathrm{T}}\nabla_{xx}^2 L(x^*,\lambda^*)d>0,$$

其中 $L(\cdot,\cdot)$ 为问题 (4.1.1) 的广义 Lagrange 函数, 由 (4.1.6) 式给出, 则 x^* 为问题 (4.1.1) 的严格局部最优解.

证明　用反证法. 假设 x^* 不是问题 (4.1.1) 的严格局部最优解, 则在 x^* 的邻域内存在序列 $\{x^k\}\subseteq\mathscr{F}$, 使得 $x^k\to x^*$ $(x^k\neq x^*)$, 且 $f(x^k)\leqslant f(x^*)$. 在 x^* 处由一阶 Taylor 公式, 可得

$$f(x^k)=f(x^*)+\nabla f(x^*)^{\mathrm{T}}(x^k-x^*)+o(\|x^k-x^*\|).$$

令 $d^k=\dfrac{x^k-x^*}{\|x^k-x^*\|}$, 则序列 $\{d^k\}$ 有界, 进而序列 $\{d^k\}$ 存在收敛子列. 不失一般性, 不妨设序列 $\{d^k\}$ 收敛, 且极限为 d, 则 $\|d\|=1$, 而且 d 是问题 (4.1.1) 在 x^* 处的一个可行方向. 此外, 注意到

$$\nabla f(x^*)^{\mathrm{T}}d^k+o(\|d^k\|)=\frac{f(x^k)-f(x^*)}{\|x^k-x^*\|}\leqslant 0.$$

上式两边对 k 取极限, 于是有 $\nabla f(x^*)^{\mathrm{T}}d\leqslant 0$.

事实上, 进一步可证得 $\nabla f(x^*)^{\mathrm{T}}d=0$. 因为 d 是问题 (4.1.1) 在 x^* 处的一个可行方向, 根据约束条件, 进而有

$$\nabla c_i(x^*)^{\mathrm{T}}d=0,\ \ \forall i\in E\quad 且\quad \nabla c_i(x^*)^{\mathrm{T}}d\geqslant 0,\ \ \forall i\in I(x^*).$$

再由点对 (x^*,λ^*) 是问题 (4.1.1) 的 K-T 点对, 故有

$$\nabla f(x^*)^{\mathrm{T}}d=\sum_{i\in I\cup E}\lambda_i^*\nabla c_i(x^*)^{\mathrm{T}}d\geqslant 0.$$

结合 $\nabla f(x^*)^{\mathrm{T}}d\leqslant 0$, 进而可得 $\nabla f(x^*)^{\mathrm{T}}d=0$. 所以

$$\nabla f(x^*)^{\mathrm{T}}d=\sum_{i\in I(x^*)}\lambda_i^*\nabla c_i(x^*)^{\mathrm{T}}d=0.$$

又由对任意的 $i \in I(x^*)$ 都有 $\nabla c_i(x^*)^{\mathrm{T}} d \geqslant 0$, 而且乘子满足 $\lambda_i^* \geqslant 0 (i \in I)$ 以及严格互补条件成立, 所以对任意的 $i \in I(x^*)$, 都有 $\nabla c_i(x^*)^{\mathrm{T}} d = 0$, 即 d 满足

$$
\begin{cases}
\nabla c_i(x^*)^{\mathrm{T}} d = 0, & \lambda_i > 0, \quad i \in I(x^*) \\
\nabla c_i(x^*)^{\mathrm{T}} d \geqslant 0, & \lambda_i = 0, \quad i \in I \setminus I(x^*) \\
\nabla c_i(x^*)^{\mathrm{T}} d = 0, & i \in E.
\end{cases}
$$

结合严格互补条件成立, 考虑广义 Lagrange 函数 $L(\cdot,\cdot)$ 在 x^* 处的二阶 Taylor 公式

$$
\begin{aligned}
L(x^*, \lambda^*) = f(x^*) \geqslant f(x^k) \geqslant f(x^k) - \sum_{i \in I \cup E} \lambda_i^* c_i(x^k) = L(x^k, \lambda^*) \\
= L(x^*, \lambda^*) + \frac{1}{2} \delta_k^2 (d^k)^{\mathrm{T}} \nabla_{xx}^2 L(x^*, \lambda^*) d^k + o(\|\delta_k d^k\|^2),
\end{aligned}
$$

其中 $\delta_k = \|d^k\|$. 由于 $d^k \to d \neq 0$, $0 < \delta_k \to 0$, 因而 $d^{\mathrm{T}} \nabla_{xx}^2 L(x^*, \lambda^*) d \leqslant 0$. 这与定理的条件 (iii) 相矛盾. 所以, x^* 为问题 (4.1.1) 的严格局部最优解. 定理得证. □

4.1.3 凸规划问题的最优性条件

对于凸规划问题

$$
\begin{aligned}
\min \quad & f(x) \\
\text{s.t.} \quad & c_i(x) \geqslant 0, \quad \forall i \in I := \{1, 2, \cdots, p\}, \\
& c_i(x) = a_i^{\mathrm{T}} x + b_i = 0, \quad \forall i \in E := \{p+1, p+2, \cdots, m\},
\end{aligned}
\tag{4.1.8}
$$

其中 $f : \mathbb{R}^n \to \mathbb{R}$ 是凸函数, $c_i : \mathbb{R}^n \to \mathbb{R}$ $(i \in I)$ 是凹函数. 记问题 (4.1.8) 的可行域为

$$
\mathscr{F} := \{x \in \mathbb{R}^n \mid c_i(x) = a_i^{\mathrm{T}} x + b_i = 0,\ i \in E; \quad c_i(x) \geqslant 0,\ i \in I\}.
$$

实际上, 对于凸规划问题 (4.1.8), 其可行的 K-T 点都是凸规划问题的最优解.

定理 4.1.7 对于凸规划问题 (4.1.8), 若

(i) 函数 f 和 c_i $(i \in I)$ 在 x^* 处可微;

(ii) x^* 是凸规划问题 (4.1.8) 的可行 K-T 点,

则 x^* 是凸规划问题 (4.1.8) 的全局最优解.

证明 设 x^* 是凸规划问题 (4.1.8) 的可行 K-T 点, λ^* 是相应的 Lagrange 乘子向量, 且广义 Lagrange 函数由 (4.1.6) 定义, 即

$$
L(x, \lambda) = f(x) - \sum_{i \in E \cup I} \lambda_i c_i(x).
$$

由于目标函数 f 是凸函数, 约束函数 $c_i(x)\ \ (i \in I)$ 是凹函数且 $c_i(x)\ \ (i \in E)$ 是线性函数, 所以直接验证可得: 广义 Lagrange 函数 $L(\cdot, \lambda)$ 关于 x 是凸函数. 利用凸函数的性质和 K-T 条件, 于是有

$$L(x, \lambda^*) \geqslant L(x^*, \lambda^*) + (x - x^*)^{\mathrm{T}} \nabla_x L(x^*, \lambda^*) = L(x^*, \lambda^*) = f(x^*), \quad \forall x \in \mathscr{F}.$$

再由广义 Lagrange 函数的定义和可行性条件, 可得对任意的 $x \in \mathscr{F}$ 都有 $f(x) \geqslant f(x^*)$, 即 x^* 是凸规划问题 (4.1.8) 的全局最优解. □

例 4.1.4 利用最优性条件求解约束优化问题

$$\begin{aligned} \min \quad & f(x) = (x_1 - 3)^2 + (x_2 - 1)^2 \\ \text{s.t.} \quad & c_1(x) = -x_1^2 + x_2 \geqslant 0, \\ & c_2(x) = 2x_1 + x_2 - 3 = 0. \end{aligned}$$

解 由于该问题的广义 Lagrange 函数为

$$\begin{aligned} L(x, \lambda, \mu) &= f(x) - \lambda c_1(x) - \mu c_2(x) \\ &= (x_1 - 3)^2 + (x_2 - 1)^2 - \lambda(-x_1^2 + x_2) - \mu(2x_1 + x_2 - 3), \end{aligned}$$

由广义 Lagrange 函数分别对 x_1, x_2 求偏导数, 于是可得

$$\begin{aligned} \frac{\partial L(x, \lambda, \mu)}{\partial x_1} &= 2(x_1 - 3) + 2\lambda x_1 - 2\mu, \\ \frac{\partial L(x, \lambda, \mu)}{\partial x_2} &= 2(x_2 - 1) - \lambda - \mu. \end{aligned}$$

所以该问题的 K-T 条件和约束条件为

$$\begin{cases} 2(x_1 - 3) + 2\lambda x_1 - 2\mu = 0, \\ 2(x_2 - 1) - \lambda - \mu = 0, \\ \lambda(-x_1^2 + x_2) = 0, \\ -x_1^2 + x_2 \geqslant 0, \\ 2x_1 + x_2 - 3 = 0, \\ \lambda \geqslant 0. \end{cases}$$

对上述方程组分情况讨论求解:

若 $\lambda = 0$, 由上述方程组中的第 1 个和第 2 个式子, 分别可得

$$\begin{cases} 2(x_1 - 3) - 2\mu = 0, \\ 2(x_2 - 1) - \mu = 0. \end{cases}$$

再结合方程 $2x_1+x_2-3=0$, 解得 $x_1=\dfrac{7}{5}$, $x_2=\dfrac{1}{5}$, $\mu=-\dfrac{8}{5}$. 但是此解不满足条件 $-x_1^2+x_2\geqslant 0$, 所以点 $x=\left(\dfrac{7}{5},\dfrac{1}{5}\right)^{\mathrm{T}}$ 不是该问题的可行解, 由此可得 $\lambda\neq 0$. 再由方程组中的第 3 个式子, 得 $-x_1^2+x_2=0$, 即 $x_2=x_1^2$. 将之依次分别代入方程组中的最后一个等式、第 1 个式子以及第 2 个式子中, 整理可求得

$$x_1=1,\quad x_2=1,\quad \lambda=1,\quad \mu=-1$$

或

$$x_1=-3,\quad x_2=9,\quad \lambda=-11,\quad \mu=27.$$

由 $\lambda\geqslant 0$, 故第二组解舍去, 即 $x=(-3,9)^{\mathrm{T}}$ 不是该问题的 K-T 点. 所以该问题的可行 K-T 点只有 $\bar{x}=(1,1)^{\mathrm{T}}$.

另一方面, 容易验证: 目标函数 f 是 $\mathbb{R}^2$ 上的凸函数, 约束函数 c_1 是凹函数. 此外, c_2 又是线性函数, 因此, 易知该问题是凸规划问题. 根据定理 4.1.7 以及凸规划问题最优解的性质, 所以, $x^*=(1,1)^{\mathrm{T}}$ 是所求问题的全局最优解. □

4.2 对偶与鞍点问题

正如线性规划问题存在其对偶形式一样, 非线性约束优化问题也存在其相应的对偶形式, 而且对偶理论在最优化理论的发展及算法的研究中起着十分重要的作用. 考虑一般约束优化问题 (4.1.1), 即

$$\begin{aligned}\min\quad & f(x)\\ \text{s.t.}\quad & c_i(x)\geqslant 0,\quad \forall i\in I=\{1,2,\cdots,p\},\\ & c_i(x)=0,\quad \forall i\in E=\{p+1,\cdots,m\}.\end{aligned}\tag{4.2.1}$$

设 $\mathscr{F}$ 为该问题的可行域, 且广义 Lagrange 函数由 (4.1.6) 定义, 即 $L(x,\lambda)=f(x)-\sum\limits_{i\in I\cup E}\lambda_i c_i(x)$. 通常称问题 (4.2.1) 为原问题, 其对偶问题的形式定义为

$$\begin{aligned}\max\quad & \theta(\lambda)\\ \text{s.t.}\quad & \lambda_i\geqslant 0,\ \ \forall i\in I,\end{aligned}\tag{4.2.2}$$

其中 $\theta(\lambda):=\inf L(x,\lambda)$, 称为原问题 (4.2.1) 的 Lagrange 对偶函数. 如果广义 Lagrange 函数无下界, 那么 $\theta(\lambda)=-\infty$. 值得注意的是: 对任意的 $x\in\mathbb{R}^n$, 广义 Lagrange 函数 $L(x,\cdot)$ 关于变量 λ 是线性函数. 于是, Lagrange 对偶函数 $\theta(\lambda)$ 是一个凹函数, 即可说明对偶问题 (4.2.2) 是一个凸规划问题. 一般地, 原问题 (4.2.1) 和对偶问题 (4.2.2) 的目标函数值具有如下关系.

定理 4.2.1(弱对偶定理)　设 x 和 λ 分别是原问题 (4.2.1) 和对偶问题 (4.2.2) 任意的可行解, 则

$$f(x) \geqslant \theta(\lambda).$$

证明　由于 $x \in \mathbb{R}^n$ 和 $\lambda = (\lambda_1, \cdots, \lambda_m)^{\mathrm{T}}$ 分别是原问题 (4.2.1) 和对偶问题 (4.2.2) 的可行解, 所以

$$\theta(\lambda) = \inf L(x, \lambda) = \inf \left\{ f(x) - \sum_{i \in I \cup E} \lambda_i c_i(x) \right\} \leqslant f(x) - \sum_{i \in I \cup E} \lambda_i c_i(x) \leqslant f(x).$$

定理得证. □

推论 4.2.1　设 $\mathscr{F}$ 和 $\mathscr{D}$ 分别是原问题 (4.2.1) 和对偶问题 (4.2.2) 的可行域, 则下列结论成立:

(i) 若原问题 (4.2.1) 和对偶问题 (4.2.2) 可行, 即 $\mathscr{F} \neq \varnothing$ 且 $\mathscr{D} \neq \varnothing$, 则

$$\min\{f(x) \mid x \in \mathscr{F}\} \geqslant \max\{\theta(\lambda) \mid \lambda \in \mathscr{D}\}.$$

(ii) 若 $\inf\limits_{x \in \mathscr{F}} f(x) = -\infty$, 则对任意的 $\lambda \in \mathscr{D}$, 都有

$$\theta(\lambda) = -\infty.$$

(iii) 若 $\sup\limits_{\lambda \in \mathscr{D}} \theta(\lambda) = \infty$, 则原问题无可行解, 即 $\mathscr{F} = \varnothing$.

把原问题 (4.2.1) 的最优值和对偶问题 (4.2.2) 的最优值之间的差值称为**对偶间隙 (或对偶间隔)**. 对于一般的约束优化问题, 对偶间隙不一定为零, 那么, 在什么条件下对偶间隙为零呢? 下面先给出鞍点的概念, 然后再给出其等价条件. 在本文中, 以下记 $\mathbb{R}^p_+ := \{x \in \mathbb{R}^p \mid x \geqslant 0\}$.

定义 4.2.1　对于一般约束优化问题 (4.2.1), 若存在 $x^* \in \mathbb{R}^n$ 和 $\lambda^* \in \mathbb{R}^p_+ \times \mathbb{R}^{m-p}$, 使得对任意的 $x \in \mathbb{R}^n$ 和 $\lambda \in \mathbb{R}^p_+ \times \mathbb{R}^{m-p}$, 都有

$$L(x^*, \lambda) \leqslant L(x^*, \lambda^*) \leqslant L(x, \lambda^*),$$

则称点 (x^*, λ^*) 为该约束优化问题广义 Lagrange 函数的鞍点.

由鞍点的定义, 直接验证可得下面的引理.

引理 4.2.1　点 (x^*, λ^*) 为一般约束优化问题广义 Lagrange 函数鞍点的充分必要条件为

$$\sup_{\lambda \in \mathbb{R}^p_+ \times \mathbb{R}^{m-p}} L(x^*, \lambda) = L(x^*, \lambda^*) = \inf_{x \in \mathbb{R}^n} L(x, \lambda^*).$$

定理 4.2.2(强对偶定理或鞍点定理) 对于一般约束优化问题 (4.2.1), 对应的广义 Lagrange 函数 $L(\cdot,\cdot)$ 存在鞍点 (x^*,λ^*) 当且仅当 x^* 和 λ^* 分别是原问题 (4.2.1) 和对偶问题 (4.2.2) 的最优解, 并且对偶间隙为零, 即

$$\theta(\lambda^*) = f(x^*).$$

证明 先证必要性. 假设点 (x^*,λ^*) 是约束优化问题 (4.2.1) 对应广义 Lagrange 函数的鞍点. 由鞍点的定义及其等价条件, 则对任意的 $x \in \mathbb{R}^n$ 和 $\lambda \in \mathbb{R}_+^p \times \mathbb{R}^{m-p}$, 都有

$$\begin{aligned}\inf_{x\in\mathbb{R}^n} \sup_{\lambda\in\mathbb{R}_+^p\times\mathbb{R}^{m-p}} L(x,\lambda) &\leqslant \sup_{\lambda\in\mathbb{R}_+^p\times\mathbb{R}^{m-p}} L(x^*,\lambda)\\ &= L(x^*,\lambda^*)\\ &= \inf_{x\in\mathbb{R}^n} L(x,\lambda^*)\\ &\leqslant \sup_{\lambda\in\mathbb{R}_+^p\times\mathbb{R}^{m-p}} \inf_{x\in\mathbb{R}^n} L(x,\lambda).\end{aligned} \tag{4.2.3}$$

由于

$$\sup_{\lambda\in\mathbb{R}_+^p\times\mathbb{R}^{m-p}} \inf_{x\in\mathbb{R}^n} L(x,\lambda) \leqslant \inf_{x\in\mathbb{R}^n} \sup_{\lambda\in\mathbb{R}_+^p\times\mathbb{R}^{m-p}} L(x,\lambda)$$

显然成立, 根据 (4.2.3) 式, 因而

$$\sup_{\lambda\in\mathbb{R}_+^p\times\mathbb{R}^{m-p}} \inf_{x\in\mathbb{R}^n} L(x,\lambda) = \inf_{x\in\mathbb{R}^n} \sup_{\lambda\in\mathbb{R}_+^p\times\mathbb{R}^{m-p}} L(x,\lambda).$$

再结合 (4.2.3) 式, 可得 x^* 是原约束优化问题 (4.2.1) 的最优解, λ^* 是对偶问题 (4.2.2) 的最优解, 且对偶间隙为零.

反之, 若 x^* 和 λ^* 分别是原约束优化问题 (4.2.1) 和对偶问题 (4.2.2) 的最优解, 则

$$\sup_{\lambda\in\mathbb{R}_+^p\times\mathbb{R}^{m-p}} \inf_{x\in\mathbb{R}^n} L(x,\lambda) = \inf_{x\in\mathbb{R}^n} L(x,\lambda^*)$$

且

$$\inf_{x\in\mathbb{R}^n} \sup_{\lambda\in\mathbb{R}_+^p\times\mathbb{R}^{m-p}} L(x,\lambda) = \sup_{\lambda\in\mathbb{R}_+^p\times\mathbb{R}^{m-p}} L(x^*,\lambda).$$

由原问题 (4.2.1) 和对偶问题 (4.2.2) 的对偶间隙为零, 故

$$\sup_{\lambda\in\mathbb{R}_+^p\times\mathbb{R}^{m-p}} \inf_{x\in\mathbb{R}^n} L(x,\lambda) = \inf_{x\in\mathbb{R}^n} \sup_{\lambda\in\mathbb{R}_+^p\times\mathbb{R}^{m-p}} L(x,\lambda).$$

此外, 由于

$$\inf_{x\in\mathbb{R}^n} L(x,\lambda^*) \leqslant L(x^*,\lambda^*) \leqslant \sup_{\lambda\in\mathbb{R}_+^p\times\mathbb{R}^{m-p}} L(x^*,\lambda)$$

成立, 再结合上式, 可得

$$\sup_{\lambda\in\mathbb{R}_+^p\times\mathbb{R}^{m-p}} L(x^*,\lambda)=L(x^*,\lambda^*)=\inf_{x\in\mathbb{R}^n} L(x,\lambda^*).$$

再由引理 4.2.1 可得: 点 (x^*,λ^*) 是广义 Lagrange 函数 $L(\cdot,\cdot)$ 的鞍点. 定理得证. □

4.3　二 次 规 划

所谓二次规划是指目标函数为二次函数、约束条件为线性等式或不等式约束的数学规划问题. 二次规划是线性规划问题向非线性规划问题的自然过渡, 它是一类最简单的非线性规划问题, 也是最早研究的一类非线性约束规划问题. 二次规划问题不仅在实际中有广泛的应用, 例如, 线性最小二乘问题和支持向量机问题等; 而且, 求解一般非线性约束优化问题的某些子问题也是二次规划问题. 因此, 二次规划是一类非常重要的约束优化问题.

由于二次规划是一类特殊的非线性规划问题, 所以可以采用求解一般非线性规划的方法来求解二次规划问题. 同时, 也可以采用一些特殊的有效的方法来求解二次规划问题, 例如, 直接消去法、广义消去法、Lagrange 乘子法以及求解一般约束二次规划的有效集法等. 本节主要介绍二次规划问题的基本概念和基本性质以及上述所提到的几种求解方法.

4.3.1　基本概念与基本性质

二次规划 (quadratic programming, QP) 的一般数学模型为

$$\text{(QP)}\qquad \begin{aligned} \min\quad & f(x)=\frac{1}{2}x^{\mathrm T}Gx+q^{\mathrm T}x\\ \text{s.t.}\quad & a_i^{\mathrm T}x\geqslant b_i,\quad \forall i\in I=\{1,2,\cdots,p\},\\ & a_i^{\mathrm T}x=b_i,\quad \forall i\in E=\{p+1,\cdots,m\}, \end{aligned}$$

其中 $G\in\mathbb{R}^{n\times n}$ 是一个对称矩阵, $q\in\mathbb{R}^n$ 且 $a_i\in\mathbb{R}^n$ 以及 $b_i\in\mathbb{R}$ $(i\in E\cup I)$. 若矩阵 G 为 (对称正定) 对称半正定矩阵, 则称问题 (QP) 为 (严格) 凸二次规划问题. 此时, 它是一种特殊形式的凸规划问题. 若矩阵 G 为不定矩阵, 则问题 (QP) 是一般形式的二次规划问题. 如果记二次规划 (QP) 的可行域为 $\mathscr{F}$, 由约束条件为线性约束, 则可行域 $\mathscr{F}$ 是一个凸集. 若二次规划 (QP) 的可行域 $\mathscr{F}=\varnothing$, 或者 $\mathscr{F}\neq\varnothing$ 但 $f(x)$ 无下界, 此时称该二次规划问题 (QP) 无解.

注　由于 $x^{\mathrm T}Gx=x^{\mathrm T}\left(\dfrac{G+G^{\mathrm T}}{2}\right)x$, 因而不管矩阵 G 是否是一个对称矩阵, 二次规划问题中的目标函数都可以转化成一个关于对称矩阵的二次函数. 由此对于二次规划 (QP), 总假设矩阵 G 是一个对称矩阵.

关于二次规划 (QP) 的可行域 $\mathscr{F}$, 具有如下性质.

定理 4.3.1 对于二次规划 (QP), 可行域 $\mathscr{F} \neq \varnothing$ 的充要条件为对任意的非零向量 μ, 都有下面的结论成立

$$\begin{cases} \sum\limits_{i \in E \cup I} \mu_i a_i = 0, \\ \mu_i \geqslant 0, \quad \forall i \in I \end{cases} \Longrightarrow \sum_{i \in E \cup I} \mu_i b_i \leqslant 0.$$

定理的证明需要用到凸分析的知识, 超出本书的内容范围, 故此处略去证明. 详细证明可参见文献 (王宜举等, 2012).

关于凸二次规划 (QP) 最优解的存在性及其解存在的等价条件有如下结论.

定理 4.3.2(Frank-Wolfe 定理) 设二次规划 (QP) 的可行域 $\mathscr{F} \neq \varnothing$, 且目标函数 f 在可行域 $\mathscr{F}$ 上有下界, 则二次规划 (QP) 存在全局最优解.

定理 4.3.3 设 G 是一个对称半正定矩阵, 且二次规划 (QP) 的可行域 $\mathscr{F} \neq \varnothing$, 则该二次规划问题 (QP) 存在全局最优解的充要条件为

$$\begin{cases} a_i^{\mathrm{T}} d = 0, \quad \forall i \in E, \\ a_i^{\mathrm{T}} d \geqslant 0, \quad \forall i \in I, \\ Gd = 0 \end{cases} \Longrightarrow q^{\mathrm{T}} d \geqslant 0.$$

证明 必要性. 设向量 $d \in \mathbb{R}^n$ 满足条件

$$a_i^{\mathrm{T}} d = 0 \ (\forall i \in E), \quad a_i^{\mathrm{T}} d \geqslant 0 \ (\forall i \in I) \quad 且 \quad Gd = 0.$$

由二次规划的可行域 $\mathscr{F}$ 非空, 故对任意的 $x \in \mathscr{F}$ 以及任意的 $\alpha \geqslant 0$ 都有 $x + \alpha d \in \mathscr{F}$. 于是有

$$\begin{aligned} f(x+\alpha d) &= \frac{1}{2}(x+\alpha d)^{\mathrm{T}} G(x+\alpha d) + q^{\mathrm{T}}(x+\alpha d) \\ &= f(x) + \frac{1}{2}\alpha^2 d^{\mathrm{T}} G d + \alpha d^{\mathrm{T}}(Gx+q) \\ &= f(x) + \alpha q^{\mathrm{T}} d. \end{aligned}$$

又因为二次规划问题 (QP) 存在全局最优解, 所以目标函数 f 在可行域 $\mathscr{F}$ 上有下界, 从而有 $q^{\mathrm{T}} d \geqslant 0$. 否则, 当 $\alpha \to \infty$ 时, $f(x+\alpha d) \to -\infty$ 无下界, 这与二次规划问题 (QP) 存在全局最优解相矛盾.

充分性. 根据 Frank-Wolfe 定理可知, 要证二次规划问题 (QP) 存在最优解, 则只需证: 目标函数 f 在可行域 $\mathscr{F}$ 上有下界. 用反证法证明. 假设结论不成立, 即存在一个无穷序列 $\{x^k\} \subset \mathscr{F}$ 使得当 $k \to \infty$ 时, 有

$$\|x^k\| \to \infty, \quad f(x^k) \to -\infty.$$

若令

$$d^k = \frac{x^k - x^0}{\|x^k - x^0\|},$$

其中 $x^0 \in \mathscr{F}$, 则序列 $\{d^k\}$ 为有界序列. 于是 $\{d^k\}$ 存在收敛子列, 不失一般性, 不妨设序列 $\{d^k\}$ 本身收敛, 并记极限为 d. 进而可验证 d 满足条件

$$a_i^{\mathrm{T}} d = 0, \forall i \in E; \quad a_i^{\mathrm{T}} d \geqslant 0, \forall i \in I$$

且对任意的 $\alpha \geqslant 0$, 有 $x^k + \alpha d \in \mathscr{F}$. 由 $f(x^k) \to -\infty$, 故当 $\alpha \to \infty$ 时, 有

$$f(x^k + \alpha d) = f(x^k) + \frac{1}{2}\alpha^2 d^{\mathrm{T}} G d + \alpha d^{\mathrm{T}}(G x^k + q) \to -\infty.$$

从而, 可得 $d^{\mathrm{T}} G d < 0$, 或者 $d^{\mathrm{T}} G d = 0$ 且 $q^{\mathrm{T}} d < 0$, 这与矩阵 G 是对称半正定矩阵和该定理的条件相矛盾. 定理得证.

□

定理 4.3.4 设二次规划问题 (QP) 是 (严格) 凸二次规划, 则 x^* 是其全局最优解的充要条件是存在向量 $\lambda^* = (\lambda_1^*, \cdots, \lambda_m^*)^{\mathrm{T}}$ 使得

$$\begin{cases} G x^* + q - \sum\limits_{i=1}^{m} \lambda_i^* a_i = 0, & \\ a_i^{\mathrm{T}} x^* - b_i = 0, & \forall i \in E, \\ a_i^{\mathrm{T}} x^* - b_i \geqslant 0, \lambda_i^* \geqslant 0, \lambda_i^*(a_i^{\mathrm{T}} x^* - b_i) = 0, & \forall i \in I. \end{cases}$$

证明　实际上, 此定理为凸二次规划问题一阶可行的 K-T 充要条件, 其证明类似于定理 4.1.7 的证明. 其充分性的证明也可按如下证明:

设 x^* 满足定理中的条件, 即存在 $\lambda^* = (\lambda_1^*, \cdots, \lambda_m^*)^{\mathrm{T}}$ 使得

$$\begin{cases} G x^* + q - \sum\limits_{i=p+1}^{m} \lambda_i^* a_i = 0, & \\ a_i^{\mathrm{T}} x^* - b_i = 0, & \forall i \in E, \\ a_i^{\mathrm{T}} x^* - b_i \geqslant 0, \lambda_i^* \geqslant 0, \lambda_i^*(a_i^{\mathrm{T}} x^* - b_i) = 0, & \forall i \in I. \end{cases} \tag{4.3.1}$$

对于二次规划问题 (QP) 可行域 $\mathscr{F}$ 中任意的元素 x, x^* 且 $x \neq x^*$, 由矩阵 G 是对称半正定 (或对称正定矩阵), 因而有

$$\begin{aligned} f(x) - f(x^*) &= \nabla f(x^*)^{\mathrm{T}}(x - x^*) + \frac{1}{2}(x - x^*)^{\mathrm{T}} G (x - x^*) \\ &\geqslant (>) \nabla f(x^*)^{\mathrm{T}}(x - x^*) \\ &= \sum_{i \in E} \lambda_i^* a_i^{\mathrm{T}}(x - x^*) + \sum_{i \in I} \lambda_i^* a_i^{\mathrm{T}}(x - x^*). \end{aligned}$$

根据 (4.3.1) 式, 显然有 $\sum_{i\in E}\lambda_i^* a_i^{\mathrm{T}}(x-x^*)=0$, 并且也易验证得 $\sum_{i\in I}\lambda_i^* a_i^{\mathrm{T}}(x-x^*)\geqslant 0$. 于是有 $f(x)-f(x^*)\geqslant 0$. 从而, 点 x^* 为二次规划问题 (QP) 的全局最优解. 定理得证. □

4.3.2 等式约束的二次规划

考虑如下形式的等式约束二次规划问题

$$\begin{aligned} \min \quad & f(x)=\frac{1}{2}x^{\mathrm{T}}Gx+q^{\mathrm{T}}x \\ \text{s.t.} \quad & Ax=b, \end{aligned} \tag{4.3.2}$$

其中 $G\in\mathbb{R}^{n\times n}$ 为对称矩阵, $A\in\mathbb{R}^{m\times n}$, $q\in\mathbb{R}^n$ 以及 $b\in\mathbb{R}^m$. 不失一般性, 不妨设 $\mathrm{rank}(A)=m\leqslant n$. 本小节主要介绍求解此等式约束二次规划问题的三种方法.

1. *直接消去法*

直接消去法是求解等式约束二次规划问题 (4.3.2) 最简单而又最直接的方法, 即利用约束条件消去部分变量, 把原问题 (4.3.2) 转化成无约束优化问题.

根据 $\mathrm{rank}(A)=m$, 首先对矩阵 A 进行分块. 设 $A=(B,N)$, 其中子矩阵 $B\in\mathbb{R}^{m\times m}$ 为非奇异矩阵, 则相应的向量 x,q 以及矩阵 G 也作相应的分块, 形式如下

$$x=\begin{pmatrix} x_B \\ x_N \end{pmatrix},\quad q=\begin{pmatrix} q_B \\ q_N \end{pmatrix},\quad G=\begin{pmatrix} G_{BB} & G_{BN} \\ G_{NB} & G_{NN} \end{pmatrix},$$

其中, $x_B,q_B\in\mathbb{R}^m$, $x_N,q_N\in\mathbb{R}^{n-m}$, $G_{BB}\in\mathbb{R}^{m\times m}$, $G_{BN}\in\mathbb{R}^{m\times(n-m)}$, $G_{NB}\in\mathbb{R}^{(n-m)\times m}$, $G_{NN}\in\mathbb{R}^{(n-m)\times(n-m)}$. 借助于约束条件, 则向量 x_B 可用 x_N 表示, 即

$$x_B=B^{-1}b-B^{-1}Nx_N. \tag{4.3.3}$$

将 G 的分块矩阵代入目标函数 f 中, 整理得

$$f(x)=\frac{1}{2}\left(x_B^{\mathrm{T}}G_{BB}x_B+x_B^{\mathrm{T}}G_{BN}x_N+x_N^{\mathrm{T}}G_{NB}x_B+x_N^{\mathrm{T}}G_{NN}x_N\right)+q_B^{\mathrm{T}}x_B+q_N^{\mathrm{T}}x_N.$$

再结合 (4.3.3) 式, 则原问题 (4.3.2) 可等价转化为如下无约束二次规划问题

$$\min f(x)=\frac{1}{2}x_N^{\mathrm{T}}\hat{G}x_N+\hat{q}_N^{\mathrm{T}}x_N+\hat{c}, \tag{4.3.4}$$

其中,

$$\begin{aligned} &\hat{G}=G_{NN}-G_{NB}B^{-1}N-N^{\mathrm{T}}(B^{-1})^{\mathrm{T}}G_{BN}+N^{\mathrm{T}}(B^{-1})^{\mathrm{T}}G_{BB}B^{-1}N, \\ &\hat{q}_N=q_N-N^{\mathrm{T}}(B^{-1})^{\mathrm{T}}q_B+G_{BN}^{\mathrm{T}}B^{-1}b+(G_{NB}-N^{\mathrm{T}}(B^{-1})^{\mathrm{T}}G_{BB})B^{-1}b, \\ &\hat{c}=\frac{1}{2}b^{\mathrm{T}}(B^{-1})^{\mathrm{T}}G_{BB}B^{-1}b+q_B^{\mathrm{T}}B^{-1}b. \end{aligned}$$

若 $\hat{G}$ 为对称正定矩阵, 则无约束二次规划问题 (4.3.4) 存在唯一的最优解 $x_N^* = -\hat{G}^{-1}\hat{q}_N$. 因而, 原等式约束二次规划问题 (4.3.2) 的最优解为

$$x^* = \begin{pmatrix} x_B^* \\ x_N^* \end{pmatrix} = \begin{pmatrix} B^{-1}b \\ 0 \end{pmatrix} + \begin{pmatrix} B^{-1}N \\ -I \end{pmatrix} \hat{G}^{-1}\hat{q}_N,$$

其中 I 表示为单位矩阵. 此外, 相应的 Lagrange 乘子向量 λ^* 满足

$$A^{\mathrm{T}}\lambda^* = \nabla f(x^*) = Gx^* + q. \tag{4.3.5}$$

由此可得 $\lambda^* = (B^{-1})^{\mathrm{T}}(G_{BB}x_B^* + G_{BN}x_N^* + q_B)$.

若 $\hat{G}$ 为对称半正定矩阵, 结合矩阵广义逆 (即 M-P 广义逆) (熊洪允, 2004) 的知识, 则不难验证: 当下式

$$(I - \hat{G}\hat{G}^{\dagger})\hat{q}_N = 0 \tag{4.3.6}$$

成立时, 无约束优化问题 (4.3.4) 有下界, 且其最优解为

$$x_N^* = -\hat{G}^{\dagger}\hat{q}_N + (I - \hat{G}\hat{G}^{\dagger})\bar{x},$$

其中 $\bar{x} \in \mathbb{R}^{n-m}$ 为任意向量, $\hat{G}^{\dagger}$ 为 $\hat{G}$ 的广义逆矩阵. 再由 $x_B = B^{-1}b - B^{-1}Nx_N$, 可得等式约束二次规划问题 (4.3.2) 相应的最优解 x^*. 如果 (4.3.6) 式不成立, 则不难验证优化问题 (4.3.4) 没有下界, 从而原等式约束的二次规划问题 (4.3.2) 也无下界, 即问题没有最优解.

若 $\hat{G}$ 为不定矩阵, 即 $\hat{G}$ 存在负的特征值, 则可知无约束优化问题 (4.3.4) 无下界, 因而原等式约束的二次规划问题 (4.3.2) 也不存在最优解.

定理 4.3.5　对于等式约束二次规划问题 (4.3.2), 若 G 是一个对称正定矩阵, 则相应无约束优化问题(4.3.4)中的矩阵 $\hat{G}_N$ 也是对称正定矩阵.

证明　若矩阵 G 是对称正定矩阵, 根据 (4.3.4) 式中矩阵 $\hat{G}_N$ 的构造, 则不难得到矩阵 $\hat{G}_N$ 是一个对称矩阵. 构造矩阵

$$F = \left(-N^{\mathrm{T}}(B^{-1})^{\mathrm{T}}, I\right)$$

且 $\operatorname{rank}(F) = n - m$, 其中 I 为单位矩阵. 由此

$$\hat{G}_N = FGF^{\mathrm{T}} = \left(-N^{\mathrm{T}}(B^{-1})^{\mathrm{T}}, I\right) \begin{pmatrix} G_{BB} & G_{BN} \\ G_{NB} & G_{NN} \end{pmatrix} \begin{pmatrix} -B^{-1}N \\ I \end{pmatrix}.$$

由于矩阵 F 是行满秩的且矩阵 G 是对称正定的, 所以可得 $\hat{G}_N$ 也是对称正定矩阵. □

例 4.3.1 用直接消去法求解下面的凸二次规划问题

$$\begin{aligned} \min \quad & f(x)=x_1^2+x_2^2+x_3^2 \\ \text{s.t.} \quad & x_1+2x_2-x_3=4, \\ & x_1-x_2+x_3=-2. \end{aligned}$$

解 该问题的约束条件可等价变为

$$\begin{cases} x_1+2x_2=4+x_3, \\ x_1-x_2=-2-x_3. \end{cases}$$

由 Gauss 消元法, 得

$$x_1=-\frac{1}{3}x_3, \quad x_2=2+\frac{2}{3}x_3. \tag{4.3.7}$$

将 (4.3.7) 式代入目标函数 f 中, 整理可得无约束优化问题

$$\min f(x)=\frac{14}{9}x_3^2+\frac{8}{3}x_3+4.$$

易知上述无约束优化问题存在唯一的最优解 $x_3^*=-\frac{6}{7}$. 将之代入 (4.3.7) 式中, 可得

$$x_1^*=\frac{2}{7}, \quad x_2^*=\frac{10}{7}.$$

于是, 原问题存在唯一的最优解为 $x^*=\left(\frac{2}{7},\frac{10}{7},-\frac{6}{7}\right)^{\mathrm{T}}$, 且最优值为 $f^*=f(x^*)=\frac{20}{7}$. □

上面介绍的直接消去法简单直观, 使用方便, 但它的不足之处在于矩阵 B 可能会接近于奇异矩阵. 由于计算存在误差, 从而会引起求最优解 x^* 数值不稳定的情况. 为了避免这种情况发生, 接下来的部分将介绍另外的一种方法 —— 广义消去法. 这种方法是直接消去法的一种直接推广方法.

2. **广义消去法**

广义消去法又称为零空间方法, 其基本思想是: 利用等式约束方程的通解形式, 将原等式约束二次规划问题 (4.3.2) 中的目标函数等价转化为另外一个目标函数, 以此来消去约束条件, 从而可以把原问题 (4.3.2) 转化成一个无约束的优化问题.

对于约束条件的系数矩阵 A, 设 $z^1,z^2,\cdots,z^{n-m}\in\mathbb{R}^n$ 是零空间 $\mathrm{Null}(A):=\{x\in\mathbb{R}^n \mid Ax=0\}$ 中的一组线性无关向量. 若记 $Z=(z^1,z^2,\cdots,z^{n-m})$, 则 $AZ=O$. 另外, 对于矩阵 A, 由矩阵广义逆的概念, 则存在矩阵 A 的广义逆矩阵 W 使得满足 $AW=I$. 对于式子 $AW=I$, 等式两边分别与向量 b 作乘积, 可得

$A(Wb) = AWb = Ib = b$. 若取 $x^0 = Wb$, 则 x^0 为方程组 $Ax = b$ 的一个特解. 由此, 方程组 $Ax = b$ 通解的表达式可表示为

$$x = x^0 + Zy = Wb + Zy, \tag{4.3.8}$$

其中 y 是 $\mathbb{R}^{n-m}$ 中的任意向量. 将 (4.3.8) 式代入等式约束二次规划问题 (4.3.2) 的目标函数 f 中, 整理可得

$$\varphi(y) := \frac{1}{2}y^{\mathrm{T}}(Z^{\mathrm{T}}GZ)y + (q + GWb)^{\mathrm{T}}Zy + \frac{1}{2}(2q + GWb)^{\mathrm{T}}Wb.$$

再通过 (4.3.8) 式, 可将原二次规划问题 (4.3.2) 转化为一个 $n - m$ 维的无约束优化问题

$$\min_{y \in \mathbb{R}^{n-m}} \varphi(y). \tag{4.3.9}$$

若 $Z^{\mathrm{T}}GZ$ 是对称正定矩阵, 则无约束优化问题 (4.3.9) 存在唯一的最优解. 根据一阶最优性条件 $\nabla\varphi(y) = 0$, 求解线性方程组

$$(Z^{\mathrm{T}}GZ)y = -Z^{\mathrm{T}}(GWb + q),$$

可得无约束优化问题 (4.3.9) 的最优解 $y^* = -(Z^{\mathrm{T}}GZ)^{-1}Z^{\mathrm{T}}(GWb + q)$. 将 y^* 再代入 (4.3.8) 式, 即可得到原等式约束二次规划问题 (4.3.2) 的最优解为

$$x^* = Wb + Zy^* = Wb - Z(Z^{\mathrm{T}}GZ)^{-1}Z^{\mathrm{T}}(GWb + q).$$

对 Lagrange 乘子 λ^* 所满足的 (4.3.5) 式, 等式两边都左乘矩阵 W^{T}, 整理可得, 相应 Lagrange 乘子 λ^* 的表达式为

$$\begin{aligned}\lambda^* &= W^{\mathrm{T}}(Gx^* + q)\\ &= W^{\mathrm{T}}(G - GZ(Z^{\mathrm{T}}GZ)^{-1}Z^{\mathrm{T}}G)Wb + (W^{\mathrm{T}} - W^{\mathrm{T}}GZ(Z^{\mathrm{T}}GZ)^{-1}Z^{\mathrm{T}})q.\end{aligned}$$

通过上面推导可知, 一旦确定了矩阵 W 和 Z, 就可计算出原等式约束二次规划问题 (4.3.2) 的最优解 x^* 及其相应的 Lagrange 乘子 λ^*. 然而, 从上面的讨论中也可看出, 矩阵 W 和 Z 的选取具有较大的任意性, 只要满足条件

$$AW = I, \quad AZ = O$$

即可. 特别地, 若选取

$$W = \begin{pmatrix} B^{-1} \\ O \end{pmatrix}, \quad Z = \begin{pmatrix} -B^{-1}N \\ I \end{pmatrix}, \quad y = x_N,$$

则广义消去法就是前面所介绍的直接消去法, 即直接消去法是广义消去法的一种特例.

对于矩阵 W 和 Z 的取法, 常用的一种方法就是将矩阵 A^{T} 进行 QR 分解, 即

$$A^{\mathrm{T}} = Q\begin{pmatrix} R \\ O \end{pmatrix},$$

其中 Q 为 n 阶正交矩阵 (即 Q 满足 $Q^{\mathrm{T}}Q = I$), R 为 m 阶非奇异的上三角矩阵. 若令 $Q = (Q_1, Q_2)$, Q_1 和 Q_2 分别为 $n \times m$ 和 $n \times (n-m)$ 的矩阵. 由矩阵 Q 的正交性可知

$$Q_1^{\mathrm{T}}Q_1 = I, \quad Q_2^{\mathrm{T}}Q_2 = I, \quad Q_1^{\mathrm{T}}Q_2 = O.$$

进而有 $A^{\mathrm{T}} = Q_1R$.

若取 $W = Q_1(R^{\mathrm{T}})^{-1}$, $Z = Q_2$, 则 W 和 Z 分别满足条件 $AW = I$ 和 $AZ = O$, 且矩阵 (W, Z) 是一个非奇异矩阵. 从而原等式约束二次规划问题 (4.3.2) 的最优解为

$$x^* = Wb + Zy^* = Wb - Z(Z^{\mathrm{T}}GZ)^{-1}Z^{\mathrm{T}}(GWb + q),$$

相应 Lagrange 乘子向量为

$$\lambda^* = W^{\mathrm{T}}(G - GZ(Z^{\mathrm{T}}GZ)^{-1}Z^{\mathrm{T}}G)Wb + (W^{\mathrm{T}} - W^{\mathrm{T}}GZ(Z^{\mathrm{T}}GZ)^{-1}Z^{\mathrm{T}})q,$$

表达式中 $Z^{\mathrm{T}}GZ$ 可通过矩阵分解来计算.

例 4.3.2 用广义消去法求解例4.3.1中的凸二次规划问题

$$\begin{aligned} \min \quad & f(x) = x_1^2 + x_2^2 + x_3^2 \\ \text{s.t.} \quad & x_1 + 2x_2 - x_3 = 4, \\ & x_1 - x_2 + x_3 = -2. \end{aligned}$$

解 将矩阵 A^{T} 进行 QR 分解, 得

$$A^{\mathrm{T}} = \begin{pmatrix} 1 & 1 \\ 2 & -1 \\ -1 & 1 \end{pmatrix} = \begin{pmatrix} \dfrac{1}{\sqrt{6}} & \dfrac{4}{\sqrt{21}} & \dfrac{1}{\sqrt{14}} \\ \dfrac{2}{\sqrt{6}} & -\dfrac{1}{\sqrt{21}} & -\dfrac{2}{\sqrt{14}} \\ -\dfrac{1}{\sqrt{6}} & \dfrac{2}{\sqrt{21}} & -\dfrac{3}{\sqrt{14}} \end{pmatrix}\begin{pmatrix} \sqrt{6} & -\dfrac{\sqrt{6}}{3} \\ 0 & \dfrac{\sqrt{21}}{3} \\ 0 & 0 \end{pmatrix}.$$

因而,

$$Q_1 = \begin{pmatrix} \frac{1}{\sqrt{6}} & \frac{4}{\sqrt{21}} \\ \frac{2}{\sqrt{6}} & -\frac{1}{\sqrt{21}} \\ -\frac{1}{\sqrt{6}} & \frac{2}{\sqrt{21}} \end{pmatrix}, \quad R = \begin{pmatrix} \sqrt{6} & -\frac{\sqrt{6}}{3} \\ 0 & \frac{\sqrt{21}}{3} \end{pmatrix}.$$

若取

$$W = \frac{1}{14}\begin{pmatrix} 5 & 8 \\ 4 & -2 \\ -1 & 4 \end{pmatrix}, \quad Z = \begin{pmatrix} 1 \\ -2 \\ -3 \end{pmatrix}.$$

由 $b = \begin{pmatrix} 4 \\ -2 \end{pmatrix}$, $q = \begin{pmatrix} 0 \\ 0 \end{pmatrix}$ 以及 $GWb = 2Wb$, 故 $Z^{\mathrm{T}}(GWb + q) = 0$, 从而可得最优解为

$$x^* = Wb = \frac{1}{7}(2, 10, -6)^{\mathrm{T}},$$

且

$$\nabla f(x^*) = GWb + q = \frac{2}{7}(2, 10, -6)^{\mathrm{T}}, \quad u^* = \frac{1}{7}(8, -4)^{\mathrm{T}},$$

最优值为 $f^* = \frac{20}{7}$. □

3. Lagrange **乘子法**

Lagrange 乘子法又称为秩空间方法. 此方法是基于等式约束二次规划问题 (4.3.2) 的 Lagrange 函数求其最优解. 对于等式约束的二次规划问题 (4.3.2), 其相应的 Lagrange 函数为

$$L(x, \lambda) = \frac{1}{2}x^{\mathrm{T}}Gx + q^{\mathrm{T}}x - \lambda^{\mathrm{T}}(Ax - b).$$

根据一阶必要条件, 令

$$\begin{aligned} \nabla_x L(x^*, \lambda^*) &= Gx^* + q - A^{\mathrm{T}}\lambda^* = 0, \\ \nabla_\lambda L(x^*, \lambda^*) &= Ax^* - b = 0, \end{aligned}$$

则其相应的矩阵形式可表示为

$$\begin{pmatrix} G & -A^{\mathrm{T}} \\ -A & 0 \end{pmatrix}\begin{pmatrix} x^* \\ \lambda^* \end{pmatrix} = -\begin{pmatrix} q \\ b \end{pmatrix}, \tag{4.3.10}$$

其中的系数矩阵称为 Lagrange 矩阵, 它是对称矩阵但不一定为对称正定矩阵.

关于 Lagrange 矩阵, 具有如下性质.

定理 4.3.6 若矩阵 $A\in\mathbb{R}^{m\times n}$ 是行满秩的 (即 $\mathrm{rank}(A)=m$), 且对任意的非零向量 $x\in\{x\mid Ax=0\}$, 矩阵 $G\in\mathbb{R}^{n\times n}$ 满足 $x^{\mathrm{T}}Gx>0$, 则对应的 Lagrange 矩阵是一个非奇异矩阵.

证明 要证 Lagrange 矩阵是非奇异的, 则只需证: 关于 Lagrange 矩阵的齐次线性方程组

$$\begin{pmatrix} G & -A^{\mathrm{T}} \\ -A & 0 \end{pmatrix}\begin{pmatrix} x \\ \lambda \end{pmatrix}=0 \tag{4.3.11}$$

只有零解. 对 (4.3.11) 式两边都左乘向量 $(x^{\mathrm{T}},\lambda^{\mathrm{T}})$, 整理可得

$$x^{\mathrm{T}}Gx-2\lambda^{\mathrm{T}}Ax=0. \tag{4.3.12}$$

根据 (4.3.11) 式, 可知 $Ax=0$. 将之代入 (4.3.12) 式, 于是有 $x^{\mathrm{T}}Gx=0$. 根据条件对任意的 $0\neq x\in\{x\mid Ax=0\}$ 都有 $x^{\mathrm{T}}Gx>0$, 于是可得 $x=0$. 从而 (4.3.11) 式可简化为 $A^{\mathrm{T}}\lambda=0$. 再由条件矩阵 A 是行满秩的, 则 $\lambda=0$. 定理得证. □

结合广义消去法中所定义的 Z 矩阵及其性质, 关于 Lagrange 矩阵为非奇异矩阵有另外一个结论.

定理 4.3.7 设矩阵 $A\in\mathbb{R}^{m\times n}$ 是行满秩的, 即 $\mathrm{rank}(A)=m$. 若矩阵 $Z^{\mathrm{T}}GZ$ 对称正定, 则 Lagrange 矩阵是一个非奇异矩阵.

证明 用反证法证明. 假设 Lagrange 矩阵为奇异矩阵, 则存在非零向量 $(x^{\mathrm{T}},\lambda^{\mathrm{T}})^{\mathrm{T}}\neq 0$ 使得

$$\begin{pmatrix} G & -A^{\mathrm{T}} \\ -A & 0 \end{pmatrix}\begin{pmatrix} x \\ \lambda \end{pmatrix}=0.$$

由定理 4.3.6 的证明, 可得 $Ax=0$ 且 $x^{\mathrm{T}}Gx=0$. 结合 $Ax=0$ 以及矩阵 Z 的定义, 因此存在一个向量 $v\in\mathbb{R}^{n-m}$ 使得 $x=Zv$. 于是由 $x^{\mathrm{T}}Gx=0$, 则 $0=x^{\mathrm{T}}Gx=v^{\mathrm{T}}Z^{\mathrm{T}}GZv$. 又因为矩阵 $Z^{\mathrm{T}}GZ$ 是对称正定矩阵, 所以 $v=0$. 从而 $x=Zv=0$. 下面证明类似定理 4.3.6 的证明, 因而可得 $\lambda=0$. 这与向量 $(x^{\mathrm{T}},\lambda^{\mathrm{T}})^{\mathrm{T}}\neq 0$ 相矛盾. 定理得证. □

根据定理 4.3.6 和定理 4.3.7 可知, 若矩阵 A,G 以及 Z 分别满足定理中的条件, 则 Lagrange 矩阵都是非奇异的. 此时, 方程组 (4.3.10) 式存在唯一解, 即原等式约束二次规划问题 (4.3.2) 存在唯一的最优解 x^*, 而且也是其全局最优解 (读者自己可以证明).

对于方程组 (4.3.10) 式, 下面给出该方程组解的两种表达形式.

若 Lagrange 矩阵非奇异, 不妨设

$$\begin{pmatrix} G & -A^{\mathrm{T}} \\ -A & 0 \end{pmatrix}^{-1}=\begin{pmatrix} H & -T \\ -T^{\mathrm{T}} & U \end{pmatrix}, \tag{4.3.13}$$

则方程组 (4.3.10) 式唯一解可表示为如下形式

$$\begin{cases} x^* = -Hq + Tb, \\ \lambda^* = T^{\mathrm{T}}q - Ub. \end{cases} \tag{4.3.14}$$

当逆矩阵 G^{-1} 存在时, 由 (4.3.13) 式可得 H, T, U 的表达式分别如下:

$$\begin{aligned} &H = G^{-1} - G^{-1}A^{\mathrm{T}}(AG^{-1}A^{\mathrm{T}})^{-1}AG^{-1}, \\ &T = G^{-1}A^{\mathrm{T}}(AG^{-1}A^{\mathrm{T}})^{-1}, \\ &U = -(AG^{-1}A^{\mathrm{T}})^{-1}. \end{aligned}$$

事实上, 若知道原等式约束二次规划问题 (4.3.2) 任意的一个可行解 x^0, 则问题的最优解 x^* 和 Lagrange 乘子 λ^* 可表示为另外一种形式.

由 x^0 为问题 (4.3.2) 的一个可行解, 即 $Ax^0 = b$, 且在点 x^0 处目标函数的梯度为

$$\nabla f(x^0) = Gx^0 + q.$$

结合 H, T, U 的表达式, 则 (4.3.14) 式可转化为

$$\begin{cases} x^* = x^0 - H\nabla f(x^0), \\ \lambda^* = T^{\mathrm{T}}\nabla f(x^0). \end{cases}$$

注　在定理 4.3.7 中, 若矩阵 $Z^{\mathrm{T}}GZ$ 不是对称正定的, 则原等式约束二次规划问题 (4.3.2) 通常没有有界解. 设点 $((x^*)^{\mathrm{T}}, (\lambda^*)^{\mathrm{T}})^{\mathrm{T}}$ 满足方程组 (4.3.10) 式. 若 $Z^{\mathrm{T}}GZ$ 不是对称正定矩阵, 则存在 $0 \neq v \in \mathbb{R}^{n-m}$ 使得 $v^{\mathrm{T}}Z^{\mathrm{T}}GZv \leqslant 0$. 令 $p = Zv$, 则对任意的实数 α 都有

$$A(x^* + \alpha p) = Ax^* + \alpha Ap = Ax^* = b.$$

由此可得 $x^* + \alpha p$ 为原等式约束二次规划问题 (4.3.2) 的一个可行解. 由于点 $((x^*)^{\mathrm{T}}, (\lambda^*)^{\mathrm{T}})^{\mathrm{T}}$ 满足 (4.3.10) 式, 从而

$$\begin{aligned} f(x^* + \alpha p) &= \frac{1}{2}(x^* + \alpha p)^{\mathrm{T}}G(x^* + \alpha p) + q^{\mathrm{T}}(x^* + \alpha p) \\ &= f(x^*) + \alpha p^{\mathrm{T}}(Gx^* + q) + \frac{1}{2}\alpha^2 p^{\mathrm{T}}Gp \\ &= f(x^*) + \alpha p^{\mathrm{T}}A^{\mathrm{T}}\lambda^* + \frac{1}{2}\alpha^2 p^{\mathrm{T}}Gp \\ &= f(x^*) + \frac{1}{2}\alpha^2 p^{\mathrm{T}}Gp \\ &\leqslant f(x^*), \end{aligned}$$

其中, 最后一个等式成立是由于 $p = Zv$ 和 $AZ = O$. 综上所证, 可得目标函数 f 在 x^* 处沿着方向 p 迭代, 目标函数值并不会增加, 即说明了原等式约束二次规划问题 (4.3.2) 没有下界.

例 4.3.3 用 Lagrange 乘子法求解下面的二次规划问题

$$\begin{aligned} \min \quad & f(x) = x_1^2 + 2x_2^2 + x_3^2 + x_3 - 2x_1x_2 \\ \text{s.t.} \quad & x_1 + x_2 + x_3 = 4, \\ & 2x_1 - x_2 + x_3 = 2. \end{aligned}$$

解 根据所给的优化问题, 可知目标函数的 Hesse 阵为

$$G = \begin{pmatrix} 2 & -2 & 0 \\ -2 & 4 & 0 \\ 0 & 0 & 2 \end{pmatrix}.$$

此外

$$q = \begin{pmatrix} 0 \\ 0 \\ 1 \end{pmatrix}, \quad A = \begin{pmatrix} 1 & 1 & 1 \\ 2 & -1 & 1 \end{pmatrix}, \quad b = \begin{pmatrix} 4 \\ 2 \end{pmatrix}.$$

显然, 矩阵 G 是可逆的对称正定, 且其逆矩阵为

$$G^{-1} = \begin{pmatrix} 1 & \frac{1}{2} & 0 \\ \frac{1}{2} & \frac{1}{2} & 0 \\ 0 & 0 & \frac{1}{2} \end{pmatrix}.$$

将逆矩阵 G^{-1}, 矩阵 A 和 A^{T} 分别代入矩阵 H, T 和 U 的表达式中, 可得

$$H = \frac{4}{11}\begin{pmatrix} \frac{1}{2} & \frac{1}{4} & -\frac{3}{4} \\ \frac{1}{4} & \frac{1}{8} & -\frac{3}{8} \\ -\frac{3}{4} & -\frac{3}{8} & \frac{9}{8} \end{pmatrix}, \quad T = \frac{4}{11}\begin{pmatrix} \frac{3}{4} & \frac{3}{4} \\ \frac{7}{4} & -1 \\ \frac{1}{4} & \frac{1}{4} \end{pmatrix}, \quad U = -\frac{4}{11}\begin{pmatrix} 3 & -\frac{5}{2} \\ -\frac{5}{2} & 3 \end{pmatrix}.$$

因而, 再由 (4.3.14) 式, 可得该问题的最优解为 $x^* = -Hq + Tb = \left(\frac{21}{11}, \frac{43}{22}, \frac{3}{22}\right)^{\mathrm{T}}$, 最优值 $f^* = \dfrac{1925}{484}$. □

4.3.3 一般约束二次规划的有效集方法

本小节介绍求解一般约束二次规划问题 (QP), 即

$$
\begin{aligned}
\min\quad & f(x)=\frac{1}{2}x^{\mathrm{T}}Gx+q^{\mathrm{T}}x\\
\text{s.t.}\quad & a_i^{\mathrm{T}}x\geqslant b_i,\ \forall i\in I=\{1,2,\cdots,p\},\\
& a_i^{\mathrm{T}}x=b_i,\ \forall i\in E=\{p+1,\cdots,m\},
\end{aligned}
$$

的有效集法. 有效集法又称为积极集法, 此方法被认为是求解中小规模二次规划问题的最有效方法之一. 对于二次规划问题 (QP) 的一个可行点 $x\in\mathscr{F}$, 记

$$\mathcal{A}(x):=\{i\in I\cup E\mid a_i^{\mathrm{T}}x=b_i\},$$

即集合 $\mathcal{A}(x)$ 为问题 (QP) 在可行点 x 处的有效集和等式约束指标集的并集, 在此称为**积极集**. 限于篇幅, 对二次规划问题 (QP), 只讨论矩阵 G 为对称正定矩阵的情况, 即二次规划问题 (QP) 是一个凸二次规划问题. 于是, 二次规划问题 (QP) 的任何一个局部最优解都是其全局最优解. 再结合定理 4.3.4, 不难验证：若 x^* 是二次规划问题 (QP) 的最优解, 则 x^* 也是下面等式约束二次规划问题的最优解

$$
\begin{aligned}
\min\quad & f(x)=\frac{1}{2}x^{\mathrm{T}}Gx+q^{\mathrm{T}}x\\
\text{s.t.}\quad & a_i^{\mathrm{T}}x=b_i,\ \forall i\in\mathcal{A}(x^*).
\end{aligned}
\tag{4.3.15}
$$

有效集法的思想也就是通过求解等式约束二次规划问题解决一般约束的二次规划问题. 直观上, 无效的不等式约束在可行解的附近起到的作用不大, 可以忽略不考虑. 而对于有效约束的不等式约束, 由于在所讨论的可行解处变成等式约束, 所以可以用等式约束来代替不等式约束. 也就是说, 对于求解一般约束的二次规划问题 (QP) 可以转化为求解仅含有等式约束的二次规划问题 (4.3.15) 来解决.

1. *有效集法的基本思想*

关于求解一般约束二次规划问题 (QP) 的有效集法具有两个重要的性质. 首先, 所有的迭代点都是该二次规划问题 (QP) 的可行点. 其次, 每次迭代都是利用当前迭代点处的积极集来构造迭代方向, 并通过线搜索来确定迭代步长. 其基本思想是: 从一般约束二次规划问题 (QP) 的某个初始可行点 x^0 出发, 若 x^0 不是该问题 (QP) 的最优解, 则令 $\mathcal{A}_0=\mathcal{A}(x^0)$ 作为积极集 $\mathcal{A}(x^*)$ 的一个估计. 然后, 用 $\mathcal{A}_0$ 代替等式约束二次规划问题 (4.3.15) 中的 $\mathcal{A}(x^*)$, 并求解该问题 (4.3.15), 根据相应 Lagrange 乘子向量的特征判断该问题 (4.3.15) 的最优解 x^1 是否是原一般约束二次规划问题 (QP) 的最优解. 若 x^1 是原一般约束二次规划问题 (QP) 的最优解, 则停止. 否则, 则按照某种方式确定一个新的积极集 $\mathcal{A}_1$, 然后再求解 $\mathcal{A}_1$ 所对应新的等

式约束二次规划问题的最优解, 这样就完成了一个迭代过程. 后面依此类推, 可以实现其他的迭代过程. 由此产生了一个可行的迭代序列 $\{x^k\}$, 且最终可获得原一般约束二次规划问题 (QP) 的最优解 x^*, 或者可判定原一般约束二次规划问题 (QP) 无下界.

2. **有效集法的具体步骤**

设在第 k 次迭代过程中, 已知 x^k 是一般约束二次规划问题 (QP) 的可行点, 在该点处的积极集为 $\mathcal{A}_k$, 即

$$\mathcal{A}_k := \{i \in I \cup E \mid a_i^{\mathrm{T}} x^k = b_i\},$$

并假设向量组 $\{a_i \mid \forall i \in \mathcal{A}_k\}$ 线性无关. 此时需要求解下面的等式约束二次规划问题

$$\begin{aligned} \min \quad & f(x) = \frac{1}{2} x^{\mathrm{T}} G x + q^{\mathrm{T}} x \\ \text{s.t.} \quad & a_i^{\mathrm{T}} x = b_i, \quad \forall i \in \mathcal{A}_k. \end{aligned} \tag{4.3.16}$$

若令 $d^k = x - x^k$, 则不难验证: x^k 是问题 (4.3.16) 的最优解充分必要条件为 $d^k = 0$ 是下面二次规划问题的最优解

$$\begin{aligned} \min \quad & f(d) = \frac{1}{2} d^{\mathrm{T}} G d + \nabla f(x^k)^{\mathrm{T}} d \\ \text{s.t.} \quad & a_i^{\mathrm{T}} d = 0, \quad \forall i \in \mathcal{A}_k. \end{aligned} \tag{4.3.17}$$

对于问题 (4.3.17), 我们可采用 4.3.2 小节的方法来求解, 可得其最优解.

接下来分情况讨论有效集法的具体计算步骤. 设 x^k 是原一般约束二次规划问题 (QP) 的一个可行点, $\mathcal{A}_k$ 为积极集, 并令 d^k 为问题 (4.3.17) 的最优解.

情况 1 若 $d^k = 0$, 则点 x^k 是等式约束二次规划问题 (4.3.16) 的最优解. 下面判断 x^k 是否是原一般约束二次规划问题 (QP) 的最优解. 设与 x^k 相对应的所有积极约束的 Lagrange 乘子为 $\lambda_i^k \ (i \in \mathcal{A}_k)$.

若对任意的 $i \in \mathcal{A}_k$, 有 $\lambda_i^k \geqslant 0$, 则停止计算. 由原一般约束二次规划问题 (QP) 是凸规划问题, 故 x^k 为原二次规划问题 (QP) 的最优解.

若存在 $j \in \mathcal{A}_k$ 使得 $\lambda_j^k < 0$, 则 x^k 不可能是原一般约束二次规划问题 (QP) 的最优解. 因为当 $\lambda_j^k < 0$ 时, 在点 x^k 处至少存在一个可行下降方向. 例如, 设矩阵 A^k 是起作用的约束系数矩阵, 并不妨令 A^k 为满秩矩阵, 则方向

$$d = (A^k)^{\mathrm{T}} \left(A^k (A^k)^{\mathrm{T}}\right)^{-1} e_j$$

在 x^k 处是一个可行下降方向, 其中 e_j 表示第 j 个分量是 1 的单位向量. 此时, 令 $\mathcal{A}_{k+1} := \mathcal{A}_k \setminus \{j\}$. 若有几个乘子同时小于 0, 则令

$$j = \min\{r \mid 0 > r \in \mathcal{A}_k\}.$$

然后, 再求解等式约束的二次规划问题 (4.3.17).

情况 2 若 $d^k \neq 0$, 则点 x^k 是等式约束二次规划问题 (4.3.16) 的可行解.

若 $x^k + d^k$ 是原一般约束二次规划问题 (QP) 的可行解, 则在下一次迭代中, 只要取迭代点 $x^{k+1} = x^k + d^k$ 即可.

若 $x^k + d^k$ 不是原一般约束二次规划问题 (QP) 的可行解, 则令 $x^{k+1} = x^k + \alpha_k d^k$, 其中 d^k 为迭代方向, α_k 为迭代步长. 按照保持可行性原则, 迭代步长 α_k 的取值应满足: 对任意的 $i \notin \mathcal{A}_k$ 都有

$$a_i^{\mathrm{T}}(x^k + \alpha_k d^k) \geqslant b_i. \tag{4.3.18}$$

由 x^k 是原一般约束二次规划问题 (QP) 的可行点, 则 $a_i^{\mathrm{T}} x^k \geqslant b_i$. 因此, 当 $a_i^{\mathrm{T}} d^k \geqslant 0$ 时, 则对任意的 $\alpha_k \geqslant 0$, (4.3.18) 式都成立; 当 $a_i^{\mathrm{T}} d^k < 0$ 时, 此时有可能破坏条件 (4.3.18) 式. 若取

$$\bar{\alpha}_k = \min\left\{ \frac{b_i - a_i^{\mathrm{T}} x^k}{a_i^{\mathrm{T}} d^k} \;\middle|\; i \notin \mathcal{A}_k, \quad a_i^{\mathrm{T}} d^k < 0 \right\},$$

令 $\alpha_k := \min\{1, \bar{\alpha}_k\}$, 则 (4.3.18) 式成立. 此时, $x^{k+1} = x^k + \alpha_k d^k$ 可成为一个新的可行点. 若 $\alpha_k = \bar{\alpha}_k$ 是由第 j 个约束确定, 即

$$\bar{\alpha}_k = \frac{b_j - a_j^{\mathrm{T}} x^k}{a_j^{\mathrm{T}} d^k} < 1, \tag{4.3.19}$$

则置 $\mathcal{A}_{k+1} := \mathcal{A}_k \cup \{j\}$; 若 $\alpha_k = 1$, 则置 $\mathcal{A}_{k+1} := \mathcal{A}_k$, 即积极集不变.

综合上述情况 1 和情况 2 的分析, 求解凸二次规划问题有效集法的迭代算法具体步骤如下.

算法 4.3.1(有效集算法) 选取初始可行点 x^0, 找出相应的积极集 $\mathcal{A}_0$, 置 $k=0$.

步 1 求解等式约束二次规划问题 (4.3.17), 得最优解为 d^k, 对应 x^k 的 Lagrange 乘子向量为 λ^k.

步 2 若 $d^k = 0$ 且对任意的积极约束指标 $i \in \mathcal{A}_k$ 都有相应的乘子 $\lambda_i^k \geqslant 0$, 则算法终止. x^k 即为原一般约束二次规划问题 (QP) 的最优解. 若 $d^k = 0$ 且存在一个 t 使得 $\lambda_t^k < 0$, 或者令

$$t = \min\{r \mid 0 > r \in \mathcal{A}_k\},$$

则置 $\mathcal{A}_k := \mathcal{A}_k \setminus \{t\}$, 构造新的等式约束二次规划优化问题 (4.3.17), 转步 1.

步 3 若 $d^k \neq 0$, 则由 $\alpha_k := \min\{1, \bar{\alpha}_k\}$ 确定 α_k. 置 $x^{k+1} := x^k + \alpha_k d^k$. 若 $\alpha_k < 1$, 则置 $\mathcal{A}_{k+1} := \mathcal{A}_k \cup \{j\}$, 约束指标 j 由 (4.3.19) 式确定. 若 $\alpha_k = 1$, 则置 $\mathcal{A}_{k+1} := \mathcal{A}_k$.

步 4 置 $k := k + 1$, 转步 1.

注 在实际计算中, 初始点 x^0 的选择不是一件容易的事, 需要用类似于线性规划问题求初始基可行解的方法构造辅助问题, 进而可得初始可行点.

算法 4.3.1 的收敛性可通过下面的定理得到保证.

定理 4.3.8 设用有效集法求解严格凸二次规划问题 (QP) 产生的迭代点列为 $\{x^k\}$. 若对任意的指标 k, 向量组 $\{a_i \mid i \in \mathcal{A}_k := \mathcal{A}(x^k)\}$ 都线性无关, 则算法必定在有限步收敛到该问题(QP)的最优解.

证明 通过上述有效集法具体步骤的分析, 可知若 $d^k = 0$, 则点 x^k 为等式约束二次规划问题 (4.3.16) 的最优解. 此时, 对所有的 $i \in \mathcal{A}_k$, 相应的 Lagrange 乘子都满足 $\lambda_i^k \geqslant 0$, 则 x^k 为原严格凸二次规划问题 (QP) 的最优解, 算法终止; 若存在 $j \in \mathcal{A}_k$ 使得 $\lambda_j^k < 0$, 则去掉第 j 个约束, 然后再求解相应的等式约束二次规划问题 (4.3.16). 若 $d^k \neq 0$, 当 $\alpha_k = 1$ 时, 则 $\mathcal{A}_{k+1} = \mathcal{A}_k$, 即积极集不变. 因而, 关于 x^{k+1} 的优化问题 (4.3.16) 不变, 故 $x^{k+1} = x^k + d^k$ 为问题 (4.3.16) 的最优解; 当 $\alpha_k < 1$ 时, x^{k+1} 不是问题 (4.3.16) 的最优解, 但此时需要增加一个约束, 构成新的相应的等式约束二次规划问题 (4.3.16), 并且新的优化问题 (4.3.16) 的最优值小于目标函数在 x^{k+1} 处的函数值 $f(x^{k+1})$. 这样每次迭代后目标函数值都要减小, 而且由二次规划问题中矩阵 G 的对称正定性与优化问题 (4.3.15) 最优解存在唯一性, 可知积极集 $\mathcal{A}_k$ 一旦改变后 (增加一个约束指标或者去掉一个约束指标) 都不会再回到原来的状态, 而约束条件的个数是有限的. 这样积极集中连续增加约束指标的情况至多增加到约束指标数等于 m. 因此算法可在有限步内求得原严格凸二次规划问题 (QP) 的最优解 x^*. □

注 定理 4.3.8 表明: 若二次规划是严格凸的, 在非退化的条件下, 有效集法经过有限次的迭代可以得到问题的最优解. 但是当二次规划中的目标函数是凸函数而不是严格凸的, 按照上述方法计算, 有可能得不到问题的最优解. 若想得到问题的最优解, 需要对算法作一些必要的修正才能使用. 若目标函数是一个非凸函数, 则该问题属于一个 NP 难题, 有效集法不能给出其最优解.

4.4 序列无约束方法

考虑一般约束优化问题 (4.1.1), 即

$$\begin{aligned} \min \quad & f(x) \\ \text{s.t.} \quad & c_i(x) \geqslant 0, \quad \forall i \in I = \{1, 2, \cdots, p\}, \\ & c_i(x) = 0, \quad \forall i \in E = \{p+1, \cdots, m\}, \end{aligned} \tag{4.4.1}$$

其中 $x \in \mathbb{R}^n$, 函数 $f, c_i \ (i \in \{1, \cdots, m\})$ 具有连续可微性. 对于此约束优化问题, 一类重要的求解方法是用一个或一系列的无约束优化问题逼近原约束优化问题, 通

过一系列无约束优化问题的最优解, 逼近原约束优化问题的最优解. 采用此类方法求解约束优化问题时, 不仅要考虑使目标函数值下降, 同时还需要考虑迭代点的可行性. 具体地说, 根据约束优化问题中目标函数 f 和约束函数 c_i $(i \in \{1, \cdots, m\})$ 的特性, 构造某种"惩罚"函数 $m(x, \mu)$ 作为无约束优化问题的目标函数. 当迭代点 x 不满足我们的要求时, 函数 $m(x, \mu)$ 起到"惩罚"的作用, 使得函数值 $m(x, \mu)$ 远远大于 $f(x)$; 当迭代点 x 满足我们的要求时, $m(x, \mu) = 0$ 就不起"惩罚"作用. 随着参数 μ 的变化, 这样得到与参数 μ 有关的一系列无约束优化问题, 通过一系列无约束优化问题的最优解逼近原约束优化问题的最优解, 直到迭代点列收敛到原约束优化问题的最优解为止. 这种求解约束优化问题的方法称为**序列无约束极小化技术** (简称 SUMT 法). 函数 $m(x, \mu)$ 通常称为"罚"函数, 对应的方法称为罚函数法. 本节先介绍三种类型的罚函数法: 外罚函数法, 内罚函数法以及混合罚函数法. 然后, 介绍利用广义 Lagrange 函数对罚函数法进行改进, 得到另外一种方法, 即为乘子法.

4.4.1 外罚函数法

对于问题 (4.4.1), 定义函数

$$P(x, \sigma) := f(x) + \sigma \bar{p}(x),$$

其中参数 $\sigma > 0$ 是一个充分大的正数, 称为惩罚因子; $\bar{p}(x)$ 是定义在 $\mathbb{R}^n$ 上的函数, 称 $\sigma \bar{p}(x)$ 为惩罚项; 函数 $P(x, \sigma)$ 称为惩罚函数. 在惩罚项中, 所构造的函数 $\bar{p}(x)$ 一般具有下列性质:

(1) 函数 $\bar{p}(\cdot)$ 关于变量 x 为连续函数;

(2) 对任意的 $x \in \mathbb{R}^n$, 都有 $\bar{p}(x) \geqslant 0$;

(3) $x \in \mathscr{F} \iff \bar{p}(x) = 0$, 其中 $\mathscr{F}$ 为问题 (4.4.1) 的可行域.

下面根据问题 (4.4.1) 的三种情况, 讨论函数 $\bar{p}(x)$ 具体的一些表达形式.

情况 1 对于等式约束优化问题

$$\begin{aligned} \min \quad & f(x) \\ \text{s.t.} \quad & c_i(x) = 0, \ \forall i \in E = \{1, 2, \cdots, p\}, \end{aligned} \tag{4.4.2}$$

可构造函数 $\bar{p}(x)$ 具有如下形式

$$\bar{p}(x) = \sum_{i=1}^{p} |c_i(x)|^{\beta} \quad (\beta \geqslant 1),$$

即相应的惩罚函数为

$$P_1(x, \sigma) = f(x) + \sigma \sum_{i=1}^{p} |c_i(x)|^{\beta} \quad (\beta \geqslant 1),$$

其中参数 σ 为充分大的正数. 容易验证：函数 $\bar{p}(\cdot)$ 关于变量 x 满足上述三个条件. 这样可以把等式约束优化问题 (4.4.2) 转化为无约束优化问题

$$\min_{x\in\mathbb{R}^n} P_1(x,\sigma).$$

此外, 惩罚函数中的惩罚项也符合我们的“惩罚”策略, 即当 $x\in\mathscr{F}$ 时, $\bar{p}(x)=0$, 惩罚项不起惩罚作用；当 $x\notin\mathscr{F}$ 时, $\bar{p}(x)>0$, 此时, σ 值越大, 惩罚项的值 $\sigma\bar{p}(x)$ 越大, 这样与在最优解处取到最小值相矛盾. 因此, 当 σ 充分大时, 要使惩罚函数 $P_1(x,\sigma)$ 能取到极小值, $\bar{p}(x)$ 应该充分小, 并趋于 0. 由此, 通过求解无约束优化问题 $\min\limits_{x\in\mathbb{R}^n} P_1(x,\sigma)$ 能得到原等式约束优化问题 (4.4.2) 的近似解.

情况 2 对于不等式约束优化问题

$$\begin{aligned} \min \quad & f(x) \\ \text{s.t.} \quad & c_i(x)\geqslant 0,\ \forall i\in I=\{1,2,\cdots,m\}, \end{aligned} \tag{4.4.3}$$

构造函数 $\bar{p}(x)$ 的形式与等式情况不同. 满足上述三个条件的函数 $\bar{p}(x)$ 可定义为如下形式

$$\bar{p}(x)=\begin{cases} 0, & c_i(x)\geqslant 0, \\ \displaystyle\sum_{i=1}^{m}|c_i(x)|^{\alpha}, & c_i(x)<0, \end{cases} \quad \alpha\geqslant 1$$

或

$$\bar{p}(x)=\sum_{i=1}^{m}|\min\{0,c_i(x)\}|^{\alpha}=\sum_{i=1}^{m}\left[\frac{|c_i(x)|-c_i(x)}{2}\right]^{\alpha} \quad (\alpha\geqslant 1).$$

于是可得相应的惩罚函数为

$$P_2(x,\sigma)=f(x)+\sigma\bar{p}(x),$$

其中参数 σ 为充分大的正数. 这样可将不等式约束优化问题 (4.4.3) 转化为无约束优化问题

$$\min_{x\in\mathbb{R}^n} P_2(x,\sigma).$$

同理, 当 σ 值充分大时, 要使惩罚函数 $P_2(x,\sigma)$ 能取到极小值, $\bar{p}(x)$ 应该充分小. 从而, 通过求解无约束优化问题 $\min\limits_{x\in\mathbb{R}^n} P_2(x,\sigma)$ 可得到原不等式约束优化问题 (4.4.3) 的近似解.

情况 3 对于一般约束优化问题 (4.4.1), 即

$$\begin{aligned} \min \quad & f(x) \\ \text{s.t.} \quad & c_i(x)\geqslant 0,\ \forall i\in I=\{1,2,\cdots,p\}, \\ & c_i(x)=0,\ \forall i\in E=\{p+1,\cdots,m\}. \end{aligned}$$

结合等式约束和不等式约束优化问题的情况, 可构造惩罚函数具有如下形式:

$$\begin{aligned}P_3(x,\sigma) &= f(x)+\sigma\bar{p}(x)\\ &= f(x)+\sigma\left[\sum_{i\in E}|c_i(x)|^\beta+\sum_{i\in I}|\min\{0,c_i(x)\}|^\alpha\right],\end{aligned}$$

其中 $\alpha\geqslant 1,\ \beta\geqslant 1$. 通常可取 $\alpha=\beta=2$. 这样, 可将一般约束优化问题 (4.4.1) 转化为无约束优化问题

$$\min_{x\in\mathbb{R}^n} P_3(x,\sigma),$$

其中 σ 为充分大的正数. 惩罚项 $\sigma\bar{p}(x)$ 仍表示对落在可行域外的点 x 给予一种惩罚. 于是, 无约束优化问题 $\min\limits_{x\in\mathbb{R}^n} P_3(x,\sigma)$ 的最优解必然使所有不等式约束 $c_i(x)\ \ (i\in I)$ 大于或接近零, 而所有等式约束 $c_i(x)\ \ (i\in E)$ 都趋于零. 因此, 求解无约束优化问题 $\min\limits_{x\in\mathbb{R}^n} P_3(x,\sigma)$ 的最优解即可得到一般约束优化问题 (4.4.1) 的近似解.

例 4.4.1 用外罚函数法求解约束优化问题

$$\begin{aligned}\min\quad & f(x)=x_1^2+x_2^2\\ \text{s.t.}\quad & x_1+x_2-1=0,\\ & x_1\geqslant\frac{1}{2}.\end{aligned}$$

解 首先定义惩罚函数

$$\begin{aligned}P(x,\sigma) &= x_1^2+x_2^2+\sigma(x_1+x_2-1)^2+\sigma\left(\min\left\{0,x_1-\frac{1}{2}\right\}\right)^2\\ &= \begin{cases} x_1^2+x_2^2+\sigma(x_1+x_2-1)^2, & x_1\geqslant\dfrac{1}{2}\\ x_1^2+x_2^2+\sigma(x_1+x_2-1)^2+\sigma\left(x_1-\dfrac{1}{2}\right)^2, & x_1<\dfrac{1}{2}.\end{cases}\end{aligned}$$

采用解析方法求解无约束优化问题

$$\min_{x\in\mathbb{R}^n} P(x,\sigma).$$

由函数 $P(x,\sigma)$ 的表达式, 则

$$\frac{\partial P}{\partial x_1}=\begin{cases} 2x_1+2\sigma(x_1+x_2-1), & x_1>\dfrac{1}{2},\\ 2x_1+2\sigma(x_1+x_2-1)+2\sigma\left(x_1-\dfrac{1}{2}\right), & x_1<\dfrac{1}{2};\end{cases}$$

$$\frac{\partial P}{\partial x_2}=\begin{cases} 2x_2+2\sigma(x_1+x_2-1), & x_1>\dfrac{1}{2},\\ 2x_2+2\sigma(x_1+x_2-1), & x_1<\dfrac{1}{2}.\end{cases}$$

根据无约束优化问题的一阶必要条件, 令

$$\frac{\partial P}{\partial x_1}=0 \quad 且 \quad \frac{\partial P}{\partial x_2}=0,$$

得

$$x_1(\sigma)=\frac{\sigma(3+\sigma)}{2(1+3\sigma+\sigma^2)}, \quad x_2(\sigma)=\frac{\sigma(\sigma+2)}{2(1+3\sigma+\sigma^2)},$$

或

$$x_1=x_2=\frac{\sigma}{1+2\sigma}\,(但此组解不满足条件 x_1>\frac{1}{2}, 故舍去).$$

当参数 σ 趋于 ∞ 时, 可得到一系列无约束优化问题的最优解, 且得到最优解的点列向原约束优化问题的最优解无限逼近, 即当 $\sigma\to\infty$ 时, 有

$$x_1(\sigma)\to\frac{1}{2}, \quad x_2(\sigma)\to\frac{1}{2}.$$

于是, 可得原约束优化问题的最优解和最优值分别为

$$x(\sigma)\to x^*=\left(\frac{1}{2},\frac{1}{2}\right)^{\mathrm{T}} \quad 且 \quad P(x,\sigma)\to f(x^*)=\frac{1}{2}.$$

□

通过例 4.4.1 可以看出: 随着罚因子 σ 值的不断增大, $P(x,\sigma)$ 的极小点 $x(\sigma)$ 以高度非线性方向向原约束优化问题的最优解 x^* 无限逼近. 但是, 不管 σ 值取多大, 对应无约束优化问题的最优解 $x(\sigma)$ 往往都不满足原约束优化问题的约束条件, 即 $x(\sigma)$ 落在可行域 $\mathscr{F}$ 的外部, 由此称罚函数 $P(x,\sigma)$ 为**外罚函数**, 相应的优化方法称为**外罚函数法**, 简称外点法. 另外, 从例 4.4.1 也可以看出, 给定罚因子 σ 的一个值, 也就对应一个无约束优化问题 $\min\limits_{x\in\mathbb{R}^n}P(x,\sigma)$, 于是求解一个约束优化问题可等价转化为求解一系列的无约束优化问题, 故外罚函数法又称为**SUMT 外点法 (或序列无约束极小化技术外点法)**.

定理 4.4.1 对于给定的 $\sigma>0$, 设对应无约束优化问题 $\min\limits_{x\in\mathbb{R}^n}P(x,\sigma)$ 存在最优解 $x(\sigma)$, $\mathscr{F}$ 为原约束优化问题 (4.4.1) 的可行域.

(i) 若 $x(\sigma)\in\mathscr{F}$, 则 $x(\sigma)$ 必为原约束优化问题 (4.4.1) 的最优解;

(ii) 对任意的 $\bar{\sigma}>\sigma$, 设对应的无约束优化问题 $\min\limits_{x\in\mathbb{R}^n}P(x,\bar{\sigma})$ 存在最优解 $x(\bar{\sigma})$. 若 $x(\sigma)\in\mathscr{F}$, 则 $x(\bar{\sigma})$ 也为原约束优化问题 (4.4.1) 的最优解.

证明 (i) 根据惩罚函数 $P(x,\sigma)=f(x)+\sigma\bar{p}(x)$, 由 $\bar{p}(x)$ 的定义, 对任意的 $x\in\mathscr{F}$, 都有 $P(x,\sigma)=f(x)$. 所以, 一旦 $x(\sigma)\in\mathscr{F}$, 则对任意的 $x\in\mathscr{F}$ 都有

$$f(x(\sigma))=P(x(\sigma),\sigma)=\min_{x\in\mathbb{R}^n}P(x,\sigma)\leqslant P(x,\sigma)=f(x),$$

即 $x(\sigma)$ 为原约束优化问题 (4.4.1) 的最优解.

(ii) 对任意的 $\bar{\sigma} > \sigma$, 由 $x(\sigma)$ 是问题 $\min\limits_{x\in\mathbb{R}^n} P(x,\sigma)$ 的最优解, 则对任意的 $x \in \mathscr{F}$ 都有

$$P(x(\sigma),\sigma) \leqslant P(x,\sigma) \leqslant P(x,\bar{\sigma}),$$

即 $P(x(\sigma),\sigma)$ 为函数 $P(x,\bar{\sigma})$ 的一个下界. 由此可得无约束优化问题 $\min\limits_{x\in\mathbb{R}^n} P(x,\bar{\sigma})$ 存在最优解, 设为 $x(\bar{\sigma})$.

下证: $x(\bar{\sigma})$ 也为原约束优化问题 (4.4.1) 的最优解. 根据结论 (i), 只需证明 $x(\bar{\sigma}) \in \mathscr{F}$ 即可. 假设 $x(\bar{\sigma}) \notin \mathscr{F}$. 由 $\bar{p}(x)$ 的定义可知, $\bar{p}(x(\bar{\sigma})) > 0$. 又因为 $x(\sigma)$ 为问题 $\min\limits_{x\in\mathbb{R}^n} P(x,\sigma)$ 的最优解且 $\bar{\sigma} > \sigma$, 所以

$$\begin{aligned} f(x(\sigma)) = P(x(\sigma),\sigma) &\leqslant P(x(\bar{\sigma}),\sigma) \\ &= f(x(\bar{\sigma})) + \sigma\bar{p}(x(\bar{\sigma})) \\ &< f(x(\bar{\sigma})) + \bar{\sigma}\bar{p}(x(\bar{\sigma})) \\ &= P(x(\bar{\sigma}),\bar{\sigma}). \end{aligned} \tag{4.4.4}$$

另一方面, 由 $x(\bar{\sigma})$ 为问题 $\min\limits_{x\in\mathbb{R}^n} P(x,\bar{\sigma})$ 的最优解, 故

$$P(x(\bar{\sigma}),\bar{\sigma}) \leqslant P(x(\sigma),\bar{\sigma}) = f(x(\sigma)) + \bar{\sigma}\bar{p}(x(\sigma)) = f(x(\sigma)),$$

此式与 (4.4.4) 式相矛盾, 所以 $x(\bar{\sigma}) \in \mathscr{F}$, 从而可得 $x(\bar{\sigma})$ 为原约束优化问题 (4.4.1) 的最优解. □

下面给出外罚函数法的具体算法步骤.

算法 4.4.1(外罚函数法)　选取初始点 x^0, 初始罚因子 σ_1, 放大系数 $c > 1$ 以及允许误差 $\varepsilon > 0$, 置 $k = 1$.

步 1　以 x^{k-1} 为初始点, 求解无约束优化问题

$$\min_{x\in\mathbb{R}^n} P(x,\sigma_k) = f(x) + \sigma_k\bar{p}(x),$$

得最优解为 $x^k := x(\sigma_k)$, 其中 $\sigma_k\bar{p}(x)$ 为惩罚项.

步 2　若 $\sigma_k\bar{p}(x^k) < \varepsilon$, 则算法终止, 点 x^k 为原约束优化问题 (4.4.1) 的近似最优解; 否则, 置 $\sigma_{k+1} = c\sigma_k$ 以及 $k := k+1$, 转步 1.

为了讨论外罚函数算法的收敛性, 我们先给出下面的引理.

引理 4.4.1　设 $0 < \sigma_k < \sigma_{k+1}$, 且点列 $\{x^k\}$ 是由算法 4.4.1 产生的迭代点列, 即点 x^k 是与 σ_k 相对应无约束优化问题 $\min\limits_{x\in\mathbb{R}^n} P(x,\sigma_k)$ 的最优解, 则下列各式成立:

(i) $P(x^k,\sigma_k) \leqslant P(x^{k+1},\sigma_{k+1})$;

(ii) $\bar{p}(x^k) \geqslant \bar{p}(x^{k+1})$;

(iii) $f(x^k) \leqslant f(x^{k+1})$.

证明 (i) 由于 x^k 是无约束优化问题 $\min\limits_{x\in\mathbb{R}^n} P(x,\sigma_k)$ 的最优解, 因而

$$\begin{aligned}P(x^k,\sigma_k) &\leqslant P(x^{k+1},\sigma_k)\\ &= f(x^{k+1})+\sigma_k\bar{p}(x^{k+1})\\ &\leqslant f(x^{k+1})+\sigma_{k+1}\bar{p}(x^{k+1})\\ &= P(x^{k+1},\sigma_{k+1}).\end{aligned}$$

(ii) 因为 x^k 和 x^{k+1} 分别是取罚因子 σ_k 和 σ_{k+1} 所对应无约束优化问题的最优解, 所以

$$\begin{aligned}f(x^k)+\sigma_k\bar{p}(x^k) &\leqslant f(x^{k+1})+\sigma_k\bar{p}(x^{k+1}), \qquad (4.4.5)\\ f(x^{k+1})+\sigma_{k+1}\bar{p}(x^{k+1}) &\leqslant f(x^k)+\sigma_{k+1}\bar{p}(x^k).\end{aligned}$$

将上面两式相加, 整理可得

$$(\sigma_{k+1}-\sigma_k)(\bar{p}(x^{k+1})-\bar{p}(x^k))\leqslant 0.$$

由于 $\sigma_{k+1}-\sigma_k>0$, 因而有 $\bar{p}(x^{k+1})\leqslant\bar{p}(x^k)$.

(iii) 根据结论 (ii) 和 (4.4.5) 式以及 $\sigma_k>0$, 易证得 $f(x^k)\leqslant f(x^{k+1})$. 引理得证. □

注 由引理 4.4.1 可知, 若迭代不终止, 则数列 $\{f(x^k)\}$ 和 $\{P(x^k,\sigma_k)\}$ 都是单调递增数列, 而数列 $\{\bar{p}(x^k)\}$ 为单调递减数列.

下面给出外罚函数法的收敛性定理.

定理 4.4.2 对于一般约束优化问题 (4.4.1), 设 $f, c_i\ (i=1,\cdots,m)$ 为连续函数, 且约束优化问题 (4.4.1) 存在最优解. 对于罚因子数列 $\{\sigma_k\}$, 若 $\sigma_{k+1}\geqslant\sigma_k$, $\sigma_k\to\infty$, 且点 x^k 为无约束优化问题 $\min\limits_{x\in\mathbb{R}^n} P(x,\sigma_k)$ 的最优解, 则由算法 4.4.1 产生迭代点列 $\{x^k\}$ 的任意聚点 $\bar{x}$ 都是原约束优化问题 (4.4.1) 的最优解.

证明 不妨设 $x^k\to\bar{x}$, 且 x^* 为原约束优化问题(4.4.1)的最优解, 于是 $\bar{p}(x^*)=0$. 进而有

$$\begin{aligned}f(x^*) &= f(x^*)+\sigma_k\bar{p}(x^*)\\ &\geqslant f(x^k)+\sigma_k\bar{p}(x^k)=P(x^k,\sigma_k)\\ &\geqslant f(x^k).\end{aligned}\qquad (4.4.6)$$

再根据函数 f 的连续性, 对上式两边分别对 $k\to\infty$ 取极限, 可得

$$f(\bar{x})=\lim_{k\to\infty} f(x^k)\leqslant f(x^*). \qquad (4.4.7)$$

接下来, 若能证明 $\bar{x}$ 是原约束优化问题 (4.4.1) 的可行解, 即 $\bar{x} \in \mathscr{F}$. 由 x^* 是原约束优化问题 (4.4.1) 的最优解, 故

$$f(x^*) \leqslant f(\bar{x}).$$

结合此式和 (4.4.7) 式, 有

$$f(x^*) = f(\bar{x}),$$

所以 $\bar{x}$ 为原约束优化问题 (4.4.1) 的最优解.

下证: $\bar{x} \in \mathscr{F}$. 由引理 4.4.1 和 (4.4.6) 式可知, 数列 $\{P(x^k, \sigma_k)\}$ 存在极限, 设为 P°. 同理, 由引理 4.4.1 和 (4.4.6) 式可知, 数列 $\{f(x^k)\}$ 也存在极限, 令为 f°. 进而有

$$\lim_{k\to\infty} \sigma_k \bar{p}(x^k) = \lim_{k\to\infty} [P(x^k, \sigma_k) - f(x^k)] = P^\circ - f^\circ < \infty.$$

再由 $\sigma_k \to \infty$ 以及 $c_i \quad (i = 1, \cdots, m)$ 是连续函数, 故 $\bar{p}$ 连续, 且

$$\bar{p}(\bar{x}) = \bar{p}(\lim_{k\to\infty} x^k) = \lim_{k\to\infty} \bar{p}(x^k) = 0.$$

由此, 根据函数 $\bar{p}(x)$ 的性质, 可得 $\bar{x} \in \mathscr{F}$. 定理得证. □

注　通过定理 4.4.2 的证明, 我们也可以得到结论

$$\lim_{k\to\infty} \sigma_k \bar{p}(x^k) = 0.$$

事实上, 对 (4.4.6) 式两边对 k 取极限, 则有

$$f(x^*) \geqslant P^\circ = \lim_{k\to\infty} P(x^k, \sigma_k) \geqslant \lim_{k\to\infty} f(x^k) = f^\circ.$$

根据定理 4.4.2 的证明可知, $f(x^*) = f^\circ$, 进而有 $P^\circ = f^\circ$, 所以

$$\lim_{k\to\infty} \sigma_k \bar{p}(x^k) = P^\circ - f^\circ = 0.$$

这也说明了在外罚函数法中, 取 $\sigma_k \bar{p}(x^k) < \varepsilon$ 作为终止规则的原因. 与此同时, 我们也可得到

$$f(x^*) = \lim_{k\to\infty} P(x^k, \sigma_k).$$

由上式说明: 可通过解析方法, 再求 $P(x^k, \sigma_k)$ 的极限, 直接得到原约束优化问题 (4.4.1) 的最优值.

例 4.4.2　用外罚函数法求解下面的约束优化问题

$$\begin{aligned} \min \quad & f(x) = (x_1 - 2)^2 + (x_2 - 2x_1)^2 \\ \text{s.t.} \quad & x_1^2 - x_2 = 0. \end{aligned}$$

解 取初始点 $x^0=(2,1)^{\mathrm{T}}$, 初始罚因子 $\sigma_1=0.1$, 放大系数 $c=10$ 以及允许误差 $\varepsilon=0.05$. 由于此问题是等式约束, 故惩罚函数为

$$P(x,\sigma)=(x_1-2)^2+(x_2-2x_1)^2+\sigma(x_1^2-x_2)^2,$$

于是对于每个 σ_k, 对应的无约束优化问题为

$$\min_{x\in\mathbb{R}^n} P(x,\sigma_k)=(x_1-2)^2+(x_2-2x_1)^2+\sigma_k(x_1^2-x_2)^2.$$

对上述的优化问题, 经过 4 次迭代运算, 其具体的迭代过程见表 4-1.

表 4-1

k	σ_k	x_{k+1}^{T}	f_{k+1}	$\sigma_k\bar{p}(x_{k+1})$
1	0.1	$(1.4539,0.7608)$	0.0935	0.1831
2	1	$(1.1687,0.7407)$	0.5753	0.3908
3	10	$(0.9906,0.8425)$	0.5203	0.1926
4	100	$(0.9507,0.8875)$	1.9405	0.0267

发现 $\sigma_4\bar{p}(x^4)=0.0267<\varepsilon$, 即终止条件成立, 则停止迭代. 经验证 $x^4=(0.9507,0.8875)^{\mathrm{T}}$ 为原约束优化问题的近似 K-T 点. □

外罚函数法的不足之处主要体现在以下两点:

(i) 对于给定罚因子 σ 的值, 其对应无约束优化问题的最优解 $x(\sigma)$ 往往不满足可行性条件, 即说明得到原约束优化问题的近似最优解 $x(\sigma)$ 往往是不可行解, 这对某些实际问题是不能接受的;

(ii) 根据收敛性定理可知, σ_k 值取得越大, 得到的解 $x(\sigma_k)$ 越接近于原约束优化问题的最优解 x^*, 但是, σ_k 值越大, 造成惩罚函数 $P(x,\sigma_k)$ 的 Hesse 阵越趋向于病态矩阵, 增大求解困难程度.

4.4.2 内罚函数法

外罚函数法在每步迭代所得到的迭代点均在原约束优化问题可行域 $\mathscr{F}$ 的外部, 但在某些实际问题中并不想得到这样的解. 为了保证每次的迭代点总在可行域的内部, 于是, 本小节介绍另外一种方法, 即为内罚函数法. 内罚函数法是通过在约束区域的边界上设置一个障碍, 确保将所有的迭代点都限制在可行域的内部, 故内罚函数法又称为障碍函数法. 其主要思想是: 当迭代点在可行域的内部时, 惩罚函数中的惩罚项取得非常小的值, 不起到惩罚作用; 而当迭代点靠近可行域的边界时, 惩罚函数值陡然增大, 以示惩罚, 以至于当迭代点充分靠近可行域的边界时, 惩罚函数值趋于无穷大, 这样可以将问题的最优解“挡”在可行域的内部. 由于内罚函数法使所有的迭代点始终在可行域内部, 所以这种方法适用于只含有不等式约束

的优化问题

$$\begin{aligned} \min \quad & f(x) \\ \text{s.t.} \quad & c_i(x) \geqslant 0,\ \forall i \in I = \{1, 2, \cdots, m\}, \end{aligned} \tag{4.4.8}$$

其中, $f, c_i \quad (i \in \{1, \cdots, m\})$ 为连续函数, 并记该问题的可行域为

$$\mathscr{F} := \{x \in \mathbb{R}^n \mid c_i(x) \geqslant 0, \quad \forall i \in I\},$$

其内部为

$$\text{int}\mathscr{F} = \{x \in \mathbb{R}^n \mid c_i(x) > 0, \quad \forall i \in \{1, \cdots, m\}\}.$$

对于不等式约束优化问题 (4.4.8), 假设 $\text{int}\mathscr{F} \neq \varnothing$. 构造障碍函数

$$B(x, r) = f(x) + rb(x),$$

其中参数 r 为充分小的正数, 也称为罚因子, $rb(x)$ 仍称为惩罚项. 为了使迭代点保持在可行域的内部 $\text{int}\mathscr{F}$ 中, 函数 $b(x)$ 的选取往往具有下列性质:

(1) 函数 $b(\cdot)$ 关于变量 x 是连续函数;

(2) 对于 $x \in \text{int}\mathscr{F}$, 有 $b(x) \geqslant 0$;

(3) x 趋近于可行域 $\mathscr{F}$ 的边界时, $b(x) \to \infty$.

满足上述条件常用的函数 $b(x)$ 主要有以下两种

$$b(x) = \sum_{i=1}^{m} \frac{1}{c_i(x)} \quad \text{或} \quad b(x) = -\sum_{i=1}^{m} \ln c_i(x),$$

则对应的障碍函数分别称为倒数型障碍函数

$$B(x, r) = f(x) + r\sum_{i=1}^{m} \frac{1}{c_i(x)},$$

和对数型障碍函数

$$B(x, r) = f(x) - r\sum_{i=1}^{m} \ln c_i(x).$$

由障碍函数 $B(x, r)$ 的定义可知, r 值越小, 对应优化问题

$$\begin{aligned} \min \quad & B(x, r) = f(x) + rb(x), \\ \text{s.t.} \quad & x \in \text{int}\mathscr{F} \end{aligned} \tag{4.4.9}$$

的最优解越接近于原约束优化问题 (4.4.8) 的最优解. 但类似于外罚函数法的情况, 若 r 值越小, 则对优化问题 (4.4.9) 的求解带来的困难越大. 此处仍采用序列无约束

极小化技术 (SUMT 法) 取一个严格单调递减趋于 0 的罚因子数列 $\{r_k\}$. 对每个罚因子 r_k, 从可行域 $\mathscr{F}$ 的内部 int$\mathscr{F}$ 出发, 求解优化问题

$$\begin{aligned} \min \quad & B(x, r_k) = f(x) + r_k b(x) \\ \text{s.t.} \quad & x \in \text{int}\mathscr{F}. \end{aligned}$$

当 $r_k \to 0$ 时, 上述优化问题的最优解会一直逼近于原约束优化问题 (4.4.8) 的最优解 x^*. 由此, 内罚函数法又称为**SUMT 内点法 (或序列无约束极小化技术内点法)**.

注 (i) 从形式上看, 问题 (4.4.9) 仍然是一个约束优化问题, 但是在可行域 $\mathscr{F}$ 的边界上, 惩罚函数 $B(x, r)$ 值趋于无穷大, 因而, 只要从可行域 $\mathscr{F}$ 的一个内点开始迭代, 并适当控制一维搜索的步长, 就可以使迭代点不会越出可行域, 也就是说, 从计算的观点来看, 问题 (4.4.9) 可作为无约束优化问题 $\min B(x, r) = f(x) + rb(x)$ 处理.

(ii) 考虑到原约束优化问题 (4.4.8) 的最优值有可能在可行域 $\mathscr{F}$ 的边界上取得, 所以在极小化惩罚函数的过程中, 为了使惩罚函数 $B(x, r)$ 的极小值点能更好地接近可行域 $\mathscr{F}$ 的边界, 需要不断地减小罚因子 r 的值, 减小惩罚项 $rb(x)$ 的影响.

例 4.4.3 用内罚函数法求解约束优化问题

$$\begin{aligned} \min \quad & f(x) = \frac{1}{12}(x_1 + 1)^3 + x_2 \\ \text{s.t.} \quad & x_1 - 1 \geqslant 0, \\ & x_2 \geqslant 0. \end{aligned}$$

解 首先引入障碍函数

$$B(x, r_k) = \frac{1}{12}(x_1 + 1)^3 + x_2 + r_k \left(\frac{1}{x_1 - 1} + \frac{1}{x_2} \right).$$

采用解析方法求解下面的无约束优化问题

$$\min B(x, r_k). \tag{4.4.10}$$

根据惩罚函数 $B(x, r_k)$ 的表达式, 则

$$\begin{cases} \dfrac{\partial B}{\partial x_1} = \dfrac{1}{4}(x_1 + 1)^2 - \dfrac{r_k}{(x_1 - 1)^2}, \\ \dfrac{\partial B}{\partial x_2} = 1 - \dfrac{r_k}{x_2^2} \end{cases}$$

由最优解存在的一阶必要条件, 令

$$\frac{\partial B}{\partial x_1}=0 \quad 且 \quad \frac{\partial B}{\partial x_2}=0,$$

解得 $x^k=\left(\sqrt{1+2\sqrt{r_k}}, \sqrt{r_k}\right)^{\mathrm{T}}$.

当 $r_k \to 0$ 时, 得 $x^*=\lim\limits_{k\to\infty} x^k=(1,0)^{\mathrm{T}}$, 则点 x^* 是原约束优化问题的最优解. 从 $r_k \to 0$ 的过程来看, 无约束优化问题 (4.4.10) 最优解的点列 $\{x^k\}$ 从原约束优化问题可行域的内部

$$\mathrm{int}\mathscr{F}=\{x=(x_1,x_2)^{\mathrm{T}} \mid x_1-1>0, x_2>0\}$$

向可行域 $\mathscr{F}$ 边界上的最优解 $x^*=(1,0)^{\mathrm{T}}$ 无限逼近. □

下面给出内罚函数法具体的算法步骤.

算法 4.4.2(内罚函数法)　选取初始可行内点 $x^0 \in \mathrm{int}(\mathscr{F})$, 给定允许误差 $\varepsilon>0$, 初始参数罚因子 $r_1>0$, 以及缩小系数 $\beta \in (0,1)$, 置 $k=1$.

步 1　以 x^{k-1} 为初始点, 求解无约束优化问题

$$\min B(x,r_k)=f(x)+r_k b(x), \tag{4.4.11}$$

得最优解为 $x^k := x(r_k)$.

步 2　若 $r_k b(x^k)<\varepsilon$, 则算法终止, 点 x^k 即为原约束最优化问题 (4.4.8) 的近似最优解; 否则, 置 $r_{k+1}=\beta r_k$ 以及 $k:=k+1$, 转步 1.

接下来给出内罚函数法的收敛性定理.

定理 4.4.3　对于不等式约束优化问题 (4.4.8), 设其可行域 $\mathscr{F}$ 内部非空 (即 $\mathrm{int}\mathscr{F} \neq \varnothing$), 且存在最优解. 又设罚因子数列 $\{r_k\}$ 是严格单调递减趋于 0 的正数列, 且对每个 r_k, 对应的优化问题 (4.4.11) 存在最优解 x^k, 则由算法 4.4.2 产生迭代点列 $\{x^k\}$ 的任意聚点 $\bar{x}$ 都是原约束优化问题 (4.4.8) 的最优解.

证明　先证罚函数数列 $\{B(x^k,r_k)\}$ 是单调递减且有下界的数列. 设 x^* 为原不等式约束优化问题 (4.4.8) 的最优解, $x^k, x^{k+1} \in \mathscr{F}$ 分别是罚因子 r_k 和 r_{k+1} 对应无约束优化问题 (4.4.11) 的最优解且 $r_{k+1}<r_k$, 于是

$$\begin{aligned} B(x^{k+1},r_{k+1}) &\leqslant B(x^k,r_{k+1})=f(x^k)+r_{k+1}b(x^k) \\ &\leqslant f(x^k)+r_k b(x^k) \\ &=B(x^k,r_k), \end{aligned}$$

且

$$B(x^k,r_k)=f(x^k)+r_k b(x^k) \geqslant f(x^k) \geqslant f(x^*). \tag{4.4.12}$$

这表明数列 $\{B(x^k, r_k)\}$ 是单调递减且有下界的数列. 因此, 数列 $\{B(x^k, r_k)\}$ 存在极限, 记为 $\bar{B}$. 另外, 由 (4.4.12) 式可知 $\bar{B} \geqslant f(x^*)$.

接下来, 假如我们能证得 $\bar{B} = f(x^*)$, 则由 (4.4.12) 式可知

$$f(x^*) = \bar{B} = \lim_{k\to\infty} B(x^k, r_k) \geqslant \lim_{k\to\infty} f(x^k) \geqslant f(x^*).$$

结合函数 f 的连续性以及 $\bar{x}$ 为点列 $\{x^k\}$ 的聚点, 不失一般性, 不妨设 $\lim\limits_{k\to\infty} x^k = \bar{x}$, 于是有

$$f(\bar{x}) = \lim_{k\to\infty} f(x^k) = f(x^*),$$

即 $\bar{x}$ 为原约束优化问题 (4.4.8) 的最优解.

最后, 我们采用反证法证明 $\bar{B} = f(x^*)$. 假设 $\bar{B} > f(x^*)$, 则必存在 $\varepsilon > 0$ 使得

$$\bar{B} > f(x^*) + 2\varepsilon.$$

由函数 f 的连续性可知, 必存在可行点 $\hat{x} \in \mathscr{F}$ 使得

$$f(\hat{x}) < f(x^*) + \varepsilon.$$

进而

$$B(x^k, r_k) \leqslant B(\hat{x}, r_k) = f(\hat{x}) + r_k b(\hat{x}) < f(x^*) + \varepsilon + r_k b(\hat{x}).$$

由于当 $k \to \infty$ 时, $r_k \to 0$, 则 $r_k b(\hat{x}) < \varepsilon$, 所以

$$\lim_{k\to\infty} B(x^k, r_k) \leqslant f(x^*) + 2\varepsilon,$$

即 $\bar{B} \leqslant f(x^*) + 2\varepsilon$. 此式与假设 $\bar{B} > f(x^*)$ 相矛盾, 因此 $\bar{B} = f(x^*)$. 定理得证. □

在本小节中, 我们曾指出, 内罚函数法仅限于求解不等式约束优化问题, 且初始点的选取必须在可行域的内部. 而外罚函数法可适用于求解一般约束优化问题, 初始点可以是可行域外部的点, 但是得到的近似最优解往往是不可行的. 鉴于上述情况, 对于求解一般约束优化问题, 可以把外罚函数法和内罚函数法联合起来, 形成所谓的**混合罚函数法**, 其适用范围更为广泛. 混合罚函数法的基本思想为: 对于得到的近似最优解 $x^{k-1} \in \mathbb{R}^n (k \in \{1, 2, \cdots\})$, 在点 x^{k-1} 处, 对满足严格不等式成立的那些不等式约束, 采用内罚函数法构造惩罚函数 $B(x, r)$; 对剩余的不等式约束和等式约束, 我们采用外罚函数法构造惩罚函数 $P(x, \sigma)$, 其中罚因子 σ 和 r 也可以用同一个参数表示, 不妨用 r_k 表示, 即混合罚函数为

$$F(x, r_k) = f(x) + \frac{1}{r_k}\bar{p}(x) + r_k b(x),$$

其中

$$\bar{p}(x)=\sum_{i\in I_1}(\min\{0,c_i(x)\})^2+\sum_{i=p+1}^{m}c_i^2(x)\quad 且\quad b(x)=-\sum_{i\in I_2}\ln c_i(x),$$

$$I_1=\{i\mid c_i(x^{k-1})\leqslant 0, i\in I\},$$
$$I_2=\{i\mid c_i(x^{k-1})>0,\quad i\in I\},\quad I=I_1\cup I_2=\{1,2,\cdots,p\}.$$

而且, 罚因子数列 $\{r_k\}$ 单调递减且 $\lim\limits_{k\to\infty}r_k=0$, 其迭代步骤与内罚函数法相同.

上面介绍的两种方法, 外罚函数法与内罚函数法均采用序列无约束极小化技术, 它们的共同优点是:

(1) 方法简单, 易编制程序, 使用方便;

(2) 对目标函数和约束函数的要求不高, 能够求解导数不存在的问题, 适用范围广.

因此, 这类算法受到工程技术人员的欢迎, 但是上述罚函数法也存在一些固有的缺陷:

(1) 为求解一个约束优化问题, 需要求解一系列的无约束优化问题, 工作量必然增大.

(2) 在迭代过程中, 当 $\sigma\to\infty$(或 $r\to 0$) 时, 惩罚函数 Hesse 阵的条件数会速然增大, Hesse 阵的性态也就变得越来越病态, 这给无约束优化问题的求解带来很大的困难.

为了克服上述的缺点, Hestenes 和 Powell 于 1969 年分别提出了乘子法.

4.4.3　乘子法

如 4.4.2 小节所述, 罚函数法的主要缺点之一是: 当罚因子 $\sigma\to\infty$(或 $r\to 0$) 时, 对应惩罚函数的 Hesse 矩阵越来越病态, 使无约束最优化方法的计算难以进行下去. 这也就是说罚函数的病态性质是由罚因子 $\sigma\to\infty$ (或 $r\to 0$) 引起的. 下面以外罚函数法为例, 分析一下罚因子 σ 要无限增大的原因.

对于等式约束优化问题

$$\begin{aligned}&\min\quad f(x)\\&\text{s.t.}\quad c_i(x)=0,\ \forall i\in E=\{1,2,\cdots,p\},\end{aligned}$$

假设 x^* 为该等式约束优化问题的最优解, 则 $c_i(x^*)=0\ (\forall i\in E)$. 引入惩罚函数

$$P(x,\sigma)=f(x)+\sigma\sum_{i=1}^{p}c_i^2(x),$$

则惩罚函数 $P(x,\sigma)$ 在点 x^* 处的梯度为

$$\nabla P(x^*,\sigma)=\nabla f(x^*)+2\sigma\sum_{i=1}^{p}c_i(x^*)\nabla c_i(x^*)=\nabla f(x^*).$$

而对应于等式约束优化问题的 Lagrange 函数

$$L(x,\lambda)=f(x)-\sum_{i=1}^{p}\lambda_i c_i(x),$$

根据无约束优化问题的最优性条件, 则存在相应的 Lagrange 乘子向量 $\lambda^*=(\lambda_1^*,\cdots,\lambda_p^*)^{\mathrm{T}}$ 使得

$$\nabla_x L(x^*,\lambda^*)=\nabla f(x^*)-\sum_{i=1}^{p}\lambda_i^*\nabla c_i(x^*)=0,$$

即 $\nabla f(x^*)=\sum_{i=1}^{p}\lambda_i^*\nabla c_i(x^*)$. 因而一般来说 $\nabla f(x^*)\neq 0$, 即 $\nabla P(x^*,\sigma)\neq 0$. 这说明 x^* 不可能是无约束优化问题 $\min P(x,\sigma)$ 的稳定点. 所以, 对于一个有限数值 σ, 不能期望仅仅求解一个无约束优化问题 $\min P(x,\sigma)$ 获得原约束优化问题的最优解 x^*, 只能期望

$$\lim_{\sigma\to\infty}\nabla P(x^*,\sigma)=0.$$

通过上述的讨论, 根据 Lagrange 函数和罚函数的特点, 把这两类函数结合起来, 构造出新的目标函数, 使得在罚因子 σ 取值为适当大的情况下, 借助于 Lagrange 乘子能逐步达到原约束优化问题的最优解, 这也就是乘子法的基本思想.

1. 等式约束优化问题的乘子法

对于等式约束优化问题 (4.4.2), 即

$$\begin{array}{ll}\min & f(x)\\ \text{s.t.} & c_i(x)=0,\ \forall i\in E=\{1,2,\cdots,p\}.\end{array}\tag{4.4.13}$$

设 $\lambda=(\lambda_1,\cdots,\lambda_p)^{\mathrm{T}}\in\mathbb{R}^p$ 为相应的 Lagrange 乘子向量, 则对应问题 (4.4.13) 的 Lagrange 函数为

$$L(x,\lambda)=f(x)-\sum_{i=1}^{p}\lambda_i c_i(x)=f(x)-\lambda^{\mathrm{T}}c(x),$$

其中 $c(x)=(c_1(x),\cdots,c_p(x))^{\mathrm{T}}$. 对 Lagrange 函数引入惩罚项, 可得新的目标函数

$$\begin{aligned}M(x,\lambda,\sigma)&=f(x)-\sum_{i=1}^{p}\lambda_i c_i(x)+\frac{\sigma}{2}\sum_{i=1}^{p}c_i^2(x)\\&=L(x,\lambda)+\frac{\sigma}{2}c(x)^{\mathrm{T}}c(x),\end{aligned}$$

称函数 $M(\cdot,\cdot,\cdot)$ 为问题 (4.4.13) 的增广 Lagrange 函数.

对于等式约束优化问题 (4.4.13), 设 x^* 是该问题的最优解. 由最优性条件可知: 存在乘子向量 λ^*, 使得点对 (x^*,λ^*) 为 Lagrange 函数的稳定点, 即

$$\nabla_x L(x^*,\lambda^*)=0.$$

而附加的惩罚项 $\frac{\sigma}{2}c(x)^{\mathrm{T}}c(x)$ 在点 x^* 处的梯度为 0, 由此

$$\nabla_x M(x^*,\lambda^*,\sigma^*)=\nabla_x L(x^*,\lambda^*)+\sigma\sum_{i=1}^{p}c_i(x)\nabla c_i(x^*)=0,$$

这说明 x^* 是增广 Lagrange 函数 $M(x,\lambda^*,\sigma)$ 的稳定点. 另外, 也可证得: 当 σ 取适当大的数值时, x^* 将是函数 $M(x,\lambda^*,\sigma)$ 的极小值点. 因而, 对问题 (4.4.13) 的求解可等价转化为对某个 λ^* 值, 求解增广 Lagrange 函数 $M(x,\lambda^*,\sigma)$ 的极小值点.

引理 4.4.2　设矩阵 $A\in\mathbb{R}^{n\times n}$, $B\in\mathbb{R}^{n\times m}$, 则下列命题等价:

(i) 对于满足 $B^{\mathrm{T}}x=0$ 的任意向量 $x\neq 0$, 都有 $x^{\mathrm{T}}Ax>0$;

(ii) 存在 $\delta^*>0$, 使得对任意的 $\delta\geqslant\delta^*$ 和任意的 $0\neq x\in\mathbb{R}^n$, 都有

$$x^{\mathrm{T}}(A+\delta BB^{\mathrm{T}})x>0. \tag{4.4.14}$$

证明　(ii) $\Rightarrow$ (i) 假设结论 (ii) 成立, 由 $B^{\mathrm{T}}x=0$, 则 $x^{\mathrm{T}}BB^{\mathrm{T}}x=0$, 从而由 (4.4.14) 式可知 $x^{\mathrm{T}}Ax>0$.

(i) $\Rightarrow$ (ii) 用反证法. 假设结论 (i) 成立, 而结论 (ii) 不成立, 即存在数列 $\{\delta_k\}$ 且 $\delta_k\to\infty$, 以及存在满足 $\|x^k\|=1$ 的点列 $\{x^k\}$, 使得

$$(x^k)^{\mathrm{T}}(A+\delta_k BB^{\mathrm{T}})x^k\leqslant 0.$$

由点列 $\{x^k\}$ 为有界序列, 故存在收敛子列. 不失一般性, 不妨设序列 $\{x^k\}$ 本身收敛, 且令 $x^k\to\bar{x}$, 于是有 $\|\bar{x}\|=1$. 注意到

$$0\geqslant(x^k)^{\mathrm{T}}Ax^k+\delta_k(x^k)^{\mathrm{T}}BB^{\mathrm{T}}x^k=(x^k)^{\mathrm{T}}Ax^k+\delta_k\|B^{\mathrm{T}}x^k\|^2\geqslant(x^k)^{\mathrm{T}}Ax^k,$$

且

$$0\geqslant\frac{1}{\delta_k}(x^k)^{\mathrm{T}}Ax^k+(x^k)^{\mathrm{T}}BB^{\mathrm{T}}x^k.$$

对上述两个式子的两边分别对 k 取极限, 即 $k\to\infty$, 分别可得

$$\bar{x}^{\mathrm{T}}A\bar{x}\leqslant 0\quad 且\quad \|\bar{x}\|=1,$$

和

$$\bar{x}^{\mathrm{T}}BB^{\mathrm{T}}\bar{x}=\|B^{\mathrm{T}}\bar{x}\|^2\leqslant 0.$$

进而有 $B^{\mathrm{T}}\bar{x}=0$. 这与结论 (i) 相矛盾. 引理得证. □

定理 4.4.4 对于等式约束优化问题 (4.4.13), 设 $x^* \in \mathbb{R}^n$ 和 $\lambda^* \in \mathbb{R}^p$ 满足约束优化问题的二阶充分条件, 则存在一个数 σ^*, 使得对所有的 $\sigma \geqslant \sigma^*$, x^* 都是无约束优化问题

$$\min_{x\in\mathbb{R}^n} M(x, \lambda^*, \sigma) \tag{4.4.15}$$

的严格局部最优解;

反之, 若 $c(\bar{x})=0$, 并且对某个向量 $\bar{\lambda}$, $\bar{x}$ 是对应无约束优化问题 $\min\limits_{x\in\mathbb{R}^n} M(x, \bar{\lambda}, \sigma)$ 的局部最优解, 则 $\bar{x}$ 是原约束优化问题 (4.4.13) 的局部最优解.

证明 为证 x^* 是无约束优化问题 (4.4.15) 的严格局部最优解, 根据约束优化问题的二阶充分条件, 则只需证明: 对任意的 $\sigma \geqslant \sigma^*$, x^* 满足下列条件即可

$$\nabla_x M(x^*, \lambda^*, \sigma) = 0,$$

且对满足 $\nabla c(x)^{\mathrm{T}} z = 0$ 的非零向量 $z \neq 0$, 都有

$$z^{\mathrm{T}} \nabla_{xx}^2 M(x^*, \lambda^*, \sigma) z > 0,$$

其中 $\nabla c(x)^{\mathrm{T}} = (\nabla c_1(x), \nabla c_2(x), \cdots, \nabla c_p(x))^{\mathrm{T}}$. 由 $M(x, \lambda, \sigma)$ 的定义, 则

$$\nabla_x M(x, \lambda, \sigma) = \nabla_x L(x, \lambda) + \sigma \nabla c(x) c(x).$$

所以,

$$\begin{aligned}
\nabla_x M(x^*, \lambda^*, \sigma) &= \nabla_x L(x^*, \lambda^*) + \sigma \nabla c(x^*) c(x^*) \\
&= \nabla_x L(x^*, \lambda^*) \\
&= 0.
\end{aligned}$$

再由 $\nabla_x M(x, \lambda, \sigma)$ 的表达式, 则

$$\nabla_{xx}^2 M(x, \lambda, \sigma) = \nabla_{xx}^2 L(x, \lambda) + \sigma \nabla^2 c(x) c(x) + \sigma \nabla c(x) \nabla c(x)^{\mathrm{T}}.$$

进而有

$$\nabla_{xx}^2 M(x^*, \lambda^*, \sigma) = \nabla_{xx}^2 L(x^*, \lambda^*) + \sigma \nabla c(x^*) \nabla c(x^*)^{\mathrm{T}}.$$

根据二阶充分条件, 对任意满足 $\nabla c(x)^{\mathrm{T}} z = 0$ 的非零向量 z, 都有

$$z^{\mathrm{T}} \nabla_{xx}^2 L(x^*, \lambda^*) z > 0,$$

结合引理 4.4.2, 于是存在 $\sigma^* > 0$, 使得当 $\sigma \geqslant \sigma^*$ 且 $z \neq 0$ 时, 都有

$$z^{\mathrm{T}} \nabla_{xx}^2 M(x^*, \lambda^*, \sigma) z > 0.$$

再由二阶充分条件, 所以点 x^* 是无约束优化问题 (4.4.15) 的严格局部最优解.

反之, 由于 $\bar{x}$ 是无约束优化问题 (4.4.15) 的局部最优解且 $c(\bar{x})=0$, 因而对任意的 $\hat{x}\in\mathscr{F}\cap B(\bar{x})$($\mathscr{F}$ 为问题 (4.4.13) 的可行域, $B(\bar{x})$ 是 $\bar{x}$ 的某邻域), 都有

$$M(\bar{x},\bar{\lambda},\sigma)\leqslant M(\hat{x},\bar{\lambda},\sigma).$$

由 $c(\bar{x})=c(\hat{x})=0$, 故 $M(\bar{x},\bar{\lambda},\sigma)=f(\bar{x})$ 且 $M(\hat{x},\bar{\lambda},\sigma)=f(\hat{x})$. 所以 $f(\bar{x})\leqslant f(\hat{x})$, 即 $\bar{x}$ 为原约束优化问题 (4.4.13) 的局部最优解. □

例 4.4.4 考虑约束优化问题

$$\begin{aligned}\min\quad & f(x)=x_1^2-3x_2-x_2^2\\ \text{s.t.}\quad & x_2=0.\end{aligned}$$

解 易知该问题的最优解为 $x^*=(0,0)^{\mathrm{T}}$, 且相应的 Lagrange 乘子为 $\lambda^*=-3$. 此外, 该问题的增广 Lagrange 函数为

$$\begin{aligned}M(x,\lambda,\sigma)&=x_1^2-3x_2-x_2^2-\lambda x_2+\frac{\sigma}{2}x_2^2\\ &=x_1^2-(\lambda+3)x_2+\frac{\sigma-2}{2}x_2^2.\end{aligned}$$

若取 $\lambda=\lambda^*=-3$, 当 $\sigma\geqslant\sigma^*=2$ 时, 原约束优化问题的最优解 $x^*=(0,0)^{\mathrm{T}}$ 是函数 $M(x,\lambda^*,\sigma)$ 的极小值点. 反之, 对于无约束优化问题

$$\min_{x\in\mathbb{R}^2}M(x,\lambda,\sigma)=x_1^2-(\lambda+3)x_2+\frac{\sigma-2}{2}x_2^2,$$

因为

$$\begin{aligned}\frac{\partial M}{\partial x_1}&=2x_1;\\ \frac{\partial M}{\partial x_2}&=(\sigma-2)x_2-(\lambda+3).\end{aligned}$$

令 $\dfrac{\partial M}{\partial x_1}=0$ 且 $\dfrac{\partial M}{\partial x_2}=0$, 解得 $\bar{x}=\left(0,\dfrac{\lambda+3}{\sigma-2}\right)^{\mathrm{T}}$. 如果取 $\bar{\lambda}=-3$, $\sigma\geqslant 2$, 可知 $c(\bar{x})=\bar{x}_2=0$ 且 $\bar{x}=(0,0)^{\mathrm{T}}$ 是问题

$$\min_{x\in\mathbb{R}^2}M(x,\bar{\lambda},\sigma)\quad(\sigma\geqslant 2)$$

的局部最优解, 由定理 4.4.4, 则 $\bar{x}=(0,0)^{\mathrm{T}}$ 为原约束优化问题的最优解. □

注 通过上面定理 4.4.4 和例 4.4.4 可以看出：对于等式约束优化问题, 乘子法并不需要罚因子 σ 的值趋于无穷大, 只要求选取罚因子 σ 的值为适当大的一个

正数, 即可保证无约束优化问题 $\min\limits_{x\in\mathbb{R}^n} M(x,\lambda^*,\sigma)$ 的最优解为原约束优化问题的最优解. 但是, 乘子向量 λ^* 事先未知, 如何确定乘子向量 λ^*? 接下来将讨论此问题.

在例 4.4.4 中, 发现乘子向量 λ^* 的取值正好是 Lagrange 函数在最优解处所对应的 Lagrange 乘子向量. 事实上, 对于更一般约束优化问题也是如此. 但是, 在实际问题中, 我们需要通过迭代法来求解 Lagrange 乘子向量 λ^*, 即求得迭代点列 $\{\lambda^k\}$ 满足 $\lambda^k\to\lambda^*$. 下面讨论 λ^* 的求法.

对于已知的点列 $\{\lambda^k\}$, 求解对应无约束优化问题

$$\min M(x,\lambda^k,\sigma),$$

设其最优解为 x^k, 则由一阶最优性条件可知,

$$\nabla_x M(x^k,\lambda^k,\sigma)=\nabla f(x^k)-\nabla c(x^k)(\lambda^k-\sigma c(x^k))=0. \tag{4.4.16}$$

由于我们希望 $x^k\to x^*$, $\lambda^k\to\lambda^*$, 且在 (x^*,λ^*) 处, 有

$$\nabla f(x^*)-\nabla c(x^*)\lambda^*=0. \tag{4.4.17}$$

结合 (4.4.16) 和 (4.4.17) 式, 因而, 可采用下列迭代公式来修正乘子向量 λ^k, 得 λ^{k+1}, 即

$$\lambda^{k+1}=\lambda^k-\sigma c(x^k) \tag{4.4.18}$$

或

$$\lambda_i^{k+1}=\lambda_i^k-\sigma c_i(x^k),\quad \forall i\in E=\{1,\cdots,p\}.$$

再由 (4.4.18) 式可知, 若序列 $\{\lambda^k\}$ 收敛, 则

$$c(x^k)\to 0.$$

因而, 当 $x^k\to x^*$ 时, 则有 $c(x^*)=0$, 即 x^* 为原约束优化问题的可行解. 在 (4.4.16) 中, 令 $k\to\infty$, 且 (4.4.17) 成立, 即 x^* 为原约束优化问题的 K-T 点.

注 通过上面推导可知, 若 x^k 是问题 $\min\limits_{x\in\mathbb{R}^n} M(x,\lambda^k,\sigma)$ 的最优解, 且(4.4.16) 和 (4.4.17) 式成立, 则有 $c(x^k)=0$. 反之, 如果最优解 x^k 满足 $c(x^k)=0$, 也可证得: x^k 满足 (4.4.16) 和 (4.4.17) 式. 由此可根据约束函数 c 在迭代点 x^k 处的信息, 作为乘子法的终止规则, 即当 $\|c(x^k)\|\leqslant\varepsilon$ 时, 算法停止迭代. 同时, 在迭代过程中, 如果乘子序列 $\{\lambda^k\}$ 不收敛或者收敛太慢, 则可增大参数 σ 的值, 再进行迭代. 收敛速度的快慢一般用 $\|c(x^k)\|/\|c(x^{k-1})\|$ 来度量.

综上所述, 下面给出求解等式约束优化问题乘子法的迭代算法, 由于该算法最初是由 Powell 和 Hestenes 分别提出的, 故又称为 PH 算法.

算法 4.4.3(等式约束优化问题的乘子法)　选取初始数据. 给定初始点 x^0, 初始乘子向量 λ^1, 初始罚因子 $\sigma_1 > 0$ 以及放大系数 $c > 1$, 允许误差 $\varepsilon > 0$ 和常数 $\theta \in (0,1)$, 置 $k = 1$.

步 1　以 x^{k-1} 为初始点, 求解无约束优化问题

$$\min M(x, \lambda^k, \sigma_k) = f(x) - (\lambda^k)^{\mathrm{T}} c(x) + \frac{\sigma_k}{2} c(x)^{\mathrm{T}} c(x),$$

得最优解为 x^k.

步 2　若 $\|c(x^k)\| < \varepsilon$, 则算法终止, 点 x^k 为所求优化问题的近似最优解; 否则, 转步 3.

步 3　判断收敛速度快慢. 若 $\dfrac{\|c(x^k)\|}{\|c(x^{k-1})\|} < \theta$, 转步 4; 否则, 置 $\sigma_k := c\sigma_k$, 转步 4.

步 4　置

$$\lambda^{k+1} = \lambda^k - \sigma_k c(x^k)$$

及 $k := k+1$, 转步 1.

例 4.4.5　用乘子法求解等式约束优化问题

$$\begin{aligned} \min \quad & f(x) = \frac{1}{2}x_1^2 + \frac{1}{6}x_2^2 \\ \text{s.t.} \quad & x_1 + x_2 = 1. \end{aligned}$$

解　构造增广 Lagrange 函数为

$$M(x_1, x_2, \lambda^k, \sigma_k) = \frac{1}{2}x_1^2 + \frac{1}{6}x_2^2 - \lambda^k(x_1 + x_2 - 1) + \frac{\sigma_k}{2}(x_1 + x_2 - 1)^2,$$

则

$$\begin{aligned} \frac{\partial M}{\partial x_1} &= x_1 - \lambda^k + \sigma_k(x_1 + x_2 - 1); \\ \frac{\partial M}{\partial x_2} &= \frac{1}{3}x_2 - \lambda^k + \sigma_k(x_1 + x_2 - 1). \end{aligned}$$

令 $\dfrac{\partial M}{\partial x_1} = 0$ 且 $\dfrac{\partial M}{\partial x_2} = 0$, 用解析方法求解无约束优化问题

$$\min_{x \in \mathbb{R}^2} M(x, \lambda^k, \sigma_k),$$

得最优解为

$$x^k = (x_1^k, x_2^k)^{\mathrm{T}} = \left(\frac{\sigma_k + \lambda^k}{1 + 4\sigma_k}, \frac{3(\sigma_k + \lambda^k)}{1 + 4\sigma_k} \right)^{\mathrm{T}}, \quad \forall k \in \{1, 2, \cdots\}.$$

把 x_1, x_2 的值代入乘子迭代公式 (4.4.18) 中, 得

$$\lambda^{k+1} = \lambda^k - \sigma_k(x_1^k + x_2^k - 1),$$

即

$$\lambda^{k+1} = \frac{1}{1+4\sigma_k}\lambda^k + \frac{\sigma_k}{1+4\sigma_k}.$$

显然, 当 $\sigma_k > 0$ 时, 数列 $\{\lambda^k\}$ 都收敛, 且 σ_k 值越大收敛速度越快. 若令 σ_k 趋向于一个适当大的正数, $\lambda^k \to \lambda^*$, 两边取极限, 得 $\lambda^* = \dfrac{1}{4}$. 将 $\lambda^* = \dfrac{1}{4}$ 分别代入 x_1^k 和 x_2^k 的表达式中, 并令 σ_k 趋向于一个适当大的正数取极限, 于是可得原问题的最优解为

$$x^* = (x_1^*, x_2^*)^{\mathrm{T}} = \left(\frac{1}{4}, \frac{3}{4}\right)^{\mathrm{T}}.$$

考虑到数值计算, 可取 $\sigma_1 = 0.1$ 且令 $\sigma_k := 2\sigma_k (k \in \{1, 2, \cdots\})$, 依次对 $k \in \{1, 2, \cdots\}$, 求解可得到相应的罚因子 σ_k, Lagrange 乘子 λ^k 以及迭代点 x^k 的数值结果, 见表 4-2.

表 4-2

k	σ_k	λ^k	x^k
1	0.1	0	$(0.0714, 0.2142)^{\mathrm{T}}$
2	0.2	0.0714	$(0.1507, 0.4523)^{\mathrm{T}}$
3	0.4	0.1507	$(0.2118, 0.6355)^{\mathrm{T}}$
4	0.8	0.2118	$(0.2409, 0.7227)^{\mathrm{T}}$
5	1.6	0.2409	$(0.2487, 0.7463)^{\mathrm{T}}$
6	3.2	0.2487	$(0.2499, 0.7497)^{\mathrm{T}}$
7	6.4	0.2499	$(0.2499, 0.7499)^{\mathrm{T}}$

□

注 对于上例 4.4.5, 若用外罚函数法求解此问题, 需要迭代 16 步才可以获得问题的近似最优解 $\bar{x} = (0.2499, 0.7499)^{\mathrm{T}}$, 而且罚因子 σ_k 需要增大到 1638.4 才能得到这一精度的近似解. 然而, 用乘子法求解此问题, 通过上表可以看出, 只需 7 步迭代就可达到同样精度的近似解, 而且乘子法中的罚因子仅需增大到 6.4 即可. 这个例子说明了乘子法比外罚函数法收敛速度快得多, 同时也避免了惩罚因子过大而带来的数值计算上的困难, 这就体现了乘子法的优势所在.

2. 不等式约束优化问题的乘子法

考虑不等式约束优化问题 (4.4.3), 即

$$\begin{aligned} &\min \quad f(x) \\ &\text{s.t.} \quad c_i(x) \geqslant 0,\ \forall i \in I = \{1, 2, \cdots, m\}, \end{aligned} \tag{4.4.19}$$

为了利用等式约束优化问题所得到的结论, 需引进辅助变量 z_i ($i \in \{1, \cdots, m\}$), 使得上述不等式约束优化问题可等价转化为等式约束优化问题

$$\begin{array}{ll} \min & f(x) \\ \text{s.t.} & c_i(x) - z_i^2 = 0, \ \forall i \in \{1, 2, \cdots, m\}. \end{array} \tag{4.4.20}$$

此时, 问题 (4.4.20) 所对应的增广 Lagrange 函数为

$$\hat{M}(x, z, \lambda, \sigma) = f(x) - \sum_{i=1}^{m} \lambda_i \left(c_i(x) - z_i^2\right) + \frac{\sigma}{2} \sum_{i=1}^{m} \left(c_i(x) - z_i^2\right)^2, \tag{4.4.21}$$

从而把问题 (4.4.19) 转化为无约束优化问题

$$\min_{x \in \mathbb{R}^n, z \in \mathbb{R}^m} \hat{M}(x, z, \lambda, \sigma). \tag{4.4.22}$$

为了把上述无约束优化问题 (4.4.22) 化为只含有变量 x 求极小的问题, 先考虑函数 $\hat{M}$ 关于变量 z 的极小化问题

$$\min_{z \in \mathbb{R}^m} \hat{M}(x, z, \lambda, \sigma).$$

由此, 先求解出 z^*, 再代入优化问题 (4.4.22) 中, 可得只含有变量 x 的无约束优化问题.

为求出 z^*, 根据无约束优化问题的一阶必要条件, 令 $\nabla_z \hat{M}(x, z, \lambda, \sigma) = 0$, 整理得

$$z_i \left(\lambda_i - \sigma(c_i(x) - z_i^2)\right) = 0, \quad \forall i \in \{1, 2, \cdots, m\}.$$

(i) 当 $\sigma c_i(x) - \lambda_i \geqslant 0$ 时, 则 $z_i^2 = \dfrac{1}{\sigma}(\sigma c_i(x) - \lambda_i)$ 或 $z_i = 0$;

(ii) 当 $\sigma c_i(x) - \lambda_i < 0$ 时, 则 $z_i = 0$, 从而有 $z_i^2 = 0$.

综合上述 (i) 和 (ii) 的分析, 于是有

$$z_i^2 = \frac{1}{\sigma} \max\{0, \sigma c_i(x) - \lambda_i\}, \quad \forall i \in \{1, 2, \cdots, m\}. \tag{4.4.23}$$

将 (4.4.23) 式代入 (4.4.21) 式中, 可得原不等式约束优化问题 (4.4.19) 的增广 Lagrange 函数为

$$\hat{M}(x, \lambda, \sigma) = f(x) + \frac{1}{2\sigma} \sum_{i=1}^{m} \left\{[\max\{0, \lambda_i - \sigma c_i(x)\}]^2 - \lambda_i^2\right\}.$$

根据等式约束优化问题乘子法的乘子校正迭代公式, 可以推出不等式约束优化问题乘子法的乘子校正迭代公式为

$$\begin{aligned} \lambda_i^{k+1} &= \lambda_i^k - \sigma[c_i(x^k) - z_i^2] \\ &= \lambda_i^k - \sigma c_i(x^k) + \max\{0, \sigma c_i(x^k) - \lambda_i^k\} \\ &= \max\{0, \lambda_i^k - \sigma c_i(x^k)\}, \quad \forall i \in \{1, 2, \cdots, m\}. \end{aligned}$$

从而, 求解原不等式约束优化问题 (4.4.19) 可转化为求解一系列无约束优化问题

$$\min_{x\in\mathbb{R}^n} M(x,\lambda^k,\sigma_k).$$

此外, 终止规则为

$$\left(\sum_{i=1}^{m}\left[c_i(x^k)-z_i^2\right]^2\right)^{\frac{1}{2}}=\left(\sum_{i=1}^{m}\left[\min\left\{c_i(x^k),\frac{\lambda_i^k}{\sigma}\right\}\right]^2\right)^{\frac{1}{2}}<\varepsilon.$$

3. **一般约束优化问题的乘子法**

对于一般约束优化问题 (4.1.1), 即

$$\begin{aligned}\min\quad & f(x)\\ \text{s.t.}\quad & c_i(x)\geqslant 0,\ \forall i\in I=\{1,2,\cdots,p\},\\ & c_i(x)=0,\ \forall i\in E=\{p+1,\cdots,m\},\end{aligned}\tag{4.4.24}$$

根据上述对等式约束优化问题和不等式约束优化问题两种情况的讨论, 可定义一般约束优化问题 (4.4.24) 相应的增广 Lagrange 函数为

$$\begin{aligned}M(x,\lambda,\sigma)=&f(x)-\sum_{i\in E}\lambda_i c_i(x)+\frac{\sigma}{2}\sum_{i\in E}c_i^2(x)\\&+\frac{1}{2\sigma}\sum_{i\in I}\left\{[\max\{0,\lambda_i-\sigma c_i(x)\}]^2-\lambda_i^2\right\}.\end{aligned}$$

对应的乘子校正迭代公式为

$$\begin{aligned}\lambda_i^{k+1}&=\lambda_i^k-\sigma c_i(x^k),\quad \forall i\in E,\\ \lambda_i^{k+1}&=\max\{0,\lambda_i^k-\sigma c_i(x^k)\},\quad \forall i\in I.\end{aligned}$$

因而, 求解一般约束优化问题 (4.4.24) 可转化为求解一系列无约束优化问题

$$\min_{x\in\mathbb{R}^n} M(x,\lambda^k,\sigma_k),$$

且具体的计算步骤与等式和不等式约束情况类似. 此外, 终止规则为

$$\phi_k:=\left\{\sum_{i\in E}c_i^2(x^k)+\sum_{i\in I}\left[\min\left\{c_i(x^k),\frac{\lambda_i^k}{\sigma}\right\}\right]^2\right\}^{\frac{1}{2}}<\varepsilon.\tag{4.4.25}$$

算法 4.4.4(一般约束优化问题的乘子法 ⟶PHR 算法) 选取初始数据. 给定初始点 x^0, 初始乘子向量 λ^1, 初始罚因子 $\sigma_1>0$ 以及放大系数 $c>1$, 允许误差 $\varepsilon>0$ 和常数 $\theta\in(0,1)$, 置 $k=1$.

步 1　以 x^{k-1} 为初始点, 求解无约束优化问题

$$\min \quad M(x,\lambda^k,\sigma_k),$$

得最优解为 x^k.

步 2　按照 (4.4.25) 式计算 ϕ_k, 若 $\phi_k<\varepsilon$, 则算法终止, 点 x^k 为所求优化问题的近似最优解; 否则, 转步 3.

步 3　当 $\phi_k/\phi_{k-1}<\theta$ 时, 转步 4; 否则, 置 $\sigma_k:=c\sigma_k$, 转步 4.

步 4　根据乘子向量的校正迭代公式, 校正乘子向量 λ^k,

$$\begin{aligned}
&\lambda_i^{k+1}=\lambda_i^k-\sigma_k c_i(x^k), \quad \forall i\in E,\\
&\lambda_i^{k+1}=\max\{0,\lambda_i^k-\sigma_k c_i(x^k)\}, \quad \forall i\in I.
\end{aligned}$$

置 $k:=k+1$, 转步 1.

例 4.4.6　用乘子法求解不等式约束优化问题

$$\begin{aligned}
\min \quad & f(x)=x_1^2+2x_2^2\\
\text{s.t.} \quad & x_1+x_2\geqslant 1.
\end{aligned}$$

解　构造增广 Lagrange 函数为

$$\begin{aligned}
M(x_1,x_2,\lambda,\sigma)&=x_1^2+2x_2^2+\frac{1}{2\sigma}\left\{[\max\{0,\lambda-\sigma(x_1+x_2-1)\}]^2-\lambda^2\right\}\\
&=\begin{cases}
x_1^2+2x_2^2+\dfrac{1}{2\sigma}\{[\lambda-\sigma(x_1+x_2-1)]^2-\lambda^2\}, & x_1+x_2-1\leqslant\dfrac{\lambda}{\sigma},\\
x_1^2+2x_2^2-\dfrac{\lambda^2}{2\sigma}, & x_1+x_2-1>\dfrac{\lambda}{\sigma}.
\end{cases}
\end{aligned}$$

当 $x_1+x_2-1>\dfrac{\lambda}{\sigma}$ 时, 令

$$\begin{aligned}
&\frac{\partial M}{\partial x_1}=2x_1=0,\\
&\frac{\partial M}{\partial x_2}=4x_2=0,
\end{aligned}$$

得 $\bar{x}=(x_1,x_2)^{\mathrm T}=(0,0)^{\mathrm T}$. 当 $\sigma\to\infty$ 时, 此点 $\bar{x}$ 不满足条件 $x_1+x_2-1>\dfrac{\lambda}{\sigma}$, 即说明 $\bar{x}$ 不是原问题的最优解.

当 $x_1+x_2-1\leqslant\dfrac{\lambda}{\sigma}$ 时, 令

$$\begin{aligned}
&\frac{\partial M}{\partial x_1}=2x_1-[\lambda-\sigma(x_1+x_2-1)]=0,\\
&\frac{\partial M}{\partial x_2}=4x_2-[\lambda-\sigma(x_1+x_2-1)]=0,
\end{aligned}$$

得 $x_1=\dfrac{2(\lambda+\sigma)}{4+3\sigma}$, $x_2=\dfrac{\lambda+\sigma}{4+3\sigma}$, 且 $\tilde{x}=(x_1,x_2)^{\mathrm{T}}$ 满足条件 $x_1+x_2-1\leqslant\dfrac{\lambda}{\sigma}$. 将 λ 替换成 λ^k 代入乘子的修正公式中, 修正 λ^k, 得

$$\lambda^{k+1}=\max\{0,\lambda^k-\sigma(x_1+x_2-1)\}=\max\left\{0,\frac{4(\lambda^k+\sigma)}{4+3\sigma}\right\}. \tag{4.4.26}$$

若取 $\sigma=2$, $\lambda^1=1$, 则有

$$x^1=(x_1^1,x_2^1)^{\mathrm{T}}=\left(\frac{3}{5},\frac{3}{10}\right)^{\mathrm{T}}.$$

根据 (4.4.26) 式, 修正 λ^1, 得 $\lambda^2=\dfrac{6}{5}$. 于是可得 $M(x,\lambda^2,\sigma)$ 的极小值点

$$x^2=(x_1^2,x_2^2)^{\mathrm{T}}=\left(\frac{16}{25},\frac{8}{25}\right)^{\mathrm{T}}.$$

以此类推, 设在第 k 次迭代取乘子向量为 λ^k, 求得函数 $M(x_1,x_2,\lambda^k,\sigma)$ 的极小值点为

$$x^k=(x_1^k,x_2^k)^{\mathrm{T}}=\left(\frac{1}{5}(2+\lambda^k),\frac{1}{10}(2+\lambda^k)\right)^{\mathrm{T}},$$

修正 λ^k, 得到

$$\lambda^{k+1}=\max\{0,\lambda^k-2(x_1^k+x_2^k-1)\}=\frac{1}{5}(2\lambda^k+4).$$

显然, 按上式迭代得到的乘子序列 $\{\lambda^k\}$ 收敛, 且当 $k\to\infty$ 时, 有 $\lambda^k\to\dfrac{4}{3}$ 且

$$x^k=(x_1^k,x_2^k)^{\mathrm{T}}\longrightarrow x^*=\left(\frac{2}{3},\frac{1}{3}\right)^{\mathrm{T}}.$$

可知, x^* 正好为原约束优化问题的最优解. □

由例子 4.4.6 可以看出, 在乘子法中, 罚因子 σ 不必趋向于无穷大就能求得原约束优化问题的最优解, 因此, 避免了罚函数法中 Hesse 阵的病态问题. 由计算经验表明, 乘子法优于罚函数法, 故这种方法引起了人们广泛的重视, 并受到广大使用者的欢迎.

4.5 可行方向法

对于非线性约束优化问题, 可行方向法是一类直接求解约束优化问题的重要方法. 这类方法可以看成是求解无约束优化问题下降算法的一种自然推广形式, 其基

本思想为：从给定的一个可行点 x^k 出发，在可行域内沿一个可行下降方向 d^k 进行线搜索，求出使目标函数值下降的新可行点 $x^{k+1}=x^k+\alpha d^k$，如果 x^{k+1} 仍不是问题的最优解，则可重复上述各个步骤，直到得到最优解为止. 在迭代过程中，算法主要依赖于选择迭代方向和确定最优迭代步长两个方面. 各种不同的可行方向法主要取决于迭代方向的选择，即选择可行方向 d^k 的策略不同，则形成不同的可行方向法. 在这一节中，主要介绍 Zoutendijk 可行方向法、Rosen 梯度投影法和既约梯度法等.

4.5.1　Zoutendijk 可行方向法

对可行方向法来说，关键的一步是如何构造可行的迭代方向. Zoutendijk 可行方向法主要是利用有效约束构造可行方向或利用 ε 有效约束构造可行方向.

1. 线性约束优化问题

考虑如下形式的线性约束优化问题

$$\begin{aligned}\min\quad & f(x)\\ \text{s.t.}\quad & Ax\geqslant b,\\ & Bx=e,\end{aligned}\tag{4.5.1}$$

其中目标函数 $f:\mathbb{R}^n\to\mathbb{R}$ 可微，A 为 $m\times n$ 矩阵，B 为 $l\times n$ 矩阵，$x\in\mathbb{R}^n$，$b\in\mathbb{R}^m$，$e\in\mathbb{R}^l$.

1) 利用有效约束构造可行下降方向

定理 4.5.1　设点 x 是线性约束优化问题 (4.5.1) 的可行解，若在点 x 处有 $A_1x=b_1$，$A_2x>b_2$，其中

$$A=\begin{pmatrix}A_1\\ A_2\end{pmatrix},\quad b=\begin{pmatrix}b_1\\ b_2\end{pmatrix},$$

则非零向量 d 是 x 处的可行方向充要条件为

$$A_1d\geqslant 0,\quad Bd=0.$$

如果 $\nabla f(x)^{\mathrm T}d<0$，则 d 是 x 处的一个下降方向.

证明　先证必要性. 设非零向量 d 为 x 处的可行方向. 由可行方向的定义，则存在 $\delta_1>0$，使得对任意的 $\alpha\in(0,\delta_1)$，都有 $x+\alpha d$ 为问题 (4.5.1) 的可行点，即 $x+\alpha d$ 满足

$$A(x+\alpha d)\geqslant b\quad 且\quad B(x+\alpha d)=e.$$

由于

$$A(x+\alpha d)=\begin{pmatrix} A_1x+\alpha A_1d \\ A_2x+\alpha A_2d \end{pmatrix}=\begin{pmatrix} b_1+\alpha A_1d \\ A_2x+\alpha A_2d \end{pmatrix}\geqslant\begin{pmatrix} b_1 \\ b_2 \end{pmatrix},$$

因而可得 $A_1d\geqslant 0$. 再由可行性条件 $B(x+\alpha d)=e$ 和 $Bx=e$, 于是有 $Bd=0$. 必要性得证.

下证充分性. 设非零向量 d 满足条件 $A_1d\geqslant 0$ 和 $Bd=0$. 由 $A_2x>b_2$, 故存在充分小的正数 $\delta_2>0$, 使得对任意的 $\alpha\in(0,\delta_2)$ 都有

$$A_2(x+\alpha d)\geqslant b_2.$$

此外, 根据向量 d 满足 $A_1d\geqslant 0$ 且 $A_1x=b_1$, 于是有

$$A_1(x+\alpha d)\geqslant b_1.$$

结合此式和上式 $A_2(x+\alpha d)\geqslant b_2$, 可得

$$A(x+\alpha d)\geqslant b.$$

再根据向量 d 满足 $Bd=0$, 并结合可行性条件 $Bx=e$, 有

$$B(x+\alpha d)=e.$$

因而向量 d 是 x 处的一个可行方向. 充分性得证.

若 $\nabla f(x)^{\mathrm{T}}d<0$, 根据命题 1.4.1, 则向量 d 是 x 处的一个下降方向. 定理得证. □

结合定理 4.5.1 和下降方向的性质可知, 如果存在非零向量 d 同时满足

$$\nabla f(x)^{\mathrm{T}}d<0,\quad A_1d\geqslant 0,\quad Bd=0,$$

则 d 是 x 处的一个可行下降方向. 因此, 向量 d 可作为 x 处的迭代方向. 此外, 确定迭代方向 d 可归结为求解下面的线性规划问题

$$\begin{aligned} \min\quad & \nabla f(x)^{\mathrm{T}}d \\ \text{s.t.}\quad & A_1d\geqslant 0, \\ & Bd=0, \\ & -1\leqslant d_j\leqslant 1,\ \forall j\in\{1,2,\cdots,n\}, \end{aligned}\tag{4.5.2}$$

其中条件 $-1\leqslant d_j\leqslant 1\ (\forall j\in\{1,2,\cdots,n\})$ 的作用是为了能得到有限最优解, 限制方向 d 的长度.

对于问题 (4.5.2), 由向量 $d=0$ 是该问题的一个可行解, 故问题 (4.5.2) 的最优值必定小于等于 0.

若 $\nabla f(x)^{\mathrm{T}}d<0$, 则可知向量 d 为问题 (4.5.1) 的一个可行下降方向;

若 $\nabla f(x)^{\mathrm{T}}d=0$, 则 x 为问题 (4.5.1) 的一个 K-T 点, 下面的定理给出此结论的证明.

定理 4.5.2　设点 x 是线性约束优化问题 (4.5.1) 的可行解, 若在点 x 处有 $A_1x=b_1$, $A_2x>b_2$, 其中

$$A=\begin{pmatrix}A_1\\A_2\end{pmatrix},\quad b=\begin{pmatrix}b_1\\b_2\end{pmatrix},$$

则点 x 是问题 (4.5.1) 的一个 K-T 点的充要条件是问题 (4.5.2) 的目标函数值为 0.

证明　若点 x 为问题 (4.5.1) 的 K-T 点. 根据 K-T 点的概念, 则存在向量 $\bar{u}$ 和 v 且 $\bar{u}\geqslant 0$, 使得

$$\nabla f(x)-A^{\mathrm{T}}\bar{u}-B^{\mathrm{T}}v=0.$$

结合条件 $A_2x>b_2$, 则上述的 K-T 条件可变为: 存在向量 u 和 v 且 $u\geqslant 0$, 使得

$$\nabla f(x)-A_1^{\mathrm{T}}u-B^{\mathrm{T}}v=0.$$

若令 $v=v'-v''$, 其中 $v',v''\geqslant 0$, 则上式可等价转化为

$$(-A_1^{\mathrm{T}},-B^{\mathrm{T}},B^{\mathrm{T}})\begin{pmatrix}u\\v'\\v''\end{pmatrix}=-\nabla f(x),\quad \begin{pmatrix}u\\v'\\v''\end{pmatrix}\geqslant 0. \tag{4.5.3}$$

根据 Farkas 引理 (择一定理), 于是 (4.5.3) 式有解的充分必要条件是

$$\begin{pmatrix}-A_1\\-B\\B\end{pmatrix}d\leqslant 0,\quad -\nabla f(x)^{\mathrm{T}}d>0$$

无解, 即

$$\nabla f(x)^{\mathrm{T}}d<0,\quad A_1d\geqslant 0,\quad Bd=0$$

无解, 该不等式组无解等价于问题 (4.5.2) 的目标函数值为 0. 定理得证. □

2) 由一维线搜索确定迭代步长

从可行点 x^k 出发, 沿着可行下降方向 d^k 进行一维线搜索, 得到下一个迭代点 $x^{k+1}=x^k+\lambda_k d^k$. 为了能够确保后面迭代点的可行性, 迭代步长 λ 需要同时满足:

(i) $x^k+\lambda d^k$ 是可行点;

(ii) 目标函数 $f(x^k+\lambda d^k)$ 尽可能地小.

令集合 $\mathcal{A}(x^k)$ 表示为点 x^k 处的有效约束指标集和等式约束指标集的并集. 设 $\hat{A}^{\mathrm{T}} := \{a_i \mid i \notin \mathcal{A}(x^k)\}$, $\hat{b} := \{b_i \mid i \notin \mathcal{A}(x^k)\}$, $\hat{d} = \hat{A}d^k$. 根据上述条件 (i), 则最大可能步长由下面的式子给出

$$\lambda_{\max} = \begin{cases} \min\left\{\dfrac{(\hat{A}x^k - \hat{b})_i}{-\hat{d}_i}\,\middle|\, \hat{d}_i < 0\right\}, & \hat{d} \ngeqslant 0, \\ +\infty, & \hat{d} \geqslant 0. \end{cases} \tag{4.5.4}$$

再根据上述条件 (ii), 最优迭代步长 λ_k 为下面一维优化问题的最优解

$$\min\{f(x^k+\lambda d^k) \mid 0 \leqslant \lambda \leqslant \lambda_{\max}\}.$$

值得注意的是: 对于求解上述的一维优化问题, 可采用非精确线搜索的方法来求解.

算法 4.5.1(线性约束的 Zoutendijk 算法)　选取初始数据. 给定初始可行点 x^0, 允许误差 $\varepsilon > 0$, 置 $k = 0$.

步 1　分解出有效约束指标集, 确定出集合 $\mathcal{A}(x^k)$, 且在点 x^k 处分解

$$A = \begin{pmatrix} A_1 \\ A_2 \end{pmatrix}, \quad b = \begin{pmatrix} b_1 \\ b_2 \end{pmatrix},$$

使得 $A_1x^k = b_1$ 且 $A_2x^k > b_2$, 并计算 $\nabla f(x^k)$.

步 2　求解辅助的线性规划问题. 求解下述线性规划问题

$$\begin{aligned} \min \quad & \nabla f(x^k)^{\mathrm{T}} d \\ \text{s.t.} \quad & A_1 d \geqslant 0, \\ & Bd = 0, \\ & -1 \leqslant d_j \leqslant 1, \ \forall j \in \{1,2,\cdots,n\}, \end{aligned}$$

得最优解为 d^k.

步 3　构造可行下降方向. 若 $|\nabla f(x^k)^{\mathrm{T}} d^k| \leqslant \varepsilon$, 则算法终止, 点 x^k 为原线性约束优化问题 (4.5.1) 的近似最优解; 否则, 得可行下降方向 d^k, 然后转步 4.

步 4　进行一维线搜索. 计算 $\hat{b} = b_2 - A_2x^k$, $\hat{d} = A_2d^k$, 由 (4.5.4) 式计算出 $\lambda_{\max}$, 然后再求解一维优化问题

$$\min\{f(x^k+\lambda d^k) \mid 0 \leqslant \lambda \leqslant \lambda_{\max}\},$$

得最优解为 λ_k. 置 $x^{k+1} := x^k + \lambda_k d^k$ 及 $k := k+1$, 转步 1.

2. 非线性约束优化问题

考虑如下形式的非线性约束优化问题

$$\begin{aligned} \min \quad & f(x) \\ \text{s.t.} \quad & g_i(x) \geqslant 0, \quad \forall i \in \{1,2,\cdots,m\}, \\ & Bx = e, \end{aligned} \tag{4.5.5}$$

其中 $f, g_i\ (i \in \{1,2,\cdots,m\})$ 均为可微函数, $x \in \mathbb{R}^n$.

设 x 是问题 (4.5.5) 的一个可行解, 在点 x 处的有效约束指标集为 $I(x) := \{i\ |g_i(x) = 0,\ \forall i \in \{1,2,\cdots,m\}\}$. 根据定理 4.1.2 以及可行下降方向的性质, 如果 $d \in \mathbb{R}^n$ 满足下述条件

$$\begin{cases} \nabla f(x)^{\mathrm{T}} d < 0, \\ \nabla g_i(x)^{\mathrm{T}} d > 0, \quad \forall i \in I(x), \end{cases} \tag{4.5.6}$$

那么 d 是 x 处的一个可行下降方向. 对于求解不等式组 (4.5.6) 式可转化为求解如下的线性规划问题

$$\begin{aligned} \min \quad & z \\ \text{s.t.} \quad & \nabla f(x)^{\mathrm{T}} d - z \leqslant 0, \\ & \nabla g_i(x)^{\mathrm{T}} d + z \geqslant 0, \quad \forall i \in I(x), \\ & -1 \leqslant d_j \leqslant 1, \quad \forall j \in \{1,2,\cdots,n\}. \end{aligned} \tag{4.5.7}$$

设问题 (4.5.7) 的最优解为 (z^*, d^*), 则点对 (z^*, d^*) 会出现下述两种情况:

情况 1　若 $z^* < 0$, 则 d^* 为点 x 处的一个可行下降方向;

情况 2　若 $z^* = 0$, 则 x 是问题 (4.5.5) 的一个 Fritz-John 点, 下面的定理给出此结论的证明.

定理 4.5.3　设点 x 是不等式约束优化问题 (4.5.5) 的可行解, 函数 $f, g_i\ (i \in I(x))$ 在点 x 处可微, 函数 $g_i\ (\forall i \notin I(x))$ 在点 x 处连续, 则点 x 是问题 (4.5.5) 一个 Fritz-John 点的充分必要条件是问题 (4.5.7) 的目标函数最优值为 0.

证明　对于问题 (4.5.7), 可知该问题最优值为 0 的充分必要条件是下述不等式组问题

$$\begin{cases} \nabla f(x)^{\mathrm{T}} d < 0, \\ \nabla g_i(x)^{\mathrm{T}} d > 0, \quad \forall i \in I(x) \end{cases}$$

无解. 由定理 1.3.3, 可得该不等式组问题无解的充要条件是存在不全为 0 的实数 $u_0 \geqslant 0,\ u_i \geqslant 0\ \ (i \in I(x))$, 使得

$$u_0 \nabla f(x) - \sum_{i \in I(x)} u_i \nabla g_i(x) = 0,$$

即 x 是问题 (4.5.5) 一个 Fritz-john 点. 定理得证. □

为确定最优迭代步长 λ_k, 则需要求解下述的一维优化问题

$$\min\{f(x^k + \lambda d^k) \mid 0 \leqslant \lambda \leqslant \lambda_{\max}\},$$

其中

$$\lambda_{\max} = \sup\{\lambda \mid g_i(x^k + \lambda d^k) \geqslant 0, \quad \forall i \in \{1, 2, \cdots, m\}\}. \tag{4.5.8}$$

算法 4.5.2(非线性约束的 Zoutendijk 算法) 选取初始数据. 给定初始可行点 x^0, 允许误差 $\varepsilon > 0$, 置 $k = 0$.

步 1 确定有效约束指标集. 设点 x^k 处的有效约束指标集为 $I(x^k) := \{i | g_i(x^k) = 0, \forall i \in \{1, \cdots, m\}\}$.

步 2 求解辅助的线性规划问题. 求解下述的线性规划问题

$$\begin{aligned} \min \quad & z \\ \text{s.t.} \quad & \nabla f(x^k)^{\mathrm{T}} d - z \leqslant 0, \\ & \nabla g_i(x^k)^{\mathrm{T}} d + z \geqslant 0, \ \forall i \in I(x), \\ & -1 \leqslant d_j \leqslant 1, \ \forall j \in \{1, 2, \cdots, n\}, \end{aligned}$$

得最优解为 (z^k, d^k).

步 3 构造可行下降方向 d^k. 若 $|z^k| \leqslant \varepsilon$, 则算法终止, 点 x^k 为原非线性约束优化问题 (4.5.5) 的最优解; 否则, 得可行下降方向 d^k, 转步 4.

步 4 进行一维线搜索. 求解下面的一维优化问题

$$\min\{f(x^k + \lambda d^k) \mid 0 \leqslant \lambda \leqslant \lambda_{\max}\},$$

得最优解为 λ_k, 其中 $\lambda_{\max}$ 按照 (4.5.8) 式计算. 置 $x^{k+1} := x^k + \lambda_k d^k$ 及 $k := k + 1$, 转步 1.

3. Zoutendijk 算法的修正

对于线性和非线性不等式约束优化问题, 上述介绍求解的方法是利用有效约束指标集确定迭代方向. 当某迭代点落在一个约束边界上时, 如果可行方向取得不太恰当的话, 由于沿此方向会非常接近另外一个约束边界, 所以沿该方向移动只能有非常小的移动; 否则, 迭代点会跑出可行域的范围. 为避免这一现象, 在可行域的边界上可设立一道"安全区域", 当迭代点进入"安全区域"时, 只允许它往可行域的内部移动, 而不需向可行域的边界靠近, 为此引进 ε 有效约束的概念, 即在构造可行方向时, 同时把通过当前迭代点的约束以及充分靠近当前迭代点的边界约束统统考虑在内, 看成有效约束.

定义 4.5.1　对于给定的 $\varepsilon > 0$, 称集合

$$I_\varepsilon(x^k) := \{i \mid 0 \leqslant g_i(x^k) \leqslant \varepsilon\}$$

为点 x^k 处的 ε 有效约束指标集.

算法 4.5.3(ε 有效约束可行方向法)　选取初始数据. 选择初始可行点 x^0, 允许误差 $\varepsilon_0 > 0, \varepsilon > 0, \varepsilon' > 0$, 置 $k = 0$.

步 1　确定 ε_k 有效约束指标集

$$I_{\varepsilon_k}(x^k) = \{i \mid 0 \leqslant g_i(x^k) \leqslant \varepsilon_k\},$$

并计算 $\nabla f(x^k)$.

步 2　求解下面的线性规划问题

$$\begin{aligned}\min\quad & z\\ \text{s.t.}\quad & \nabla f(x^k)^{\mathrm{T}} d - z \leqslant 0,\\ & \nabla g_i(x^k)^{\mathrm{T}} d + \eta_i z \geqslant 0, \quad i \in I_{\varepsilon_k}(x^k),\\ & -1 \leqslant d_j \leqslant 1,\ \forall j \in \{1, 2, \cdots, n\},\end{aligned}$$

得最优解为 (z^k, d^k), 其中当 ε 有效约束为线性约束时, 取 $\eta_i = 0$; 当 ε 有效约束为非线性约束时, 取 $\eta_i = 1$.

步 3　若 $|z^k| \leqslant \varepsilon'$, 转步 5; 否则, 转步 4.

步 4　进行一维线搜索. 求解一维优化问题

$$\min\{f(x^k + \lambda d^k) \mid 0 \leqslant \lambda \leqslant \lambda_{\max}\},$$

得最优解为 λ_k, 其中 $\lambda_{\max}$ 按照 (4.5.8) 式计算. 置 $x^{k+1} := x^k + \lambda_k d^k$ 及 $k := k + 1$, 转步 1.

步 5　若 $\varepsilon_k \leqslant \varepsilon'$, 则算法终止, 点 x^k 为所考虑问题的最优解; 否则, 令 $\varepsilon_{k+1} = \alpha\varepsilon_k$ $(0 < \alpha < 1)$, 置 $k := k + 1$, 并转步 1.

4.5.2　Rosen 梯度投影法

Rosen 梯度投影法最初是由 Rosen 于 1960 年针对线性约束优化问题提出的求解方法. 次年, Rosen 又将梯度投影法推广到处理非线性约束优化问题的情况. 其基本思想是: 当迭代点 x^k 在可行域 $\mathscr{F}$ 的内部时, 取方向 $d = -\nabla f(x^k)$ 为迭代方向; 当迭代点 x^k 在可行域 $\mathscr{F}$ 的边界上时, 取 $-\nabla f(x^k)$ 在这些边界面交集上的投影为迭代方向.

为了具体介绍梯度投影方法, 首先介绍投影矩阵的概念及其性质.

定义 4.5.2 对于矩阵 $P \in \mathbb{R}^{n\times n}$, 若 $P^2 = P$ 且 $P^{\mathrm{T}} = P$, 则称矩阵 P 为投影矩阵 (或投影算子).

投影矩阵具有下述性质, 在此省略其证明 (读者自己可证明).

引理 4.5.1 对于矩阵 $P \in \mathbb{R}^{n\times n}$.

(i) 若 P 是投影矩阵, 则矩阵 P 是对称半正定矩阵;

(ii) 矩阵 P 为投影矩阵的充要条件是矩阵 $Q = I - P$ 是投影矩阵, 其中 I 为单位矩阵;

(iii) 若矩阵 P 为投影矩阵, 令 $Q = I - P$, 且

$$L := \{Px \mid x \in \mathbb{R}^n\} \quad \text{和} \quad L^{\perp} := \{Qx \mid x \in \mathbb{R}^n\},$$

则 L 和 $L^{\perp}$ 为正交线性子空间, 并且对任意的 $x \in \mathbb{R}^n$, x 可以唯一地分解为

$$x = p + q,$$

其中 $p \in L$, 且 $q \in L^{\perp}$.

为了简单起见, 仅考虑含有线性约束的优化问题

$$\begin{aligned} \min \quad & f(x) \\ \text{s.t.} \quad & Ax \geqslant b, \\ & Bx = e, \end{aligned} \tag{4.5.9}$$

其中目标函数 f 为可微函数, A 为 $\mathbb{R}^{m\times n}$ 矩阵, B 为 $\mathbb{R}^{l\times n}$ 矩阵, $x \in \mathbb{R}^n$, $b \in \mathbb{R}^m$, $e \in \mathbb{R}^l$. 设 $\mathscr{F}$ 为该问题 (4.5.9) 的可行域.

定理 4.5.4 设点 x 为问题 (4.5.9) 的一个可行解, 且 $A^{\mathrm{T}} = (A_1^{\mathrm{T}}, A_2^{\mathrm{T}})$, $b^{\mathrm{T}} = (b_1^{\mathrm{T}}, b_2^{\mathrm{T}})$ 使得 $A_1x = b_1$, $A_2x > b_2$. 若目标函数 f 可微且 $M^{\mathrm{T}} := (A_1^{\mathrm{T}}, B^{\mathrm{T}})$ 列满秩, 于是有

(i) 矩阵 $P = I - M^{\mathrm{T}}(MM^{\mathrm{T}})^{-1}M$ 为投影矩阵;

(ii) 若 $P\nabla f(x) \neq 0$, 则向量 $d = -P\nabla f(x)$ 是问题 (4.5.9) 在点 x 处的一个可行下降方向.

证明 (i) 对于矩阵 $P = I - M^{\mathrm{T}}(MM^{\mathrm{T}})^{-1}M$, 令 $Q = M^{\mathrm{T}}(MM^{\mathrm{T}})^{-1}M$. 由于 $Q^{\mathrm{T}} = M^{\mathrm{T}}(MM^{\mathrm{T}})^{-1}M = Q$ 且

$$QQ = (M^{\mathrm{T}}(MM^{\mathrm{T}})^{-1}M)(M^{\mathrm{T}}(MM^{\mathrm{T}})^{-1}M) = Q,$$

所以矩阵 Q 是一个投影矩阵. 再根据引理 4.5.1, 可得矩阵 $P = I - Q$ 为投影矩阵.

(ii) 由 $P\nabla f(x)\neq 0$ 且矩阵 P 为投影矩阵, 有

$$\begin{aligned}\nabla f(x)^{\mathrm T}d&=-\nabla f(x)^{\mathrm T}P\nabla f(x)\\&=-\nabla f(x)^{\mathrm T}P^{\mathrm T}P\nabla f(x)\\&=-\|P\nabla f(x)\|^2<0,\end{aligned}$$

所以向量 d 是目标函数 f 在点 x 处的一个下降方向. 此外, 又有

$$\begin{aligned}Md&=-MP\nabla f(x)\\&=-M(I-M^{\mathrm T}(MM^{\mathrm T})^{-1}M)\nabla f(x)\\&=-(M-M)\nabla f(x)=0,\end{aligned}$$

即 $A_1d=0$, $Bd=0$. 故对任意的 $\alpha>0$, 都有 $A_1(x+\alpha d)=A_1x=b_1$, $B(x+\alpha d)=Bx=e$, 而当 $\alpha>0$ 充分小时, 总有 $A_2(x+\alpha d)>b_2$. 由此可说明向量 d 为 x 处的一个可行方向.

综上所证, 可知向量 d 是问题 (4.5.9) 在点 x 处的一个可行下降方向. □

根据定理 4.5.4 可知, 若 $P\nabla f(x)\neq 0$, 则向量 $d=-P\nabla f(x)$ 是问题 (4.5.9) 的一个可行下降方向. 然而, 当 $P\nabla f(x)=0$ 时, 会发生什么情况呢? 下面会给出此结论: 若 $P\nabla f(x)=0$, 则点 x 或者是问题 (4.5.9) 的一个 K-T 点, 或者可以构造出一个新的可行下降方向.

定理 4.5.5　设点 x 为优化问题 (4.5.9) 的一个可行解, 且 $A^{\mathrm T}=(A_1^{\mathrm T},A_2^{\mathrm T})$, $b^{\mathrm T}=(b_1^{\mathrm T},b_2^{\mathrm T})$ 使得 $A_1x=b_1$, $A_2x>b_2$, $M^{\mathrm T}:=(A_1^{\mathrm T},B^{\mathrm T})$ 满秩. 令

$$P=I-M^{\mathrm T}(MM^{\mathrm T})^{-1}M,\quad w=-(MM^{\mathrm T})^{-1}M\nabla f(x),\quad w^{\mathrm T}:=(u^{\mathrm T},v^{\mathrm T}),$$

其中 u 和 v 分别是与矩阵 A_1 和 B 相对应的向量, 又设 $P\nabla f(x)=0$.

(i) 若 $u\geqslant 0$, 则点 x 为问题 (4.5.9) 的一个 K-T 点;

(ii) 若 $u\ngeqslant 0$, 不妨设 $u_j<0$, 此时把矩阵 A_1 中去掉第 j 行, 得到矩阵 $\hat A_1$, 令

$$\hat M:=(\hat A_1^{\mathrm T},B^{\mathrm T}),\quad \hat P:=I-\hat M^{\mathrm T}(\hat M\hat M^{\mathrm T})^{-1}\hat M,\quad d=-\hat P\nabla f(x),$$

则向量 d 是问题 (4.5.9) 在点 x 处的一个可行下降方向.

证明　(i) 由于 $P\nabla f(x)=0$, 则有

$$\begin{aligned}0&=P\nabla f(x)=(I-M^{\mathrm T}(MM^{\mathrm T})^{-1}M)\nabla f(x)\\&=\nabla f(x)-M^{\mathrm T}(MM^{\mathrm T})^{-1}M\nabla f(x)\\&=\nabla f(x)+M^{\mathrm T}w\\&=\nabla f(x)+A_1^{\mathrm T}u+B^{\mathrm T}v.\end{aligned}\tag{4.5.10}$$

所以, 当 $u \geqslant 0$ 时, 由约束优化问题的一阶 K-T 条件, 可得点 x 为问题 (4.5.9) 一个 K-T 点.

(ii) 设 $u_j < 0$, 先用反证法证明: $\hat{P}\nabla f(x) \neq 0$. 假设 $\hat{P}\nabla f(x) = 0$, 由矩阵 $\hat{P}$ 的定义, 可得

$$\begin{aligned} 0 = \hat{P}\nabla f(x) &= (I - \hat{M}^{\mathrm{T}}(\hat{M}\hat{M}^{\mathrm{T}})^{-1}\hat{M})\nabla f(x) \\ &:= \nabla f(x) + \hat{M}^{\mathrm{T}}\hat{w}, \end{aligned} \tag{4.5.11}$$

其中 $\hat{w} = -(\hat{M}\hat{M}^{\mathrm{T}})^{-1}\hat{M}\nabla f(x)$. 设 r_j^{T} 表示矩阵 A_1 中对应 u_j 的第 j 行向量, 则

$$A_1^{\mathrm{T}}u + B^{\mathrm{T}}v = \hat{A}_1^{\mathrm{T}}\bar{w} + u_j r_j, \tag{4.5.12}$$

其中 $\bar{w}^{\mathrm{T}} := (\bar{u}^{\mathrm{T}}, v^{\mathrm{T}})$ 且 $\bar{u}$ 为 u 中去掉分量 u_j 后的向量. 于是将 (4.5.12) 式代入 (4.5.10) 式可得

$$\nabla f(x) - \hat{M}^{\mathrm{T}}\bar{w} - u_j r_j = 0. \tag{4.5.13}$$

联立 (4.5.11) 和 (4.5.13) 式, 整理可得

$$\hat{M}^{\mathrm{T}}(\bar{w} - \hat{w}) + u_j r_j = 0.$$

由 $u_j < 0$, 故 M^{T} 的列向量组线性相关, 这与 M 为行满秩矩阵的假设相矛盾. 因此 $\hat{P}\nabla f(x) \neq 0$.

另外, 也易证 $\hat{P}$ 为投影矩阵. 而且, 由 $\hat{P}\nabla f(x) \neq 0$, 故

$$\nabla f(x)^{\mathrm{T}}d = -\nabla f(x)^{\mathrm{T}}\hat{P}\nabla f(x) = -\|\hat{P}\nabla f(x)\|^2 < 0,$$

进而可得向量 $d = -\hat{P}\nabla f(x)$ 是一个下降方向. 再证向量 d 为可行方向. 注意到: $\hat{M}\hat{P} = O$, 因此

$$\hat{M}d = -\hat{M}\hat{P}\nabla f(x) = 0,$$

即

$$\hat{A}_1 d = 0, \quad Bd = 0. \tag{4.5.14}$$

将 (4.5.13) 式的两端左乘 $r_j^{\mathrm{T}}\hat{P}$, 得

$$r_j^{\mathrm{T}}\hat{P}\nabla f(x) - r_j^{\mathrm{T}}\hat{P}\hat{M}^{\mathrm{T}}\bar{w} - u_j r_j^{\mathrm{T}}\hat{P}r_j = 0.$$

再由 $\hat{P}\hat{M}^{\mathrm{T}} = O, \ \ d = -\hat{P}\nabla f(x)$, 则上式可化为

$$r_j^{\mathrm{T}}d + u_j r_j^{\mathrm{T}}\hat{P}r_j = 0.$$

根据矩阵 $\hat{P}$ 为对称半正定矩阵且 $u_j < 0$, 由此可得 $r_j^{\mathrm{T}} d \geqslant 0$. 再结合 (4.5.14) 式, 于是有

$$A_1 d \geqslant 0, \quad Bd = 0,$$

即可说明向量 d 是一个可行方向. 综上所证, 所以向量 d 是 x 处的一个可行下降方向. □

定理 4.5.4 和定理 4.5.5, 给出了梯度投影法中可行下降方向的构造方法, 并且也给出了算法停止迭代的终止条件 (即 K-T 条件). 梯度投影法中沿可行下降方向的一维线搜索类似于 Zoutendijk 法的一维线搜索.

算法 4.5.4(Rosen 梯度投影法)　选取初始数据. 选取初始可行点 x^0, 允许误差 $\varepsilon_0 > 0$, 置 $k = 0$.

步 1　确定出有效约束指标集. 在点 x^k 处, 将 A 和 b 分解为

$$A := \begin{pmatrix} A_1 \\ A_2 \end{pmatrix}, \quad b := \begin{pmatrix} b_1 \\ b_2 \end{pmatrix},$$

使得 $A_1 x^k = b_1$, $A_2 x^k > b_2$.

步 2　确定投影矩阵. 令

$$M := \begin{pmatrix} A_1 \\ B \end{pmatrix},$$

若 $M = O$, 则置 $P = I$(单位矩阵); 否则, 置

$$P = I - M^{\mathrm{T}}(MM^{\mathrm{T}})^{-1}M.$$

步 3　构造可行下降方向 d^k. 令 $d^k := -P\nabla f(x^k)$. 若 $\|d^k\| \leqslant \varepsilon$, 则转步 4; 否则, 转步 5.

步 4　检查有效约束的约束个数, 判断迭代点 x^k 是否在可行域的内部. 若 $M = O$, 则算法终止, 点 x^k 为问题 (4.5.9) 的最优解; 否则, 令

$$w = (MM^{\mathrm{T}})^{-1}M\nabla f(x^k) = (u^{\mathrm{T}}, v^{\mathrm{T}})^{\mathrm{T}},$$

其中 u, v 分别是与矩阵 A_1 和 B 相对应的向量. 若 $u \geqslant 0$, 则算法终止, 点 x^k 为问题 (4.5.9) 的最优解; 若 $u \ngeqslant 0$, 则在 u 中选择一个负分量, 设为 u_j, 校正矩阵 A_1, 即去掉 A_1 中的第 j 行, 得到矩阵 $\hat{A}_1$, 令 $A_1 := \hat{A}_1$, 转步 2.

步 5　进行一维线搜索. 计算 $\hat{b} = b_2 - A_2 x^k$, $\hat{d} = A_2 d^k$, 求解一维优化问题

$$\min\{f(x^k + \lambda d^k) \mid 0 \leqslant \lambda \leqslant \lambda_{\max}\},$$

得最优解为 λ_k, 其中

$$\lambda_{\max} = \begin{cases} \min\left\{ \dfrac{\hat{b}_i}{\hat{d}_i} \,\middle|\, \hat{d}_i < 0 \right\}, & \hat{d} \ngeqslant 0, \\ \infty, & \hat{d} \geqslant 0, \end{cases}$$

置 $x^{k+1} := x^k + \lambda_k d^k$ 及 $k := k+1$, 转步 1.

4.5.3 既约梯度法

1963 年, Wolfe 将求解线性规划的单纯形法推广到求解带有线性约束的非线性优化问题上, 提出产生可行下降方法的另一类方法, 称为既约梯度法. 对于线性约束的非线性优化问题

$$\begin{aligned} \min \quad & f(x) \\ \text{s.t.} \quad & Ax = b, \\ & x \geqslant 0, \end{aligned} \tag{4.5.15}$$

其中 $A \in \mathbb{R}^{m\times n} \ \ (m \leqslant n)$, $x \in \mathbb{R}^n$ 及 $b \in \mathbb{R}^m$. 既约梯度法的基本思想是: 借鉴于单纯形法的思想, 利用线性约束条件将问题的某些变量 (称为基变量) 用一组独立变量 (非基变量) 表示, 从而可消去目标函数中的基变量, 得到只含有非基变量的既约目标函数, 大大降低了所考虑优化问题的维数, 并用既约目标函数的梯度 (简称为既约梯度) 构造出一个可行下降方向; 然后进行一维线搜索得到迭代步长, 寻找新的迭代点. 通过迭代逐步逼近原优化问题的最优解, 我们把这种构造可行下降方向的方法称为 Wolfe 既约梯度法.

1. 构造可行下降方向

假设问题 (4.5.15) 的约束是非退化的, 即 $\text{rank}A = m$ 且每个基可行解均有 m 个正分量. 类似于线性规划的情况, 不妨令 $A = (B, N)$, 其中矩阵 $B \in \mathbb{R}^{m\times m}$ 为可逆子矩阵 (基矩阵), N 为非基矩阵, x_B 和 x_N 分别表示对应于基矩阵 B 和非基矩阵 N 的基变量和非基变量. 由假设 $x_B > 0$, 则向量 $x^{\mathrm{T}} := (x_B^{\mathrm{T}}, x_N^{\mathrm{T}})^{\mathrm{T}}$ 是问题 (4.5.15) 一个非退化的可行解.

由于基变量 $x_B = B^{-1}b - B^{-1}Nx_N$, 将其代入问题 (4.5.15) 中, 则问题 (4.5.15) 可等价转化为

$$\begin{aligned} \min \quad & F(x_N) := f(x_B, x_N) \\ \text{s.t.} \quad & x_B = B^{-1}b - B^{-1}Nx_N \geqslant 0, \\ & x_N \geqslant 0. \end{aligned} \tag{4.5.16}$$

这是一个 $n-m$ 维的优化问题, 且除变量非负约束的条件外不带其他任何约束条件, 因此, 问题 (4.5.16) 的维数比原优化问题 (4.5.15) 的维数低, 而且比原问题 (4.5.15) 也简单.

对于优化问题 (4.5.16), 易知简化后的目标函数 $F(x_N)$ 在 x_N 处的梯度 (称为函数 f 的既约梯度) 为

$$r(x_N) := \nabla F(x_N) = \nabla_{x_N} f(x) - (B^{-1}N)^{\mathrm{T}} \nabla_{x_B} f(x).$$

显然, 沿负梯度方向 $-r(x_N)$ 移动 x_N, 目标函数值都会下降. 但如何确定可行下降方向呢? 对于优化问题 (4.5.15), 由定理 4.5.1 可知, 非零向量 d 在 x 处为可行下降方向的充分条件为

$$\begin{aligned} \nabla f(x)^{\mathrm{T}} d &< 0, \\ Ad &= 0, \\ d_j &\geqslant 0, \quad \text{当} x_{N_j} = 0 \text{时}. \end{aligned} \tag{4.5.17}$$

对应于基向量 x_B 和非基向量 x_N, 把向量 d 分解成 d_B 和 d_N, 则由 (4.5.17) 式中的式子 $Ad = 0$, 可得

$$d_B = -B^{-1} N d_N.$$

另一方面,

$$\begin{aligned} \nabla f(x)^{\mathrm{T}} d &= \nabla_{x_B} f(x)^{\mathrm{T}} d_B + \nabla_{x_N} f(x)^{\mathrm{T}} d_N \\ &= \nabla_{x_B} f(x)^{\mathrm{T}} (-B^{-1} N d_N) + \nabla_{x_N} f(x)^{\mathrm{T}} d_N \\ &= r(x_N)^{\mathrm{T}} d_N, \end{aligned}$$

根据 (4.5.17) 式中第一个式子可知, 若向量 d 满足

$$r(x_N)^{\mathrm{T}} d_N < 0,$$

并且满足 (4.5.17) 式中第三个式子和条件 $d_B = -B^{-1} N d_N$, 则 d 为一个可行下降方向. 于是我们要求

$$d_{N_j} = \begin{cases} -x_{N_j} r_j(x_N), & r_j(x_N) > 0, \\ -r_j(x_N), & r_j(x_N) \leqslant 0. \end{cases} \tag{4.5.18}$$

容易证明: 对于 (4.5.18) 式中定义的非零向量 d_N, d_N 满足条件 $r(x_N)^{\mathrm{T}} d_N < 0$ 和 (4.5.17) 式中的第三个式子. 所以按照 (4.5.18) 式和式子 $d_B = -B^{-1} N d_N$ 构造出来的非零向量 d 都是可行下降方向, 而且也可以得到 $d = 0$ 的充要条件是点 x 为问题 (4.5.15) 的 K-T 点.

定理 4.5.6 设点 x 是优化问题 (4.5.15) 的可行解, 其中 $A = (B, N)$ 且 B 是基矩阵, $x^{\mathrm{T}} = (x_B^{\mathrm{T}}, x_N^{\mathrm{T}})^{\mathrm{T}}$. 假设 $x_B > 0$, 目标函数 f 在点 x 处可微, 又设 d 是按照 (4.5.18) 式和式子 $d_B = -B^{-1} N d_N$ 所定义的方向.

(i) 若 $d \neq 0$, 则 d 是目标函数 f 在点 x 处的可行下降方向;

(ii) $d = 0$ 的充分必要条件是 x 是问题 (4.5.15) 的 K-T 点.

证明 (i) 若 $d \neq 0$, 由 $d_B = -B^{-1}Nd_N$, 可得 $d_N \neq 0$, 再根据该定理前的分析, 所以向量 d 是目标函数 f 在点 x 处的一个可行下降方向.

(ii) 对于优化问题 (4.5.15), 则点 x 为问题 (4.5.15) K-T 点的充分必要条件是存在乘子向量 $u^{\mathrm{T}} := (u_B^{\mathrm{T}}, u_N^{\mathrm{T}})^{\mathrm{T}} \geqslant 0$ 和 v, 使得

$$\begin{cases} \nabla_{x_B} f(x) - B^{\mathrm{T}}v - u_B = 0, \\ \nabla_{x_N} f(x) - N^{\mathrm{T}}v - u_N = 0, \\ u_B^{\mathrm{T}} x_B = 0, \\ u_N^{\mathrm{T}} x_N = 0. \end{cases}$$

由于 $x_B > 0$ 且 $u_B \geqslant 0$, 因而 $u_B^{\mathrm{T}} x_B = 0$ 当且仅当 $u_B = 0$, 将其分别代入上述方程组的第 1 个和第 2 个式子中, 整理可得

$$\begin{aligned} v &= (B^{\mathrm{T}})^{-1} \nabla_{x_B} f(x), \\ u_N &= \nabla_{x_N} f(x) - (B^{-1}N)^{\mathrm{T}} \nabla_{x_B} f(x) = r(x_N). \end{aligned}$$

于是, K-T 条件可等价于条件

$$r(x_N) \geqslant 0, \quad r(x_N)^{\mathrm{T}} x_N = 0.$$

再由 d 的定义可知, $d = 0$ 充要条件为 $d_N = 0$, 即当且仅当 $r(x_N) \geqslant 0$ 且 $r(x_N)^{\mathrm{T}} x_N = 0$ 成立. 所以, $d = 0$ 的充分必要条件是 x 为问题 (4.5.15) 的 K-T 点.

□

2. 确定迭代步长

当迭代点 $x^k \geqslant 0$ 时, 为保证 $x^{k+1} \geqslant 0$, 需要确定迭代步长 $\lambda \geqslant 0$ 的范围, 且使得

$$x^{k+1} = x^k + \lambda d^k \geqslant 0,$$

即

$$x_j^{k+1} = x_j^k + \lambda d_j^k \geqslant 0, \quad \forall j \in \{1, 2, \cdots, n\}.$$

当 $d_j^k > 0$ 时, 对任意的 $\lambda \geqslant 0$, 上式恒成立. 当 $d_j^k < 0$ 时, 此时, 只有取 $\lambda \leqslant -\dfrac{x_j^k}{d_j^k}$, 才能保证 $x_j^{k+1} \geqslant 0$. 综合上述情况, 所以令

$$\lambda_{\max} = \begin{cases} \min\left\{ -\dfrac{x_j^k}{d_j^k} \,\middle|\, d_j^k < 0 \right\}, & d^k \ngeqslant 0, \\ \infty, & d^k \geqslant 0. \end{cases} \tag{4.5.19}$$

于是, 迭代步长的确定可归结为求解一维优化问题

$$\min_{0\leqslant\lambda\leqslant\lambda_{\max}} f(x^k+\lambda d^k).$$

算法 4.5.5(Wolfe 既约梯度法)　选取初始数据. 选取初始可行点 x^0, 允许误差 $\varepsilon_0>0$, 置 $k=0$.

步 1　进行矩阵分解. 从 x^k 中选取 m 个最大分量, 对应于这 m 个分量, 在矩阵 A 中选取相应的 m 个列向量构成的 m 阶方阵记为 B, 余下的列向量组成的矩阵记为 N.

步 2　求既约梯度. 计算 $\nabla f(x^k)=(\nabla_{x_B}f(x^k)^{\mathrm T},\nabla_{x_N}f(x^k)^{\mathrm T})^{\mathrm T}$, 并求

$$r(x_N^k)=\nabla_{x_N}f(x^k)-(B^{-1}N)^{\mathrm T}\nabla_{x_B}f(x^k).$$

步 3　构造可行下降方向 d^k. 令

$$d_{N_j}^k=\begin{cases}-x_{N_j}^k r_j(x_N^k), & r_j(x_N^k)>0,\\ -r_j(x_N^k), & r_j(x_N^k)\leqslant 0,\end{cases}$$

$$d_B^k=-B^{-1}Nd_N^k.$$

步 4　检查终止条件. 若 $\|d^k\|\leqslant\varepsilon$, 则算法终止, 点 x^k 为所考虑优化问题的近似最优解; 否则, 转步 5.

步 5　进行一维线搜索. 求解一维优化问题

$$\min\{f(x^k+\lambda d^k)\mid 0\leqslant\lambda\leqslant\lambda_{\max}\},$$

得最优解为 λ_k, 其中 $\lambda_{\max}$ 按照 (4.5.19) 式计算. 置 $x^{k+1}:=x^k+\lambda_k d^k$ 及 $k:=k+1$, 转步 1.

注　起初, Wolfe 既约梯度法是针对于线性约束的优化问题进行求解, 本质上它是一种消去法. 对于非线性约束的优化问题, 1969 年, Abadie 和 Carpentier 将既约梯度法成功地推广到求解带非线性约束优化问题的情形, 提出了著名的广义既约梯度法 (又称为 GRG 法). 大量的数值实例和算法分析表明, 广义既约梯度法是目前直接求解一般非线性优化问题的最有效方法之一 (陈宝林, 2005; 解可新等, 2004; 袁亚湘等, 1997).

4.6　序列二次规划法

本节介绍另外一种求解一般约束优化问题的最有效方法之一：序列二次规划方法. 在求解无约束优化问题的方法中, 拟牛顿法 (即变尺度法) 是一类具有较好

的收敛速度、又不用计算目标函数 Hesse 阵的方法. 基于这些特点, 希望将这种拟牛顿法推广到对约束优化问题进行求解. 这种推广是成功的, 这种方法称为序列二次规划法.

考虑一般约束的优化问题

$$\begin{aligned} \min \quad & f(x) \\ \text{s.t.} \quad & c_i(x) \geqslant 0, \ \forall i \in I = \{1, 2, \cdots, p\}, \\ & c_i(x) = 0, \ \forall i \in E = \{p+1, \cdots, m\}, \end{aligned}$$

其中 $x = (x_1, x_2, \cdots, x_n)^{\mathrm{T}} \in \mathbb{R}^n$, $f, c_i : \mathbb{R}^n \to \mathbb{R} \ \ (i \in E \cup I)$. 假设目标函数 f 二阶连续可微, 约束函数 $c_i \ \ (i \in E \cup I)$ 连续可微. 在本节中, 一般约束优化问题的可行域仍用 $\mathscr{F}$ 表示, 且 $\mathscr{F} \neq \varnothing$.

序列二次规划法 (简记 SQP 法) 又称为二次逼近法, 其基本思想是: 把求解一般约束优化问题转化为求解一系列的二次规划子问题. 具体地说, 假定在第 k 次迭代开始时, 已得到近似解 x^k 和相应的乘子向量 λ^k. 根据这些已知量, 可以构造第 k 个二次规划子问题 (P_k), 求解此二次规划子问题 (P_k), 即可得到子问题 (P_k) 的最优解 x^{k+1}, 并把 x^{k+1} 作为原一般约束优化问题新的近似解. 再根据新的近似解 x^{k+1}, 可确定出相应的乘子向量 λ^{k+1}. 然后, 重复上述过程, 直到获得原一般约束优化问题所满意的近似最优解为止. 为了简单起见, 我们先考虑等式约束的优化问题.

1. 等式约束优化问题的情况

考虑等式约束优化问题 (4.4.2), 即

$$\begin{aligned} \min \quad & f(x) \\ \text{s.t.} \quad & c_i(x) = 0, \ \forall i \in E = \{1, 2, \cdots, p\}, \end{aligned} \tag{4.6.1}$$

则问题 (4.6.1) 所对应的 Lagrange 函数为

$$L(x, \lambda) = f(x) - \lambda^{\mathrm{T}} c(x),$$

其中 $c(x) = (c_1(x), \cdots, c_p(x))^{\mathrm{T}}$. 由一阶最优性条件, 可得

$$\begin{cases} \nabla_x L(x, \lambda) = \nabla f(x) - A(x)^{\mathrm{T}} \lambda = 0, \\ \nabla_\lambda L(x, \lambda) = -c(x) = 0, \end{cases}$$

其中 $A(x) \in \mathbb{R}^{m \times n}$ 为约束函数 c 在 x 处的 Jacobi 矩阵, 即

$$A(x)^{\mathrm{T}} = (\nabla c_1(x), \nabla c_2(x), \cdots, \nabla c_p(x)).$$

用牛顿法求解上述方程组, 可得到迭代公式为

$$\begin{pmatrix} x^{k+1} \\ \lambda^{k+1} \end{pmatrix} = \begin{pmatrix} x^k \\ \lambda^k \end{pmatrix} + \begin{pmatrix} dx^k \\ d\lambda^k \end{pmatrix},$$

其中 dx^k 和 $d\lambda^k$ 是下述牛顿方程组的解

$$\nabla^2 L(x^k, \lambda^k) \begin{pmatrix} dx \\ d\lambda \end{pmatrix} = -\nabla L(x^k, \lambda^k).$$

把此方程组展开, 整理可得

$$\begin{pmatrix} \nabla_{xx}^2 L(x^k, \lambda^k) & -A(x^k)^{\mathrm{T}} \\ -A(x^k) & 0 \end{pmatrix} \begin{pmatrix} dx \\ d\lambda \end{pmatrix} = \begin{pmatrix} -\nabla_x L(x^k, \lambda^k) \\ c(x^k) \end{pmatrix}.$$

由于 $\lambda^{k+1} = \lambda^k + d\lambda^k$ 且 $\nabla_x L(x^k, \lambda^k) = \nabla f(x^k) - A(x^k)^{\mathrm{T}}\lambda^k$, 所以可将上述方程组转化为

$$\begin{pmatrix} \nabla_{xx}^2 L(x^k, \lambda^k) & -A(x^k)^{\mathrm{T}} \\ -A(x^k) & 0 \end{pmatrix} \begin{pmatrix} dx \\ \lambda \end{pmatrix} = \begin{pmatrix} -\nabla f(x^k) \\ c(x^k) \end{pmatrix},$$

设方程组的解为 dx^k 和 λ^{k+1}. 此时, 上述方程组正好是下述二次规划问题

$$\begin{aligned} \min \quad & \phi(dx) = \frac{1}{2}(dx)^{\mathrm{T}}\nabla_{xx}^2 L(x^k, \lambda^k)dx + (dx)^{\mathrm{T}}\nabla f(x^k) \\ \text{s.t.} \quad & A(x^k)dx + c(x^k) = 0 \end{aligned}$$

的一阶必要条件, λ^{k+1} 是与最优解 dx^k 相对应的 Lagrange 乘子. 序列二次规划法即是通过求解一系列这样的二次规划问题产生迭代序列 $\{x^k\}$ 和 Lagrange 乘子向量序列 $\{\lambda^k\}$, 逼近原问题的最优解 x^* 以及相应的 Lagrange 乘子向量 λ^*. 为了方便表示上述的二次规划问题, 我们用向量 d 代替 dx, 即二次规划问题变为

$$\begin{aligned} \min \quad & \phi(d) = \frac{1}{2}d^{\mathrm{T}}\nabla_{xx}^2 L(x^k, \lambda^k)d + d^{\mathrm{T}}\nabla f(x^k) \\ \text{s.t.} \quad & A(x^k)d + c(x^k) = 0. \end{aligned} \tag{4.6.2}$$

值得注意的是, 序列二次规划法具有很好的收敛性, 先通过下面的例子来了解一下, 然后再从理论上说明此方法的收敛性.

例 4.6.1　考虑非线性约束优化问题

$$\begin{aligned} \min \quad & f(x) = \mathrm{e}^{3x_1+4x_2} \\ \text{s.t.} \quad & c(x) = x_1^2 + x_2^2 = 1. \end{aligned}$$

解 易知该问题的最优解为 $x^* = \left(-\frac{3}{5}, -\frac{4}{5}\right)^{\mathrm{T}}$, 相对应的 Lagrange 乘子为 $\lambda^* = -\frac{5\mathrm{e}^{-5}}{2}$. 若选取初始点为 $x^0 = (-0.7, -0.7)^{\mathrm{T}}$, 逐次求解下面的二次规划问题

$$\begin{aligned} \min \quad & \phi(d) = \frac{1}{2}d^{\mathrm{T}}(G(x^k) - \lambda_k \nabla^2 c(x^k))d + d^{\mathrm{T}}\nabla f(x^k) \\ \text{s.t.} \quad & \nabla c(x^k)^{\mathrm{T}} d + c(x^k) = 0, \end{aligned}$$

其中

$$\nabla f(x) = \mathrm{e}^{3x_1+4x_2}\begin{pmatrix} 3 \\ 4 \end{pmatrix}, \quad \nabla c(x) = 2\begin{pmatrix} x_1 \\ x_2 \end{pmatrix},$$

$$G(x) = \mathrm{e}^{3x_1+4x_2}\begin{pmatrix} 9 & 12 \\ 12 & 16 \end{pmatrix}, \quad \nabla^2 c(x) = \begin{pmatrix} 2 & 0 \\ 0 & 2 \end{pmatrix}.$$

将初始点 x^0 代入上述二次规划中, 进行求解得到相应的最优解以及相应的 Lagrange 乘子分别为

$$d_1 = \begin{pmatrix} 0.14196 \\ -0.15624 \end{pmatrix}, \quad \lambda_1 = -0.014808.$$

于是有

$$x^1 = x^0 + d_1 = (-0.55804, -0.85624)^{\mathrm{T}}.$$

然后, 再把 x^1 代入上述的二次规划问题中, 求其最优解 d_2 以及相应的 Lagrange 乘子 λ_2, 从而可得到 x^2, 以此类推, 经过五次迭代所得到的迭代点为 $x^5 = (-0.6, -0.8)^{\mathrm{T}}$, 相应的 Lagrange 乘子为 $\lambda_5 = -0.016845 \approx -\frac{5\mathrm{e}^{-5}}{2}$, 它们恰好是原优化问题的最优解以及相应的 Lagrange 乘子. □

注 由例 4.6.1 可以看出, 序列二次规划方法不是一个可行算法, 即此方法不能保证每次的迭代都是原约束优化问题的可行点.

下述定理从理论上给出序列二次规划方法的收敛性结论, 由于篇幅有限, 此处省略其证明.

定理 4.6.1 对于等式约束优化问题 (4.6.1), 假设函数 $f, c_i \ (i \in E)$ 二阶连续可微且问题 (4.6.1) 存在最优解 x^*, 约束函数 $c_i \ (i \in E)$ 在 x^* 处的 Jacobi 矩阵 $A(x^*)$ 列满秩, 以及存在 λ^* 使得问题 (4.6.1) 的一阶必要条件和二阶充分条件成立. 如果初始点 x^0 充分接近于最优解 x^*, 那么每次迭代转化的二次规划子问题都会存在最优解, 从而得到的迭代序列 $\{x^k\}$ 和 Lagrange 乘子向量序列 $\{\lambda^k\}$ 分别二阶收敛于原等式约束优化问题 (4.6.1) 的最优解 x^* 和相应的 Lagrange 乘子向量 λ^*.

注　定理 4.6.1 中要求初始点 x^0 的选取应该充分接近于最优解 x^*. 这与求解无约束优化问题的牛顿法相同, 主要是为了保证 Lagrange 函数 Hesse 矩阵 $\nabla_{xx}^2 L(x,\lambda)$ 的对称正定性. 如果在初始点 x^0 的选择距离最优解 x^* 较远时, 那么保证不了 Hesse 矩阵 $\nabla_{xx}^2 L(x,\lambda)$ 的对称正定性, 从而也保证不了该方法的收敛性. 为了克服这个问题, 可通过引入线搜索或者信赖域的技术扩充此方法的收敛域.

1) 线搜索

由于序列二次规划方法不是可行方法, 所以在引入线搜索时, 约束优化问题的情况与无约束优化问题的情况有着明显的不同, 即对约束最优化问题不能只考虑目标函数值下降的条件, 求其迭代点. 对于衡量迭代点的好坏, 不仅需要考虑在迭代点处的目标函数值, 还要考察迭代点的可行程度. 为了能够衡量迭代点的好坏, 我们引进一类辅助函数, 称为**评价函数**(或者势函数). 评价函数的构造与罚函数类似, 就是把目标函数和约束函数结合起来构造评价函数. 一个常用的评价函数 (称为 l_1 评价函数) 为

$$\phi(x,\mu) := f(x) + \frac{1}{\mu}\|c(x)\|_1, \tag{4.6.3}$$

其中 μ 为罚因子, $\|c(x)\|_1$ 表示向量函数 $c(x) = (c_1(x), \cdots, c_m(x))^{\mathrm{T}}$ 的 l_1-范数. 对于 l_1 评价函数, 具有如下性质, 其详细证明可参考相关文献 (黄红选等, 2006).

引理 4.6.1　*设向量 d^k 和 λ^{k+1} 分别是二次规划子问题 (4.6.2) 的最优解和相应的 Lagrange 乘子向量, 则 l_1 评价函数 ϕ 沿方向 d^k 的方向导数满足*

$$D(\phi(x^k,\mu), d^k) \leqslant -(d^k)^{\mathrm{T}}\nabla_{xx}^2 L(x^k,\lambda^k)d^k - (\mu^{-1} - \|\lambda^{k+1}\|_\infty)\|c(x^k)\|_1,$$

其中 $\|\lambda^{k+1}\|_\infty$ 表示 Lagrange 乘子向量 λ^{k+1} 的 ∞-范数.

从引理 4.6.1 可知, 若矩阵 $\nabla_{xx}^2 L(x^k,\lambda^k)$ 对称正定, 并且取罚因子 μ 满足

$$\mu^{-1} = \|\lambda^{k+1}\|_\infty + \bar{\delta},$$

其中 $\bar{\delta} > 0$, 则可以保证二次规划子问题 (4.6.2) 的最优解 d^k 是 l_1 评价函数 $\phi(x,\mu)$ 在点 x^k 处的一个下降方向. 沿方向 d^k 进行一维线搜索确定迭代步长 α_k 使得

$$\phi(x^k + \alpha_k d^k, \mu) < \phi(x^k, \mu),$$

且

$$\liminf_{k\to\infty}(\|g(x^k) - A(x^k)^{\mathrm{T}}\lambda^k\| + \|c(x^k)\|) = 0,$$

其中 $g(x^k) := \nabla f(x^k)$.

算法 4.6.1(线搜索的序列二次规划法) 选取初始点 x^0, 初始罚因子 $\mu_0 > 0$, 允许误差 $\varepsilon > 0$, 置 $k = 0$.

步 1 求解二次规划子问题 (4.6.2), 得最优解为 d^k.

步 2 调整罚因子 μ_k 的值, 使得 d^k 是 l_1 评价函数 $\phi(x, \mu_k)$ 在点 x^k 处的下降方向, 在沿方向 d^k 进行一维线搜索确定迭代步长 α_k.

步 3 置 $x^{k+1} := x^k + \alpha_k d^k$, 求解方程组

$$A(x^{k+1})^{\mathrm{T}}\lambda = g(x^{k+1}),$$

得相应的 Lagrange 乘子向量为 λ^{k+1}.

步 4 收敛性检验: 若满足终止规则条件

$$\|g(x^{k+1}) - A(x^{k+1})^{\mathrm{T}}\lambda^{k+1}\| + \|c(x^{k+1})\| \leqslant \varepsilon,$$

则算法终止, 即所得到的 x^{k+1} 和 λ^{k+1} 分别是原问题的最优解和相应 Lagrange 乘子向量的近似解; 否则, 置 $k := k + 1$, 转步 1.

注 上述的 l_1 评价函数 $\phi(x, \mu)$ 并不是处处可微的函数, 在至少使一个约束变成等式约束的点处, 此函数都是不可微的. 出现这样的情况, 不管迭代点 x^k 距离最优解 x^* 多近, 步长 $\alpha = 1$ 是不可接受的, 从而影响了方法快速收敛的性质, 把这一现象称为 Maratos 效应. 下面是发生 Maratos 效应的一个例子.

例 4.6.2 考虑约束优化问题

$$\begin{aligned} \min \quad & f(x) = -x_1 + 2(x_1^2 + x_2^2 - 1) \\ \text{s.t.} \quad & c(x) = x_1^2 + x_2^2 - 1 = 0. \end{aligned}$$

解 易知该约束优化问题的最优解为 $x^* = (1, 0)^{\mathrm{T}}$, 相应的 Lagrange 乘子为 $\lambda^* = \dfrac{3}{2}$ 且 Lagrange 函数在 (x^*, λ^*) 处的 Hesse 矩阵为 $\nabla_{xx}^2 L(x^*, \lambda^*) = I$. 在序列二次规划算法中, 若取 $\nabla_{xx}^2 L(x^k, \lambda^k) = I$(单位矩阵), $x^k = (\cos\theta, \sin\theta)^{\mathrm{T}}$, 其中, $|\theta|$ 值充分小, 则相应的二次规划子问题 (4.6.2) 可变为

$$\begin{aligned} \min \quad & f(x) = -d_1 + \frac{1}{2}(d_1^2 + d_2^2) + \cos\theta\, d_1 + \sin\theta\, d_2 \\ \text{s.t.} \quad & c(x) = \cos\theta\, d_1 + \sin\theta\, d_2 = 0, \end{aligned}$$

解得最优解为 $d^k = (\sin^2\theta, -\sin\theta\cos\theta)^{\mathrm{T}}$. 所以

$$x^{k+1} = x^k + d^k = (\cos\theta + \sin^2\theta, \sin\theta - \sin\theta\cos\theta).$$

另外, 由

$$\|x^k - x^*\|^2 = \sqrt{2(1-\cos\theta)} \sim \theta, \quad \|x^k + d^k - x^*\|^2 \sim \frac{\theta^2}{2},$$

可知序列 $\{x^k\}$ 是二阶收敛的. 但是, 由于

$$f(x^k) = -\cos\theta, \quad f(x^k + d^k) = -\cos\theta + \sin^2\theta,$$

$$c(x^k) = 0, \quad c(x^k + d^k) = 2\sin^2\theta,$$

所以, 无论 $x^k + d^k$ 比 x^k 多靠近于最优解 x^*, 但对于 l_1 评价函数 $\phi(x,\mu)$, 其函数值并没有下降, 这也就是所谓的 Maratos 效应. □

为了克服 Maratos 效应这一困难, 可采用性质较好的函数作为罚函数, 例如, 具有 Fletcher 可微的精确罚函数

$$\phi(x,\mu) = f(x) - \lambda(x)^{\mathrm{T}} c(x) + \frac{1}{2\mu}\sum_{i\in E} c_i^2(x),$$

其中

$$\lambda(x) = [A(x)A(x)^{\mathrm{T}}]^{-1} A(x) g(x).$$

同样可以证明: 当 Hesse 阵 $\nabla_{xx}^2 L(x^k, \lambda^k)$ 对称正定时, 对适当的 μ_k, 方向 d^k 是函数 $\phi(x,\mu_k)$ 在点 x^k 处的一个下降方向.

注　上述线搜索的方法中需要要求 Hesse 阵 $\nabla_{xx}^2 L(x^k, \lambda^k)$ 对称正定, 才能保证迭代方向 d^k 是一个下降方向. 一旦 Hesse 阵 $\nabla_{xx}^2 L(x^k, \lambda^k)$ 是非对称正定的, 迭代方向的下降性就不能得到保证, 此时相应的二次规划子问题 (4.6.2) 会出现无解. 在这种情况下, 我们需要采用其他的方法 (如信赖域方法) 解决此问题.

2) 信赖域方法

对于处理二次规划子问题 (4.6.2), 如同无约束最优化的情况, 我们也可以采取信赖域技术, 但是不能像无约束优化问题那样简单地加一个信赖域约束 $\|d\| \leqslant \triangle_k$, 需要用到其他一些技术, 例如, 对二次规划子问题 (4.6.2) 进行变形, 可得到如下问题

$$\begin{aligned} \min \quad & \phi(d) = \frac{1}{2} d^{\mathrm{T}} \nabla_{xx}^2 L(x^k, \lambda^k) d + d^{\mathrm{T}} g(x^k) \\ \text{s.t.} \quad & A(x^k) d + \theta c(x^k) = 0, \\ & \|d\| \leqslant \triangle_k, \end{aligned} \tag{4.6.4}$$

其中 $\theta \in (0,1]$. 为了方便于后面的讨论, 不妨令 $W^k := \nabla_{xx}^2 L(x^k, \lambda^k)$, $g^k := g(x^k) = \nabla f(x^k)$, $A^k := A(x^k)$ 以及 $c^k := c(x^k)$. 对于问题 (4.6.4), 若 θ 充分小, 则问题 (4.6.4) 的可行域非空. 原因是在 c^k 上乘以因子 θ, 其作用就是在该线性化约束对应

的直线向原点平行移动, 从而使得移动后的直线与信赖域有交点, 故可使问题存在可行点.

将方向 d 进行正交分解

$$d = h + v^k, \quad h = Z^k u,$$

其中 $h \in \mathcal{N}(A^k)$ (矩阵 A^k 的零空间), $v^k \in \mathcal{R}(A^k)$ (矩阵 A^k 的像空间), Z^k 是由零空间 $\mathcal{N}(A^k)$ 的基所组成的矩阵, $u \in \mathbb{R}^{n-m}$. 于是有

$$0 = A^k d + \theta c^k = A^k(h + v^k) + \theta c^k = A^k v^k + \theta c^k.$$

进而,

$$v^k = -\theta (A^k)^\dagger c^k, \tag{4.6.5}$$

其中 $(A^k)^\dagger$ 为矩阵 A^k 的广义逆. 此外, 由于 $\theta c^k = -A^k v^k$, 所以问题 (4.6.4) 中的等式约束条件可表示成

$$A^k(d - v^k) = 0 \quad 或 \quad A^k h = 0.$$

由方向 d 的正交分解, 故

$$\|h\|_2^2 + \|v^k\|_2^2 = \|h + v^k\|_2^2 = \|d\|_2^2 \leqslant \triangle_k^2.$$

利用上述两个式子, 故问题 (4.6.4) 可转化为

$$\begin{aligned} \min \quad & \phi(d) = d^{\mathrm{T}} g^k + \frac{1}{2} d^{\mathrm{T}} W^k d \\ \text{s.t.} \quad & A^k(d - v^k) = 0, \\ & \|d - v^k\|_2 \leqslant \sqrt{\triangle_k^2 - \|v^k\|_2^2}. \end{aligned}$$

再结合 d 的正交分解, 于是上述问题可转化为

$$\begin{aligned} \min \quad & (g^k + W^k v^k)^{\mathrm{T}} Z^k u + \frac{1}{2} u^{\mathrm{T}} (Z^k)^{\mathrm{T}} W^k Z^k u \\ \text{s.t.} \quad & \|Z^k u\|_2 \leqslant \sqrt{\triangle_k^2 - \|v^k\|_2^2}. \end{aligned}$$

若令

$$\bar{g}^k := (Z^k)^{\mathrm{T}} (g^k + W^k v^k), \quad \overline{W}^k := (Z^k)^{\mathrm{T}} W^k Z^k, \quad \bar{\triangle}_k := \sqrt{\triangle_k^2 - \|v^k\|_2^2},$$

则上述问题可变为下述问题

$$\begin{aligned} \min \quad & \varphi(d) = (\bar{g}^k)^{\mathrm{T}} u + \frac{1}{2} u^{\mathrm{T}} \overline{W}^k u \\ \text{s.t.} \quad & \|u\|_2 \leqslant \bar{\triangle}_k. \end{aligned} \tag{4.6.6}$$

对于此问题, 我们可以利用信赖域的方法直接求解.

因此, 我们可先由 (4.6.5) 式计算 v^k, 然后求解二次规划子问题 (4.6.6), 得最优解为 u^k, 由此可得迭代方向 $d^k = v^k + Z^k u^k$. 接着计算评价函数在点 $x^k + d^k$ 处的函数值, 给出实际下降量和预测下降量的比值, 来调整信赖域以及确定是否接受 $x^k + d^k$. 根据上述的讨论, 下面给出信赖域型的序列二次规划方法具体的计算步骤.

算法 4.6.2(信赖域型的序列二次规划法)　选取初始点 x^0, $\triangle_0 > 0$, 控制参数 $\eta \in \left(0, \dfrac{1}{2}\right)$, 置 $k = 0$.

步 1　由 (4.6.5) 式计算 v^k.

步 2　求解二次规划子问题 (4.6.6), 得最优解为 u^k, 并置 $d^k = v^k + Z^k u^k$.

步 3　调整 μ_k 的值, 计算 $\triangle\phi_k = \phi(x^k, \mu_k) - \phi(x^k + d^k, \mu_k)$ 和 $\triangle\psi_k = -\varphi(u^k)$.

步 4　若 $r_k = \dfrac{\triangle\phi_k}{\triangle\psi_k} < \eta$, 则减小 $\triangle_k$, 并转步 2.

步 5　置 $x^{k+1} := x^k + d^k$, 计算 λ^{k+1}.

步 6　收敛性检验: 若满足终止规则条件, 则算法终止, 即所得到的 x^{k+1} 和 λ^{k+1} 分别为原问题的最优解和相应的Lagrange乘子向量的近似解; 否则, 取 $\triangle_{k+1} \geqslant \triangle_k$, 置 $k := k + 1$, 转步 1.

2. 一般约束优化问题的情况

考虑一般约束优化问题 (4.1.1), 即

$$\begin{aligned} \min \quad & f(x) \\ \text{s.t.} \quad & c_i(x) \geqslant 0, \ \forall i \in I = \{1, \cdots, p\}, \\ & c_i(x) = 0, \ \forall i \in E = \{p+1, \cdots, m\}. \end{aligned}$$

求解等式约束优化问题的序列二次规划方法可以直接推广到求解一般约束的优化问题中, 就是每次迭代时将求解的二次规划子问题转化为

$$\begin{aligned} \min \quad & \frac{1}{2} d^{\mathrm{T}} W^k d + d^{\mathrm{T}} g^k \\ \text{s.t.} \quad & \nabla c_i^k d + c_i^k \geqslant 0, \ \forall i \in I = \{1, \cdots, p\}, \\ & \nabla c_i^k d + c_i^k = 0, \ \forall i \in E = \{p+1, \cdots, m\}, \end{aligned} \tag{4.6.7}$$

其中 $W^k := \nabla_{xx}^2 L(x^k, \lambda^k)$, $c_i^k := c_i(x^k)$. 此外, 对应的广义 Lagrange 函数为

$$L(x, \lambda) = f(x) - \sum_{i \in I} \lambda_i c_i(x) - \sum_{i \in E} \lambda_i c_i(x).$$

当利用线搜索确定迭代步长时, 需要将用到的 l_1 评价函数换成为

$$\phi(x,\mu) := f(x) + \frac{1}{\mu}\left[\sum_{i\in E}|c_i(x)| + \sum_{i\in I}\max\{0, -c_i(x)\}\right].$$

其他地方的计算都类似于等式约束的计算情况, 在此不再阐述, 可参见相关文献 (黄红选等, 2006; 王宜举等, 2012).

习 题 4

4.1 设 K 是一个以原点为顶点的凸锥, 试证: 对任意的 $x_i \in K$ 以及对任意的 $\lambda_i \geqslant 0(i = 1, 2, \cdots, r)$ $(r \geqslant 2)$, 恒有

$$\sum_{i=1}^{r} \lambda_i x_i \in K.$$

4.2 设 $a_1 = (4, 1)^{\mathrm{T}}$, $a_2 = (1, 4)^{\mathrm{T}}$, $b_1 = (4, 2)^{\mathrm{T}}$, $b_2 = (4, 0)^{\mathrm{T}}$.

(1) 试用 Farkas 引理说明: 凡是满足不等式组

$$a_1^{\mathrm{T}} p \geqslant 0, \quad a_2^{\mathrm{T}} p \geqslant 0$$

的向量 p 必满足 $b_1^{\mathrm{T}} p \geqslant 0$. 同时写出满足上述三个不等式所有向量 p 的表达式.

(2) 试用 Farkas 引理说明: 至少存在一个向量 $\bar{p}$, 使得向量 $\bar{p}$ 满足

$$a_1^{\mathrm{T}} \bar{p} \geqslant 0, \quad a_2^{\mathrm{T}} \bar{p} \geqslant 0, \quad b_2^{\mathrm{T}} \bar{p} < 0.$$

同时, 写出向量 $\bar{p}$ 的表达式.

4.3 写出下面带约束二次规划问题的最优性条件

$$\begin{aligned} \min \quad & f(x) = \frac{1}{2} x^{\mathrm{T}} G x + x^{\mathrm{T}} g \\ \text{s.t.} \quad & Ax \geqslant b, \\ & \bar{A} x = \bar{b}, \end{aligned}$$

其中矩阵 G 是对称半正定矩阵.

4.4 求下列约束优化问题的 K-T 点:

(1)
$$\begin{aligned} \min \quad & f(x) = 4x_1 - 3x_2 \\ \text{s.t.} \quad & 4 - x_1 - x_2 \geqslant 0, \\ & x_2 + 7 \geqslant 0, \\ & -(x_1 - 3)^2 + x_2 + 1 \geqslant 0; \end{aligned}$$

(2)
$$\begin{aligned} \min \quad & f(x) = (x_1 + x_2)^2 + 2x_1 + x_2^2 \\ \text{s.t.} \quad & x_1 + 3x_2 \leqslant 4, \\ & 2x_1 + x_2 \leqslant 3, \\ & x_1, x_2 \geqslant 0. \end{aligned}$$

4.5　利用 K-T 条件求解下列的约束优化问题:

(1) $$\begin{aligned} \min\quad & f(x)=x_1^2+x_2 \\ \text{s.t.}\quad & c_1(x)=x_1^2+x_2^2-9\leqslant 0, \\ & c_2(x)=x_1+x_2-1\leqslant 0; \end{aligned}$$

(2) $$\begin{aligned} \min\quad & f(x)=(x_1-3)^2+(x_2-3)^2 \\ \text{s.t.}\quad & 4-x_1-x_2\geqslant 0, \\ & x_1\geqslant 0,\quad x_2\geqslant 0. \end{aligned}$$

4.6　考虑下面的约束优化问题

$$\begin{aligned} \min\quad & g(x)=x_1+x_2 \\ \text{s.t.}\quad & x_1^2+x_2^2-2\leqslant 0. \end{aligned}$$

(1) 写出该问题的 K-T 条件, 并求出相应的 K-T 点.

(2) 试证: 该问题的 K-T 点 x^* 是该问题的一个严格全局最优解.

4.7　利用一阶最优性条件, 求解下面的约束优化问题

$$\begin{aligned} \min\quad & g(x)=(x_1+1)^2+(x_2-1)^2 \\ \text{s.t.}\quad & (x_1-1)(4-x_1^2-x_2^2)\geqslant 0, \\ & 100-2x_1^2-x_2^2\geqslant 0, \\ & x_2-\frac{1}{2}=0. \end{aligned}$$

4.8　对于约束优化问题

$$\begin{aligned} \min\quad & f(x)=x_1^2+x_2^2 \\ \text{s.t.}\quad & x_1^2+x_2^2\leqslant 5, \\ & x_1+2x_2=4, \\ & x_1,x_2\geqslant 0, \end{aligned}$$

验证: 在最优解 $x^*=\left(\frac{4}{5},\frac{8}{5}\right)^{\mathrm{T}}$ 处, 此问题的 K-T 条件成立. 此外, 并求解在最优解 x^* 处所对应的 Lagrange 乘子.

4.9　设矩阵 G 对称正定, x^* 是下面二次规划问题

$$\begin{aligned} \min\quad & f(x)=\frac{1}{2}x^{\mathrm{T}}Gx+r^{\mathrm{T}}x \\ \text{s.t.}\quad & A^{\mathrm{T}}x=b \end{aligned}$$

的全局最优解的充分必要条件是 x^*, λ^* 满足下列条件

$$x^*=G^{-1}(A\lambda^*-r),\quad \lambda^*=(A^{\mathrm{T}}G^{-1}A)^{-1}(A^{\mathrm{T}}G^{-1}r+b).$$

4.10　建立下面约束优化问题的 Lagrange 对偶规划问题

$$\begin{aligned} \min\quad & g(x)=x_1^2+x_2^2 \\ \text{s.t.}\quad & x_1+x_2\geqslant 4, \\ & x_1,x_2\geqslant 0, \end{aligned}$$

并验证: 对偶规划问题的目标函数为 $g^*(y) = -\frac{y^2}{2} - 4y$, 而且对偶间隙为 0.

4.11 用直接消去法和广义消去法求解下列约束优化问题:

(1) $\min \quad f(x) = 2x_1^2 + x_2^2 + x_1x_2 - x_1 - x_2$

s.t. $\quad x_1 + x_2 = 1;$

(2) $\min \quad f(x) = \frac{3}{2}x_1^2 - x_1x_2 + x_2^2 - x_2x_3 + \frac{1}{2}x_3^2 + x_1 + x_2 + x_3$

s.t. $\quad x_1 + 2x_2 + x_3 - 4 = 0.$

4.12 用 Lagrange 方法求解下面的约束优化问题

$$\begin{aligned} \min \quad & f(x) = x_1^2 + x_2^2 + x_1x_2 \\ \text{s.t.} \quad & x_1 + 2x_2 = 4. \end{aligned}$$

4.13 用有效集法求解下列凸二次规划问题:

(1) $\min \quad f(x) = 9x_1^2 + 9x_2^2 - 30x_1 - 72x_2$

s.t. $\quad -2x_1 + x_2 \geqslant -4,$

$\quad x_1 \geqslant 0, \quad x_2 \geqslant 0;$

(2) $\min \quad f(x) = x_1^2 - x_1x_2 + x_2^2 - 3x_1$

s.t. $\quad -x_1 - x_2 \geqslant -2,$

$\quad x_1 \geqslant 0, \quad x_2 \geqslant 0,$

初始可行点均取为 $x^0 = (0,0)^{\mathrm{T}}$.

4.14 求解下面的二次规划问题:

(1) $\min \quad f(x) = x_1^2 + 2x_2^2 - 2x_1 + 4x_2$

s.t. $\quad x_1 + x_2 - 1 = 0;$

(2) $\min \quad f(x) = -(x_1 - 2)^2 - (x_2 - 1)^2$

s.t. $\quad -x_1 + x_2 \leqslant 4,$

$\quad 2x_1 + x_2 \leqslant 12,$

$\quad 3x_1 - x_2 \leqslant 12,$

$\quad x_1 \geqslant 0, \quad x_2 \geqslant 0,$

初始可行点均取为 $x^0 = (4,4)^{\mathrm{T}}$.

4.15 考虑下面二次规划问题

$$\begin{aligned} \min \quad & f(x) = 6x_1 + 4x_2 - x_1^2 - x_2^2 - 13 \\ \text{s.t.} \quad & x_1 + x_2 \leqslant 3, \\ & x_1, \quad x_2 \geqslant 0. \end{aligned}$$

使用图解法求其最优解, 再使用有效集法求解.

4.16 求解下列二次规划问题并作图说明几何意义:

(1) $$\begin{aligned} \min \quad & f(x) = 2x_1^2 - 4x_1x_2 + 4x_2^2 - 6x_1 - 3x_2 \\ \text{s.t.} \quad & x_1 + x_2 \leqslant 3, \\ & 4x_1 + x_2 \leqslant 0, \\ & x_1, x_2 \geqslant 0; \end{aligned}$$

(2) $$\begin{aligned} \min \quad & f(x) = 2x_1 + 3x_2 + 4x_1^2 + 2x_1x_2 + x_2^2 \\ \text{s.t.} \quad & x_1 - x_2 \geqslant 3, \\ & x_1 + x_2 \leqslant 4, \\ & x_1 \leqslant 3. \end{aligned}$$

4.17　对于二次规划问题

$$\begin{aligned} \min \quad & g(x) = -x_1^2 - x_2^2 - x_3^2 + 4x_1 + 6x_2 \\ \text{s.t.} \quad & x_1 + x_2 \leqslant 2, \\ & 2x_1 + 3x_2 \leqslant 12, \\ & x_1, x_2, x_3 \geqslant 0. \end{aligned}$$

(1) 写出该问题所对应的 Lagrange 函数, 并求出该函数的鞍点;

(2) 写出该问题的 K-T 条件, 并求出相应的 K-T 点;

(3) 用罚函数法求解该二次规划问题.

4.18　用外点法求解下列约束优化问题:

(1) $$\begin{aligned} \min \quad & f(x) = x_1^2 + 2x_2^2 \\ \text{s.t.} \quad & c(x) = x_1 + x_2 \geqslant 1; \end{aligned}$$

(2) $$\begin{aligned} \min \quad & f(x) = x_1^2 + x_2^2 \\ \text{s.t.} \quad & c_1(x) = (x_1 - 1)^3 + x_2^2 = 0; \end{aligned}$$

(3) $$\begin{aligned} \min \quad & f(x) = -x_1x_2 \\ \text{s.t.} \quad & c_1(x) = -x_1 - x_2^2 + 1 \geqslant 0, \\ & c_2(x) = x_1 + x_2 \geqslant 0. \end{aligned}$$

4.19　用内点法求解下列约束优化问题:

(1) $$\begin{aligned} \max \quad & f(x) = (x_1 - 2)^2 + x_2^2 \\ \text{s.t.} \quad & c(x) = x_2 - 1 \geqslant 0; \end{aligned}$$

(2) $$\begin{aligned} \min \quad & f(x) = x_1^2 + x_2^2 \\ \text{s.t.} \quad & c_1(x) = 2x_1 + x_2 - 2 \leqslant 0, \\ & c_2(x) = -x_1 + 1 \leqslant 0; \end{aligned}$$

(3) $$\begin{aligned} \min \quad & f(x) = x_1^2 + 4x_2^2 \\ \text{s.t.} \quad & c_1(x) = x_1 - x_2 \leqslant 1, \\ & c_2(x) = x_1 + x_2 \geqslant 1, \\ & c_3(x) = x_2 \leqslant 1. \end{aligned}$$

4.20 利用对数障碍函数求解下面的约束优化问题

$$\begin{aligned} \min \quad & f(x)=x_1+2x_2 \\ \text{s.t.} \quad & -x_1^2+x_2 \geqslant 0, \\ & x_1 \leqslant 0. \end{aligned}$$

4.21 用混合罚函数法求解下面约束优化问题

$$\begin{aligned} \min \quad & f(x)=(x_1-2)^2+(x_2-1)^2 \\ \text{s.t.} \quad & c_1(x)=\frac{x_1^2}{4}+x_2^2-1 \leqslant 0, \\ & c_2(x)=x_1-2x_2+1=0, \end{aligned}$$

初始点取为 $x^0=(2,2)^{\mathrm{T}}$.

4.22 从点 x^0 到超平面 $\{x|Ax=b\}$ 寻找最短距离, 可以构成一个二次规划问题, 如下式:

$$\begin{aligned} \min \quad & f(x)=\frac{1}{2}(x-x^0)^{\mathrm{T}}(x-x^0) \\ \text{s.t.} \quad & Ax=b, \end{aligned}$$

其中 A 为行满秩矩阵. 试证: 其最优解为

$$x^*=x^0-A^{\mathrm{T}}(AA^{\mathrm{T}})^{-1}(b-Ax^0).$$

此外, 当 A 为行向量时, 从点 x^0 到 $Ax=b$ 可行域的最短距离为

$$\frac{|b-Ax^0|}{\|A\|}.$$

4.23 设 $a, x^0 \in \mathbb{R}^n$ 为非零向量. 求解下面二次规划问题

$$\begin{aligned} \min \quad & g(x)=\|x-x^0\|^2 \\ \text{s.t.} \quad & a^{\mathrm{T}}x=0 \end{aligned}$$

的最优解.

4.24 设 $P(x,r)$ 是不等式约束优化问题

$$\begin{aligned} \min \quad & f(x) \\ \text{s.t.} \quad & g_i(x) \geqslant 0,\ i=1,2,\cdots,m \end{aligned}$$

对应的障碍函数, 若上述优化问题的可行域内部

$$\operatorname{int}\mathscr{F}=\{x\in\mathbb{R}^n \mid g_i(x)>0,\ \ i=1,2,\cdots,m\}$$

有界, 则下述优化问题

$$\begin{aligned} \min \quad & P(x,r) \\ \text{s.t.} \quad & x\in \operatorname{int}\mathscr{F} \end{aligned}$$

在内部 int $\mathscr{F}$ 上一定可以达到最优解.

4.25　用乘子法求解下列约束优化问题:

(1) $$\begin{aligned} \max \quad & f(x) = x_1^2 + x_1x_2 + x_2^2 \\ \text{s.t.} \quad & c(x) = x_1 + 2x_2 = 4; \end{aligned}$$

(2) $$\begin{aligned} \min \quad & f(x) = 2x_1^2 - x_1x_2 + x_2^2 \\ \text{s.t.} \quad & c(x) = x_1 + x_2 - 2 \geqslant 0; \end{aligned}$$

(3) $$\begin{aligned} \min \quad & f(x) = x_1^2 + 6x_1 + x_2^2 + 9 \\ \text{s.t.} \quad & c_1(x) = -x_1 \leqslant 0, \\ & c_2(x) = -x_2 \leqslant 0, \\ & c_3(x) = 4 - 2x_1 - x_2 \leqslant 0. \end{aligned}$$

4.26　用序列二次规划法求解下面的约束优化问题:

(1) $$\begin{aligned} \max \quad & f(x) = x_1x_2x_3x_4x_5 \\ \text{s.t.} \quad & c_1(x) = \sum_{i=1}^{5} x_i^2 - 10 = 0, \\ & c_2(x) = x_2x_3 - 5x_4x_5 = 0, \\ & c_3(x) = x_1^3 + x_2^3 + 1 = 0; \end{aligned}$$

(2) $$\begin{aligned} \min \quad & f(x) = x_1^2 + x_2^2 - x_1x_2 - 2x_1 + 3x_2 \\ \text{s.t.} \quad & c_1(x) = x_1 + x_2 \leqslant 3, \\ & c_2(x) = x_1 + 5x_2 \leqslant 6, \\ & x_1, x_2 \geqslant 0. \end{aligned}$$

4.27　用 Zoutendijk 可行方向法求解下面的约束优化问题

$$\begin{aligned} \min \quad & f(x) = x_1^2 + 4x_2^2 - 34x_1 - 32x_2 \\ \text{s.t.} \quad & c_1(x) = 2x_1 + x_2 \leqslant 6, \\ & c_2(x) = x_2 \leqslant 2, \\ & x_1, x_2 \geqslant 0, \end{aligned}$$

其中初始可行点取为 $x^0 = (1, 2)^{\mathrm{T}}$.

4.28　对于下面的约束优化问题

$$\begin{aligned} \min \quad & f(x) = x_1^2 + 2x_2^2 + x_1x_2 - 6x_1 - 2x_2 - 12x_3 \\ \text{s.t.} \quad & c_1(x) = x_1 + x_2 + x_3 = 2, \\ & c_2(x) = x_1 - 2x_2 \geqslant -3, \\ & x_1, x_2, x_3 \geqslant 0. \end{aligned}$$

试用梯度投影法求出在点 $\bar{x} = (1, 0, 1)^{\mathrm{T}}$ 处的一个可行下降方向.

4.29 用 Rosen 梯度投影法求解下面的约束优化问题

$$\begin{aligned}\min\quad & f(x)=(1-x_1)^2-10(x_2-x_1)+x_1^2-2x_1x_2+\mathrm{e}^{-x_1-x_2}\\ \text{s.t.}\quad & c_1(x)=2x_1+5x_2\leqslant 25,\\ & c_2(x)=-x_1+2x_2\leqslant 8,\\ & x_1,x_2\geqslant 0,\end{aligned}$$

取初始可行点为 $x^0=(0,1)^{\mathrm{T}}$.

4.30 用 Wolfe 既约梯度法求解下面的约束优化问题

$$\begin{aligned}\min\quad & f(x)=2x_1^2+x_2^2\\ \text{s.t.}\quad & c_1(x)=x_1-x_2+x_3=2,\\ & c_2(x)=-2x_1+x_2+x_4=1,\\ & x_1,x_2,x_3,x_4\geqslant 0,\end{aligned}$$

取初始可行点为 $x^0=(1,3,4,0)^{\mathrm{T}}$.

4.31 考虑下述两个约束最优化问题

$$\text{(I)}\quad\begin{aligned}\min\quad & f(x)=\frac{1}{2}x^{\mathrm{T}}Gx+g^{\mathrm{T}}x\\ \text{s.t.}\quad & Ax=b,\\ & x\geqslant 0.\end{aligned}$$

$$\text{(II)}\quad\begin{aligned}\min\quad & g(x)=g^{\mathrm{T}}x-b^{\mathrm{T}}u\\ \text{s.t.}\quad & Ax=b,\\ & Gx+A^{\mathrm{T}}u-v=-g,\\ & x\geqslant 0,\quad v\geqslant 0,\quad v^{\mathrm{T}}x=0.\end{aligned}$$

试问：由问题 (II) 所得到的最优解 $\bar{x}$ 是否是问题 (I) 的最优解?

第5章　多目标规划简介

在前几章讲述的线性规划和非线性规划中，所研究的问题都是只含有一个目标函数，我们把这类问题称为单目标最优化问题，又称为数值最优化问题. 但是在很多的实际问题中，往往需要同时考虑多个目标 (标准) 的优化问题. 例如，设计一个新产品，人们总希望在给定的条件下，能选择同时具有质量好、产量高以及利润大的方案. 还有在确定一个橡胶配方时，往往要同时考察强力、硬度、变形以及伸长等多个目标. 这类问题都是在决策变量满足给定约束的条件下，同时研究多个目标都尽可能好的最优化问题，称为**多目标最优化问题**或**多目标规划问题**. 研究多目标最优化问题的学科称为多目标最优化或多目标规划. 它是数学规划的一个重要分支，早期来源是经济理论，如今在经济规划、计划管理、金融决策、工程设计、城市地区发展规划、卫生保健和军事科学等领域中都有着广泛应用.

关于多目标规划问题的研究主要分为以下四个方面.

(I) 有关各种解的概念与性质. 迄今为止，关于具有一定影响力最优解的概念不下 20 多种，其中最常见的解有绝对最优解、有效解以及弱有效解等. 关于多目标最优化问题解的研究，在理论方面主要包括解的存在性、解的连通性与稳定性以及解与解之间的关系等；

(II) 多目标规划的解法. 关于多目标规划直接解法的研究相对较少一些，而间接解法则通常是借助于问题的实际背景，可以把多目标最优化问题转化为单目标最优化问题求解；

(III) 多目标规划的对偶问题. 关于多目标规划对偶问题的研究，目前已经存在很多各种各样的对偶形式，例如，Lagrange 对偶及共轭对偶等；

(IV) 不可微多目标规划. 已经有多种关于导数的广义概念可以应用于这方面的研究，例如，广义梯度，Dini 次微分等.

由于篇幅的限制，在本章中，主要介绍前两个方面的内容，即主要介绍多目标规划问题最常见三种解的概念及其性质，以及间接求解多目标最优化问题的主要方法. 要想对多目标规划的理论和方法作更详细、更深一步了解，有兴趣的读者可参见相关文献 (黄红选等, 2006; 唐焕文等, 2005; 解可新等, 2004).

5.1 多目标规划的模型及其分类

5.1.1 多目标规划问题的例子

例 5.1.1(买糖问题) 如今要筹办一次会议, 需要到某商店买些糖果. 如果商店有三种糖果, 分别为 A_1, A_2 和 A_3, 单价分别为每千克 4 元, 3 元和 2.6 元. 要求用于买糖的钱不超过 50 元, 糖的总重量不少于 8 千克, A_1 和 A_2 两种糖的总量不少于 4 千克, 问如何确定最好的买糖计划?

解 设购买 A_1, A_2, A_3 三种糖果的重量数分别为 x_1 千克, x_2 千克和 x_3 千克. 用于买糖的总钱数为 f_1, 买糖的总重量为 f_2. 根据题意, 我们希望用最少的钱买最多的糖. 因而, 有如下的数学模型表示上述买糖问题:

目标函数为

$$\begin{aligned} &\min\ f_1 = 4x_1 + 3x_2 + 2.6x_3, \\ &\max\ f_2 = x_1 + x_2 + x_3, \end{aligned}$$

约束条件为

$$\begin{aligned} &4x_1 + 3x_2 + 2.6x_3 \leqslant 50, \\ &x_1 + x_2 + x_3 \geqslant 8, \\ &x_1 + x_2 \geqslant 4, \\ &x_1, x_2, x_3 \geqslant 0. \end{aligned}$$

通过上面的数学模型发现, 目标函数和约束函数都是线性函数, 故称为多目标线性规划问题. 如果令 $x = (x_1, x_2, x_3)^{\mathrm{T}}$, $y_1(x) = f_1$ 且 $y_2(x) = -f_2$, 那么上述的数学模型可转化为

$$\begin{aligned} V-\min \quad & (y_1(x), y_2(x))^{\mathrm{T}} \\ \text{s.t.} \quad & 4x_1 + 3x_2 + 2.6x_3 \leqslant 50, \\ & x_1 + x_2 + x_3 \geqslant 8, \\ & x_1 + x_2 \geqslant 4, \\ & x_1, x_2, x_3 \geqslant 0, \end{aligned}$$

其中 $V-\min$ 表示求向量函数 $f(x) = (y_1(x), y_2(x))^{\mathrm{T}}$ 的极小值. □

例 5.1.2(投资决策问题) 某投资发展公司拥有总资金 A 万元, 如今有 n ($n \geqslant 2$) 个项目可供投资选择. 设投资第 i ($i = 1, 2, \cdots, n$) 个项目需要用资金 a_i 万元, 预测可获得利润 b_i 万元. 问应该如何决策投资方案?

解 由题意可知, 一个好的投资方案应该是投资的钱要少而收到的利润要大. 为此, 设决策变量为

$$x_i = \begin{cases} 1, & \text{当投资第 } i \text{ 个项目时}, \\ 0, & \text{当不投资第 } i \text{ 个项目时}, \end{cases} \qquad \forall i \in \{1, 2, \cdots, n\},$$

则按照题意可以建立如下数学模型:

目标函数为

$$\min\ f_1 = \sum_{i=1}^{n} a_i x_i,$$

$$\max\ f_2 = \sum_{i=1}^{n} b_i x_i,$$

约束条件为

$$A - \sum_{i=1}^{n} a_i x_i \geqslant 0,$$

$$x_i(x_i - 1) = 0, \quad \forall i \in \{1, 2, \cdots, n\}.$$

在上面的数学模型中, 由于变量 x_i 的取值只是 0 和 1, 由此可称为多目标 0-1 规划问题. 与例 5.1.1 类似, 如果令 $y_1(x) = f_1$ 且 $y_2(x) = -f_2$, 其中 $x := (x_1, x_2, \cdots, x_n)^{\mathrm{T}}$, 那么上述的数学模型可转化为

$$\begin{aligned} V-\min \quad & (y_1(x), y_2(x))^{\mathrm{T}} \\ \text{s.t.} \quad & A - \sum_{i=1}^{n} a_i x_i \geqslant 0, \\ & x_i(x_i - 1) = 0,\ \forall i \in \{1, 2, \cdots, n\}, \end{aligned}$$

其中 $V - \min$ 表示求向量函数 $f(x) = (y_1(x), y_2(x))^{\mathrm{T}}$ 的极小值. □

类似于上述类型需要考虑多个目标最优化问题的例子举不胜举, 说明在实际生活和广泛的领域中存在着大量的多目标最优化问题. 进一步也说明多目标规划问题有着广泛的应用背景, 对其研究有着重要的实际意义.

5.1.2　多目标规划问题的数学模型及其分类

1. 一般多目标最优化问题的数学模型

通过 5.1.1 小节的例子可以看出: 在一定限制条件下, 考虑的问题是多于一个目标函数的优化问题. 根据这些量在问题中所起到的作用以及它们之间的关系, 则可以从这些问题中归纳出共同的模式, 称为一般多目标最优化问题, 其数学模型可以描述成如下形式:

$$\begin{aligned} \min \quad & f_1(x_1, x_2, \cdots, x_n), \\ \min \quad & f_2(x_1, x_2, \cdots, x_n), \\ & \cdots\cdots \\ \min \quad & f_m(x_1, x_2, \cdots, x_n) \\ \text{s.t.} \quad & g_i(x_1, x_2, \cdots, x_n) \geqslant 0,\ \forall i \in \{1, 2, \cdots, p\}, \\ & h_j(x_1, x_2, \cdots, x_n) = 0,\ \forall j \in \{1, 2, \cdots, q\}, \end{aligned} \tag{5.1.1}$$

其中 $x_1, x_2, \cdots, x_n$ 称为决策变量; 由决策变量构成的 n 维向量 $x=(x_1,x_2,\cdots,x_n)^{\mathrm{T}}$ 称为决策向量; 函数 g_i 和 h_j 称为约束函数; m 个函数 f_k $(k\in\{1,\cdots,m\})$ 称为目标函数, 由 m 个目标函数构成的 m 维向量 $F(x)=(f_1(x),f_2(x),\cdots,f_m(x))^{\mathrm{T}}$ 称为向量目标函数, 并记多目标最优化问题 (5.1.1) 的可行域为

$$\mathscr{F}:=\left\{x\in\mathbb{R}^n \;\middle|\; \begin{array}{ll} g_i(x_1,x_2,\cdots,x_n)\geqslant 0, & \forall i\in\{1,2,\cdots,p\}; \\ h_j(x_1,x_2,\cdots,x_n)=0, & \forall j\in\{1,2,\cdots,q\} \end{array}\right\}.$$

如果不明确指明约束函数的具体形式, 那么一般多目标最优化问题的向量形式可以记为

$$\text{(VMP)} \quad V-\min_{x\in\mathscr{F}} \quad F(x). \tag{5.1.2}$$

有时称问题 (5.1.2) 为向量数学规划问题 (简记为 VMP). 符号“$V-\min$”表示在可行域 $\mathscr{F}$ 上对向量目标函数 $F(x)$ 求极小. 此外, 在实际应用中, 可能会遇到如下情况: 或者对所有的目标函数求极大 (或极小); 或者对一部分目标函数求极大, 其余的目标函数求极小; 或者对其中一部分的目标函数求极大, 一部分的目标函数求极小, 其余的目标函数需要限制在一定的范围内; 还有约束条件中有的不等式约束为大于等于零, 有的约束为小于等于零等. 无论出现哪一种情况, 它们都可以等价转化成问题 (5.1.1) 或问题 (5.1.2) 的形式.

2. **分层多目标最优化问题的数学模型**

不同于一般多目标最优化问题 (5.1.1) 形式, 另外一种多目标最优化问题为分层多目标最优化问题. 这种问题的模型是指在约束条件下, 各个分量目标函数不是同等地进行求极小或求极大, 而是根据决策者的意图按照不同的优先层次先后逐次求其最优化.

假设按照重要性把 m $(m\geqslant 2)$ 个目标函数分成 L $(L\geqslant 2)$ 个优先层次, 不妨设

第 1 优先层次中的分量目标函数为 $f_1^1(x),\cdots,f_{l_1}^1(x)$;

第 2 优先层次中的分量目标函数为 $f_1^2(x),\cdots,f_{l_2}^2(x)$;

……

第 L 优先层次中的分量目标函数为 $f_1^L(x),\cdots,f_{l_L}^L(x)$,

则上述的分量目标函数在约束条件下的分层多目标最优化问题可表示为

$$L-\min_{x\in\mathscr{F}} \quad (P_1(f_1^1(x),\cdots,f_{l_1}^1(x)),\cdots,P_L(f_1^L(x),\cdots,f_{l_L}^L(x))),$$

其中符号 “$L-\min$” 表示按照 $P_1,\cdots,P_L$ 的顺序逐层地先后对分量目标函数进行极小化, 又称为按字典序极小化; P_i $(i\in\{1,\cdots,L\})$ 仅仅表示优先层次的符号, 并

用符号 $P_s \geqslant P_{s+1}\quad (s \in \{1,\cdots,L-1\})$ 表示“第 s 优先层次”优先于“第 $s+1$ 优先层次”. 若令

$$F_1(x) := (f_1^1(x),\cdots,f_{l_1}^1(x))^{\mathrm{T}},$$
$$F_2(x) := (f_1^2(x),\cdots,f_{l_2}^2(x))^{\mathrm{T}},$$
$$\cdots\cdots$$
$$F_L(x) := (f_1^L(x),\cdots,f_{l_L}^L(x))^{\mathrm{T}},$$

则分层多目标最优化问题 (或称字典分层规划) 的数学模型可表示为

$$L-\min_{x\in\mathscr{F}}\quad (P_1F_1(x),\cdots,P_LF_L(x)) \tag{5.1.3}$$

或者

$$L-\min_{x\in\mathscr{F}}\quad (P_sF_s(x))\Big|_{s=1}^{L}.$$

若问题 (5.1.3) 中每一优先层次中有且仅有一个分量目标函数, 则称问题 (5.1.3) 为完全分层多目标最优化问题. 对应的数学模型即可表示为

$$L-\min_{x\in\mathscr{F}}\quad (P_sF_s(x))\Big|_{s=1}^{m}.$$

若问题 (5.1.3) 中只有两个优先层次, 且 $F_1(x)=f_1(x)$ 和 $F_2(x)=(f_2(x),\cdots,f_m(x))^{\mathrm{T}}$, 则称问题 (5.1.3) 为重点分层多目标最优化问题, 其中分量目标函数 $f_1(x)$ 称为重点目标函数. 对应的数学模型为

$$L-\min_{x\in\mathscr{F}}\quad (P_1F_1(x),P_2F_2(x)).$$

3. 目标规划问题的数学模型

目标规划问题是一类特殊的多目标规划问题, 广泛应用于实际生活中. 它的特点是在一定的约束条件下, 事先给出一组目标值, 要求每个分量目标函数都尽可能地逼近给定的对应目标值, 而不是直接对各个目标函数极小化.

设目标规划问题中的目标函数有 $m\quad (m\geqslant 2)$ 个, 分别记为 $f_1(x),\cdots,f_m(x)$. 决策者事先给定的目标值分别为 $\bar{f}_1,\bar{f}_2,\cdots,\bar{f}_m$, 则各个目标函数都尽可能逼近给定的目标值可表示为如下形式

$$f_i(x)\longrightarrow \bar{f}_i,\quad \forall i\in\{1,2,\cdots,m\}.$$

若令 $\bar{F}:=(\bar{f}_1,\bar{f}_2,\cdots,\bar{f}_m)^{\mathrm{T}}$, 则目标规划问题的数学模型可表示为

$$V-\mathrm{appr}_{x\in\mathscr{F}}\quad F(x)\longrightarrow \bar{F},$$

其中符号"$V-\mathrm{appr}$"表示向量逼近的意思, 并称上述问题是以 $\bar{F}$ 为向量目标值的目标规划问题.

注 在欧氏空间 $\mathbb{R}^m$ 中, 目标规划问题可以等价转化为单目标最优化问题, 即可以用某种范数 $\|\cdot\|$ 表示向量目标函数 $F(x)$ 逼近向量目标值 $\bar{F}$, 其相应单目标最优化问题的数学模型可表示为

$$\min_{x\in\mathscr{F}}\|F(x)-\bar{F}\|.$$

5.2 多目标规划解的概念及其性质

由于多目标规划的目标函数是一个向量函数, 也就造成了多目标规划最优解的概念要比单目标规划最优解的概念复杂得多, 所以产生了各种意义下最优解的概念. 多目标规划解的概念通常与向量集有效点的概念有着较为密切的关系.

考察一般多目标规划问题 (5.1.2), 即

$$(\mathrm{VMP})\qquad \begin{array}{ll} V-\min & F(x)=(f_1(x),\cdots,f_m(x))^{\mathrm{T}} \\ \text{s.t.} & x\in\mathscr{F}, \end{array} \tag{5.2.1}$$

其中 $x=(x_1,x_2,\cdots,x_n)^{\mathrm{T}}$, 且

$$\mathscr{F}:=\left\{x\in\mathbb{R}^n\ \middle|\ \begin{array}{ll} g_i(x_1,x_2,\cdots,x_n)\geqslant 0, & \forall j\in\{1,2,\cdots,p\}; \\ h_j(x_1,x_2,\cdots,x_n)=0, & \forall j\in\{1,2,\cdots,q\} \end{array}\right\}.$$

5.2.1 解的概念

定义 5.2.1 对于多目标规划问题 (5.2.1), 设 $x^*\in\mathscr{F}$, 若对任意的 $x\in\mathscr{F}$ 和任意的 $i\in\{1,2,\cdots,m\}$, 都有 $f_i(x^*)\leqslant f_i(x)$ 成立, 则称 x^* 为问题 (5.2.1) 的绝对最优解, 而对应的向量函数值 $F^*:=F(x^*):=(f_1(x^*),\cdots,f_m(x^*))^{\mathrm{T}}$ 称为问题 (5.2.1) 的绝对最优值. 问题 (5.2.1) 所有绝对最优解的集合称为绝对最优解集, 一般记为 $Z^*[F,\mathscr{F}]$ 或者 Z^*.

例如, 对于单变量多目标规划问题

$$\begin{array}{ll} \min & f_1(x)=x^2, \\ \min & f_2(x)=x^2+1 \\ \text{s.t.} & -4\leqslant x\leqslant 4, \end{array}$$

其绝对最优解为 $x^*=0$, 绝对最优值为 $F^*=(0,1)^{\mathrm{T}}$.

对于多变量多目标规划问题

$$\begin{aligned}
\min \quad & f_1(x) = x_1^2 + x_2^2, \\
\min \quad & f_2(x) = x_1^2 + x_2^2 + 1 \\
\text{s.t.} \quad & -1 \leqslant x_1 \leqslant 1, \\
& -1 \leqslant x_2 \leqslant 1,
\end{aligned}$$

其绝对最优解为 $x^* = (0,0)^{\mathrm{T}}$, 绝对最优值为 $F^* = (0,1)^{\mathrm{T}}$.

注 对于一般多目标规划问题, 绝对最优解不一定存在. 例如, 对于上述单变量多目标规划问题, 若目标函数分别为 $f_1(x) = x^2$, $f_2(x) = (x-1)^2$, 则对应的多目标规划问题不存在绝对最优解. 这也是多目标最优化问题与单目标最优化问题一个本质的区别.

对于多目标最优化问题, 为了寻找另外意义下的"最优解", 在欧氏空间 $\mathbb{R}^m$ 中, 我们需要引入向量比较关系的概念.

定义 5.2.2 设 $a, b \in \mathbb{R}^m$, 若记 $a = (a_1, \cdots, a_m)^{\mathrm{T}}$, $b = (b_1, \cdots, b_m)^{\mathrm{T}}$.

(i) 向量 a 等于向量 b 是指 $a_i = b_i$ $(\forall i \in \{1, 2, \cdots, m\})$, 记为 $a = b$.

(ii) 向量 a 小于等于向量 b 是指 $a_i \leqslant b_i$ $(\forall i \in \{1, 2, \cdots, m\})$, 记为 $a \leqslant b$ 或 $b \geqslant a$.

(iii) 向量 a 小于向量 b 是指 $a_i \leqslant b_i$ $(\forall i \in \{1, 2, \cdots, m\})$, 且至少存在一个 $i \in \{1, 2, \cdots, m\}$ 使得 $a_i < b_i$. 记为 $a \preccurlyeq b$ 或 $b \succcurlyeq a$.

(iv) 向量 a 严格小于向量 b 是指 $a_i < b_i$ $(\forall i \in \{1, 2, \cdots, m\})$, 记为 $a < b$ 或 $b > a$.

利用向量的四种比较关系, 我们可以给出多目标规划问题另外两种"最优解"的概念.

定义 5.2.3 对于多目标规划问题 (5.2.1), 设 $x^* \in \mathscr{F}$, 若不存在 $x \in \mathscr{F}$ 使得 $F(x) \preccurlyeq F(x^*)$, 则称 x^* 为问题 (5.2.1) 的有效解 (或称为 Pareto 最优解), 又称为非劣解. 问题 (5.2.1) 所有有效解的集合称为有效解集, 一般记为 P 或 $P[F, \mathscr{F}]$.

注 由有效解的概念可知, 若点 x^* 是问题 (5.2.1) 的有效解, 则在序"$\preccurlyeq$"的意义下, 可行域 $\mathscr{F}$ 内找不到比 x^* 更好的解. 一般地, 有效解不是"最好"的解, 但也是"不坏"的解, 由此有效解又称为非劣解或可接受解.

定义 5.2.4 对于多目标规划问题 (5.2.1), 设 $x^* \in \mathscr{F}$, 若不存在 $x \in \mathscr{F}$ 使得 $F(x) < F(x^*)$, 则称 x^* 为问题 (5.2.1) 的弱有效解 (或称为弱 Pareto 最优解), 又称为弱非劣解. 问题 (5.2.1) 所有弱有效解的集合称为弱有效解集, 一般记为 P_w 或 $P_w[F, \mathscr{F}]$.

注 由弱有效解的概念表明, 若点 x^* 是问题 (5.2.1) 的弱有效解, 则在序"$<$"的意义下, 可行域 $\mathscr{F}$ 内找不到另一个可以"改进"的可行解. 一般地, 当我们求解

多目标规划问题时, 最后得到的最优解应该是有效解, 或至少应该是一个弱有效解.

5.2.2 解的性质

现在讨论上述三种解之间的关系.

定理 5.2.1 对于多目标规划问题 (5.2.1), 若用 Z_i^* $(i \in \{1, \cdots, m\})$ 表示第 i 个分量目标函数 $f_i(x)$ 在可行域 $\mathscr{F}$ 上的最优解集, 则多目标规划问题 (5.2.1) 的绝对最优解集为

$$Z^* = \bigcap_{i=1}^{m} Z_i^*.$$

证明 根据绝对最优解的概念, 则 $\bigcap\limits_{i=1}^{m} Z_i^* \subseteq Z^*$ 显然成立.

反之, 若绝对最优解集 $Z^* = \varnothing$, 则集合 $\bigcap\limits_{i=1}^{m} Z_i^*$ 必定为空集 $\varnothing$. 否则, 可设 $x^* \in \bigcap\limits_{i=1}^{m} Z_i^* \neq \varnothing$. 于是对任意的 $i \in \{1, 2, \cdots, m\}$ 都有 $x^* \in Z_i^*$. 因而, 对任意的 $x \in \mathscr{F}$ 都有

$$f_i(x^*) \leqslant f_i(x).$$

这与绝对最优解集 $Z^* = \varnothing$ 相矛盾. 所以, 当绝对最优解集 $Z^* = \varnothing$ 时, 可证得 $Z^* = \bigcap\limits_{i=1}^{m} Z_i^*$.

若绝对最优解集 $Z^* \neq \varnothing$, 设 $x^* \in Z^*$. 由绝对最优解的概念, 则对任意的 $x \in \mathscr{F}$ 有

$$f_i(x^*) \leqslant f_i(x), \quad \forall i \in \{1, 2, \cdots, m\},$$

即对任意的 $i \in \{1, 2, \cdots, m\}$, 都有 $x^* \in Z_i^*$, 进而 $Z^* \subset Z_i^*$, 于是有 $Z^* \subseteq \bigcap\limits_{i=1}^{m} Z_i^*$. 定理得证. □

定理 5.2.2 对于多目标规划问题 (5.2.1), 则

(i) 绝对最优解为有效解, 有效解为弱有效解, 即

$$Z^* \subseteq P \subseteq P_w;$$

(ii) 当 $Z^* \neq \varnothing$ 时, 有 $Z^* = P$;

(iii) 若可行域 $\mathscr{F}$ 为凸集, F 是可行域 $\mathscr{F}$ 上严格凸的向量值函数 (即 f_i $(\forall i \in \{1, 2, \cdots, m\})$ 都是可行域 $\mathscr{F}$ 上的严格凸函数), 则 $P = P_w$.

证明 (i) 先证 $Z^* \subseteq P$. 若 $Z^* = \varnothing$, 结论显然成立. 若 $Z^* \neq \varnothing$, 用反证法证明. 假设 $x^* \in Z^*$ 但是 $x^* \notin P$, 则根据有效解的定义, 可知存在 $\bar{x} \in \mathscr{F}$, 使得 $F(\bar{x}) \preccurlyeq F(x^*)$. 这也说明 x^* 不是多目标规划问题 (5.2.1) 的绝对最优解, 即 $x^* \notin Z^*$, 这与 $x^* \in Z^*$ 相矛盾. 于是有 $Z^* \subseteq P$.

下证 $P \subseteq P_w$. 若 $P = \varnothing$, 结论显然成立. 若 $P \neq \varnothing$, 假设 $x^* \in P$ 但是 $x^* \notin P_w$, 由弱有效解的概念, 则存在 $\hat{x} \in \mathscr{F}$, 使得 $F(\hat{x}) < F(x^*)$. 进而显然有 $F(\hat{x}) \preccurlyeq F(x^*)$. 这说明 $x^* \notin P$, 这与 $x^* \in P$ 相矛盾. 于是有 $P \subseteq P_w$.

综上所证, 所以 $Z^* \subseteq P \subseteq P_w$.

(ii) 根据结论 (i), 则只需证明 $P \subseteq Z^*$. 假设 $x^* \in P$ 但是 $x^* \notin Z^*$. 由于 $Z^* \neq \varnothing$, 所以存在 $\bar{x} \in Z^*$ 使得 $F(\bar{x}) \leqslant F(x^*)$. 又因为 $x^* \notin Z^*$, 所以 $F(\bar{x}) \neq F(x^*)$. 于是有 $F(\bar{x}) \preccurlyeq F(x^*)$. 再由有效解的定义, 可知 $x^* \notin P$, 这与 $x^* \in P$ 相矛盾, 所以 $P \subseteq Z^*$ 成立.

(iii) 根据结论 (i), 只需证明 $P_w \subseteq P$. 假设 $x^* \in P_w$ 但是 $x^* \notin P$. 根据有效解的定义, 因而存在 $\bar{x} \in \mathscr{F}$ 使得 $F(\bar{x}) \preccurlyeq F(x^*)$. 又因为 $\bar{x} \neq x^*$, 并且可行域 $\mathscr{F}$ 为凸集, 所以对任意的 $\alpha \in (0,1)$, 都有 $\alpha\bar{x} + (1-\alpha)x^* \in \mathscr{F}$. 再根据 F 是可行域 $\mathscr{F}$ 上严格凸的向量值函数, 于是有

$$F(\alpha\bar{x} + (1-\alpha)x^*) < \alpha F(\bar{x}) + (1-\alpha)F(x^*) \preccurlyeq F(x^*).$$

结合弱有效解的定义, 可知 $x^* \notin P_w$, 这与 $x^* \in P_w$ 相矛盾. 定理得证. □

定理 5.2.3　*对于多目标规划问题 (5.2.1), 则各个分量目标函数 f_i 在可行域 $\mathscr{F}$ 上的最优解必是弱有效解, 即*

$$Z_i^* \subseteq P_w, \quad \forall i \in \{1, 2, \cdots, m\},$$

其中 Z_i^* $(i \in \{1, \cdots, m\})$ 表示第 i 个分量目标函数 f_i 在可行域 $\mathscr{F}$ 上的最优解集.

证明　根据弱有效解的概念, 不难验证此定理的结论成立. 在此省略其证明. □

结合定理 5.2.2 和定理 5.2.3, 则有下述结论.

推论 5.2.1　*对于多目标规划问题 (5.2.1), 则有*

$$P \cup \left(\bigcup_{i=1}^{m} Z_i^*\right) \subseteq P_w.$$

综合以上各种情况, 多目标规划问题各种解集之间的关系如下:

$$\bigcap_{i=1}^{m} Z_i^* = Z^* \subseteq P \subseteq P_w \subseteq \mathscr{F}.$$

例 5.2.1　*对于多目标规划问题*

$$\begin{aligned}
\min \quad & f_1(x) = x + \frac{2}{2x-1}, \\
\min \quad & f_2(x) = \begin{cases} 1, & |x-3| \leqslant 1, \\ (x-3)^2, & |x-3| > 1 \end{cases} \\
\text{s.t.} \quad & x \geqslant 1.
\end{aligned}$$

则可验证: 此多目标规划问题的最优解集、有效解集以及弱有效解集分别为 $Z^*=\varnothing$, $P=\left[\dfrac{3}{2},2\right]$ 以及 $P_w=\left[\dfrac{3}{2},4\right]$.

解　根据题意, 易证分量目标函数 f_1 和 f_2 在可行域 $\mathscr{F}=\{x\mid x\geqslant 1\}$ 上是凸函数, 并且分量目标函数 f_1 和 f_2 在可行域上的最优解集分别为 $Z_1^*=\left\{\dfrac{3}{2}\right\}$ 和 $Z_2^*=[2,4]$. 于是有 $Z_1^*\cap Z_2^*=\varnothing$, 如图 5-1 所示.

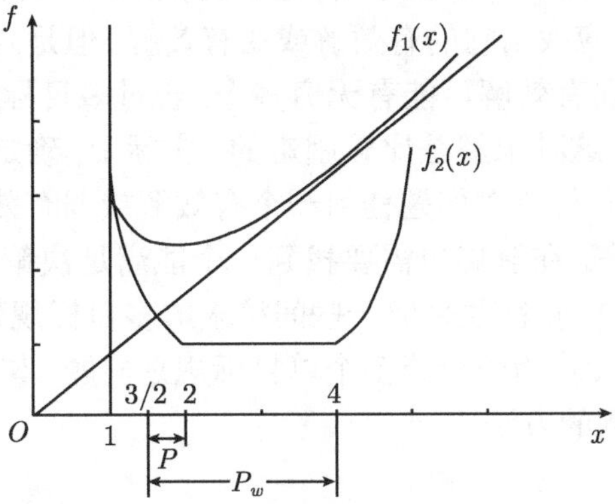

图 5-1

根据定理 5.2.1, 可得绝对最优解集 $Z^*=\varnothing$.

在区间 $\left[1,\dfrac{3}{2}\right)$ 内任取一点 $\bar{x}$, 对充分小的正数 $\varepsilon>0$, 都有

$$f_1(\bar{x})>f_1(\bar{x}+\varepsilon),\quad f_2(\bar{x})>f_2(\bar{x}+\varepsilon),$$

根据弱有效解的概念, 所以 $\bar{x}$ 不是问题的弱有效解. 再根据有效解和弱有效解的关系, 可得 $\bar{x}$ 也不是问题的有效解. 同理可证: 在区间 $(4,+\infty)$ 内也不存在有效解和弱有效解.

下面考虑区间 $\left[\dfrac{3}{2},2\right]$, 在区间 $\left[\dfrac{3}{2},2\right]$ 中任取一点 z, 则对任意的 $x\in\mathscr{F}$ 且 $x>z$, 都有 $f_1(x)>f_1(z)$. 然而对任意的 $x\in\mathscr{F}$ 且 $x<z$, 都有 $f_2(x)>f_2(z)$, 这说明在可行域 $\mathscr{F}$ 中不会存在 x 使得 $F(x)\preccurlyeq F(z)$, 其中 $F(x)=(f_1(x),f_2(x))^{\mathrm{T}}$, 即可说明 z 为该问题的有效解, 因此该问题的有效解集为 $P=\left[\dfrac{3}{2},2\right]$. 再由有效解和弱有效解的关系, 则区间 $\left[\dfrac{3}{2},2\right]$ 也是该问题的弱有效解集的一部分.

最后, 考虑区间 $[2,4]$, 在区间 $[2,4]$ 中任取一点 w, 则对任意的 $x\in\mathscr{F}$ 且 $x>w$, 都有 $f_1(x)>f_1(w)$; 然而对任意的 $x\in\mathscr{F}$ 且 $x<w$, 都有 $f_2(x)\geqslant f_2(z)$. 这意味着

在可行域 $\mathscr{F}$ 中不会存在 x 使得 $F(x) < F(z)$, 其中 $F(x) = (f_1(x), f_2(x))^{\mathrm{T}}$, 即可说明 z 为该问题的弱有效解. 由此区间 $[2,4]$ 也为该问题弱有效解集的一部分. 综上所证, 所以可得该问题的弱有效解集为 $P_w = \left[\frac{3}{2}, 2\right] \cup [2,4] = \left[\frac{3}{2}, 4\right]$. □

5.3　多目标规划问题的解法

对于多目标规划问题 (5.2.1) 的求解, 最好是找出该问题的绝对最优解. 若该问题不存在绝对最优解, 应找出它的有效解或弱有效解. 但是, 在一般情况下, 多目标规划问题的有效解或弱有效解可能有无穷多个. 若对多目标规划问题 (5.2.1) 直接求解出所有的最优解, 这种求解是比较困难的. 实际上, 确定整个有效解集的问题是 NP 难的. 另外, 多目标规划问题任何一个有效解或弱有效解并不都是符合决策者所希望得到的解, 于是在解集中需要找到一个能满足决策者意图的解. 由此, 对于多目标规划问题 (5.2.1), 往往采取一些间接求解多目标规划问题的方法, 即把多目标规划问题 (5.2.1) 转化为一个或多个单目标规划问题. 本节中, 我们介绍一些间接求解多目标规划问题的方法.

5.3.1　评价函数法

评价函数法的基本思想是: 根据问题的特点和决策者的意图, 将原来多目标规划问题 (5.2.1) 转化成一个单目标优化问题, 即通过多目标规划问题 (5.2.1) 的 m 个分量目标函数 f_i 构造一个单目标 (数值) 函数 $u(F(x))$(称为**评价函数**). 然后, 利用求解非线性最优化问题的方法求解如下单目标优化问题

$$\begin{aligned} \min \quad & u(F(x)) \\ \text{s.t.} \quad & x \in \mathscr{F}. \end{aligned} \tag{5.3.1}$$

把所求优化问题 (5.3.1) 的最优解 x^* 作为原多目标规划问题 (5.2.1) 某种意义下的最优解 x^*. 根据实际问题, 可以采用不同的方法构造评价函数, 因此得到各种不同的评价函数法, 从而可求出在不同意义下的最优解 x^*. 现在要问: 所得到问题 (5.3.1) 的最优解 x^* 是原多目标规划问题 (5.2.1) 的有效解还是弱有效解? 如果不是, 那么, 在什么条件下, 能保证问题 (5.3.1) 的最优解 x^* 是原多目标规划问题 (5.2.1) 的有效解或弱有效解? 为此, 需引入下面的概念和定理. 然后, 我们将介绍常用的五种评价函数法, 并能保证所得到问题 (5.3.1) 的最优解 x^* 一定是原多目标最优化问题 (5.2.1) 的有效解或弱有效解.

定义 5.3.1　设映射 $u: \mathbb{R}^m \to \mathbb{R}$.

(i) 若对任意的 $X_1, X_2 \in \mathbb{R}^m$ 且 $X_1 \preccurlyeq X_2$, 都有 $u(X_1) < u(X_2)$, 则称函数 u 关于变量 X 是一个严格单调增函数;

(ii) 若对任意的 $X_1, X_2 \in \mathbb{R}^m$ 且 $X_1 < X_2$, 都有 $u(X_1) < u(X_2)$, 则称函数 u 关于变量 X 是一个单调增函数.

定理 5.3.1 对于映射 $u : \mathbb{R}^m \to \mathbb{R}$ 和 $F : \mathbb{R}^n \to \mathbb{R}^m$, 设点 x^* 是单目标最优化问题 (5.3.1) 的最优解.

(i) 若 $u(F)$ 关于变量 F 是一个严格单调增函数, 则点 x^* 为原多目标规划问题 (5.2.1) 的一个有效解, 即 $x^* \in P$;

(ii) 若 $u(F)$ 关于变量 F 是一个单调增函数, 则点 x^* 为原多目标规划问题 (5.2.1) 的一个弱有效解, 即 $x^* \in P_w$.

证明 (i) 用反证法证明. 假设 x^* 不是原多目标规划问题 (5.2.1) 的有效解, 即 $x^* \notin P$. 根据有效解的概念, 因而必存在一点 $y \in \mathscr{F}$ 使得 $F(y) \preccurlyeq F(x^*)$. 再由 $u(F)$ 关于变量 F 是严格单调增函数, 故 $u(F(y)) < u(F(x^*))$, 这与 x^* 是单目标最优化问题 (5.3.1) 的最优解相矛盾, 因此可证得 x^* 为多目标规划问题 (5.2.1) 的有效解.

(ii) 类似于结论 (i) 的证明, 同理可得结论 (ii) 成立. □

1. 线性加权和法

线性加权和法的基本思想是: 首先, 对多目标规划问题 (5.2.1) 中的各个分量目标函数 f_i $(i \in \{1, 2, \cdots, m\})$ 按照其重要程度赋予适当的权系数 $\lambda_i \geqslant 0$ $(i \in \{1, \cdots, m\})$, 且 $\sum\limits_{i=1}^{m} \lambda_i = 1$. 然后, 把这些带权系数的分量目标函数相加构造评价函数 $u(F(x))$, 即

$$u(F(x)) = \sum_{i=1}^{m} \lambda_i f_i(x).$$

再求解对应单目标最优化问题 (5.3.1), 得其最优解为 x^*, 则 x^* 为原多目标最优化问题 (5.2.1) 某种意义下的最优解.

定理 5.3.2 设映射 $u(F) = \lambda^{\mathrm{T}} F$, 其中 $F \in \mathbb{R}^m$, $\lambda = (\lambda_1, \cdots, \lambda_m)^{\mathrm{T}} \in \mathbb{R}^m$ 称为权向量.

(i) 当 $\lambda > 0$ 时, 则函数 $u(F)$ 关于变量 F 是严格单调增的. 此时, 单目标最优化问题 (5.3.1) 的最优解 x^* 为多目标规划问题 (5.2.1) 的有效解;

(ii) 当 $\lambda \succcurlyeq 0$ 时, 则函数 $u(F)$ 关于变量 F 是单调增的. 此时, 单目标最优化问题 (5.3.1) 的最优解 x^* 为多目标规划问题 (5.2.1) 的弱有效解.

证明 (i) 对任意的 $F_1, F_2 \in \mathbb{R}^m$, 且 $F_1 \preccurlyeq F_2$, 由于 $u(F) = \lambda^{\mathrm{T}} F$ 和 $\lambda > 0$, 所以

$$u(F_1) = \lambda^{\mathrm{T}} F_1 < \lambda^{\mathrm{T}} F_2 = u(F_2).$$

根据严格单调增函数的概念, 从而可知函数 $u(F)$ 关于变量 F 是严格单调增的. 再由定理 5.3.1, 知单目标最优化问题 (5.3.1) 的最优解 x^* 为原多目标规划问题 (5.2.1) 的有效解.

(ii) 类似于结论 (i) 的证明, 同理可得结论 (ii) 成立. □

注　(i) 线性加权和法的特点: 简单易行, 计算量小, 常被实际工作者所采用;

(ii) 权系数的相对大小表示各个分量目标函数的相对重要程度, 权系数越大, 表明对应的分量目标函数越重要. 权系数给予的越合理, 得到的最优解越使我们满意, 那么, 怎样能够给出合理的权系数? 关于确定权系数的方法, 我们在 5.3.2 小节中再讨论.

2. **极大极小法** (min-max **法**)

在对策论中, 作决策时, 往往采取这样一种策略思想, 即在最不利的情况下找出一个最有利、最好的策略方案. 根据这种思想, 对于求解多目标规划问题 (5.2.1), 首先, 考虑用各个分量目标函数 $f_i(x)$ $(i \in \{1, \cdots, m\})$ 的最大值函数来作为评价函数 $u(F(x))$, 即

$$u(F(x)) = \max_{1 \leqslant i \leqslant m} \{f_i(x)\}.$$

然后, 求解相应的单目标最优化问题 (5.3.1), 得其最优解 x^*, 则 x^* 为原多目标规划问题 (5.2.1) 在某种意义下的最优解, 我们把此解 x^* 称为原多目标规划问题 (5.2.1) 在极大极小意义下的一种最优解. 更一般地, 可选取一组适当的权系数 $\lambda_1, \cdots, \lambda_m$ 使得 $\lambda_i \geqslant 0\ \ (i \in \{1, \cdots, m\})$ 且 $\sum\limits_{i=1}^{m} \lambda_i = 1$, 则对应的评价函数 $u(F(x))$ 变为

$$u(F(x)) = \max_{1 \leqslant i \leqslant m} \{\lambda_i f_i(x)\}.$$

定理 5.3.3　*若对任意的权向量* $\lambda = (\lambda_1, \cdots, \lambda_m)^{\mathrm{T}} > 0$, *则相应单目标最优化问题* (5.3.1) *的最优解* x^* *必为多目标规划问题* (5.2.1) *的弱有效解.*

证明　用反证法证明. 假设 x^* 是单目标最优化问题 (5.3.1) 的最优解, 而不是多目标规划问题 (5.2.1) 的弱有效解, 则必存在一个 $y \in \mathscr{F}$ 使得 $F(y) < F(x^*)$. 由于 $\lambda > 0$, 所以

$$\lambda_i f_i(y) < \lambda_i f_i(x^*), \quad \forall i \in \{1, \cdots, m\}.$$

从而,

$$\max_{1 \leqslant i \leqslant m} \{\lambda_i f_i(y)\} < \max_{1 \leqslant i \leqslant m} \{\lambda_i f_i(x^*)\}.$$

这也说明 x^* 不是单目标最优化问题 (5.3.1) 的最优解, 与 x^* 是单目标最优化问题 (5.3.1) 的最优解相矛盾. 定理得证. □

3. 理想点法

理想点法的基本思想是: 首先, 对多目标规划问题 (5.2.1) 中每个分量目标函数 $f_i(x)(i \in \{1, \cdots, m\})$, 分别求其极小值 f_i^* 来作为该分量目标函数的理想值; 然后, 通过分量目标函数 $f_i(x)$ 在可行域 $\mathscr{F}$ 内尽可能地逼近相应理想值的方法, 获得原多目标规划问题 (5.2.1) 某种意义下的最优解. 评价函数 $u(F(x))$ 的构造可为如下形式:

$$u(F(x)) = \sqrt{\sum_{i=1}^{m}(f_i(x) - f_i^*)^2}.$$

再求解相应的单目标最优化问题 (5.3.1), 得其最优解为 x^*, 则 x^* 为原多目标规划问题 (5.2.1) 某种意义下的最优解.

定义 5.3.2 对于多目标规划问题 (5.2.1), 设各个分量目标函数 $f_i(i \in \{1, \cdots, m\})$ 在可行域 $\mathscr{F}$ 上的极小值点 x_i^* 存在, 并令

$$f_i^* := f_i(x_i^*) = \min_{x \in \mathscr{F}} f_i(x), \quad \forall i \in \{1, \cdots, m\},$$

则称向量 $F^* := (f_1^*, \cdots, f_m^*)^{\mathrm{T}}$ 为向量目标函数 $F(x)$ 的理想点.

根据理想点和范数的概念, 则评价函数可以表示成如下形式:

$$u(F(x)) = \|F(x) - F^*\|.$$

更一般地, 若在向量空间 $\mathbb{R}^m$ 中引入 l_p-范数 $(1 \leqslant p < \infty)$, 则相应的评价函数可表示为

$$u(F(x)) = \|F(x) - F^*\|_p = \left[\sum_{i=1}^{m} |f_i(x) - f_i^*|^p\right]^{\frac{1}{p}}.$$

定理 5.3.4 若 $p \geqslant 1$, 则单目标最优化问题 (5.3.1) 的最优解 x^* 必为原多目标规划问题 (5.2.1) 的有效解.

证明 用反证法证明. 假设 x^* 是单目标最优化问题 (5.3.1) 的最优解, 而不是多目标规划问题 (5.2.1) 的有效解. 则必存在一个 $y \in \mathscr{F}$ 使得 $F(y) \preccurlyeq F(x^*)$. 根据理想点的概念可知, 对任意的 $x \in \mathscr{F}$, 都有

$$F^* \leqslant F(x).$$

进而有

$$0 \leqslant F(y) - F^* \preccurlyeq F(x^*) - F^*.$$

由此可得,

$$\|F(y) - F^*\|_p < \|F(x^*) - F^*\|_p,$$

即可说明 x^* 不是单目标最优化问题 (5.3.1) 的最优解, 与 x^* 是单目标最优化问题 (5.3.1) 的最优解相矛盾. 定理得证. □

注 (i) 若引进一组适当的权系数 $\lambda_1,\cdots,\lambda_m$ 使得 $\lambda_i \geqslant 0\ \ (i\in\{1,\cdots,m\})$ 且 $\sum\limits_{i=1}^{m}\lambda_i=1$, 即可得到更为一般的评价函数

$$u(F(x))=\left[\sum_{i=1}^{m}\lambda_i|f_i(x)-f_i^*|^p\right]^{\frac{1}{p}}.$$

同理可证: 对于 $p\geqslant 1$ 和 $\lambda>0$(或 $\lambda\geqslant 0$), 单目标最优化问题 (5.3.1) 的最优解 x^* 必为原多目标规划问题 (5.2.1) 的有效解 (或弱有效解).

(ii) 若在向量空间 $\mathbb{R}^m$ 中引入 l_∞-范数, 则相应的评价函数可表示为

$$u(F(x))=\|F(x)-F^*\|_\infty=\max_{1\leqslant i\leqslant m}|f_i(x)-f_i^*|.$$

同理可证: 在此范数意义下, 对于 $\lambda>0$, 单目标最优化问题 (5.3.1) 的最优解 x^* 为原多目标规划问题 (5.2.1) 的弱有效解.

4. *平方和加权法*

平方和加权法与理想点法的思想比较接近, 但是在理想点法中, 需要对每个分量目标函数 $f_i(i\in\{1,\cdots,m\})$ 求其极小值. 为了减少计算工作量, 我们引进了平方和加权法, 这种方法只需对各个分量目标函数 $f_i(i\in\{1,\cdots,m\})$ 找出一个合适的下界即可. 平方和加权法的基本思想为: 对于多目标规划问题 (5.2.1), 在可行域 $\mathscr{F}$ 中, 先找出各个分量目标函数 f_i 一个尽可能好的下界, 即

$$\min_{x\in\mathscr{F}}f_i(x)\geqslant f_i^\circ,\quad \forall i\in\{1,\cdots,m\}.$$

引入一组适当的权系数 $\lambda_1,\cdots,\lambda_m$ 使得 $\lambda_i\geqslant 0\ \ (i\in\{1,\cdots,m\})$ 且 $\sum\limits_{i=1}^{m}\lambda_i=1$. 于是, 可构造评价函数为如下形式:

$$u(F(x))=\sum_{i=1}^{m}\lambda_i(f_i(x)-f_i^\circ)^2.$$

再对相应的单目标最优化问题 (5.3.1) 进行求解, 得其最优解为 x^*, 以 x^* 作为原多目标规划问题 (5.2.1) 某种意义下的最优解.

对任意的权向量 $\lambda=(\lambda_1,\cdots,\lambda_m)^{\mathrm{T}}>0$, 找单目标最优化问题 (5.3.1) 的最优解 x^* 与多目标规划问题 (5.2.1) 的有效解之间的关系, 其证明方法与线性加权和法中的证明方法类似. 可证得: $u(F)$ 关于向量 F 是一个严格单调增函数. 进而可知, 相应单目标最优化问题 (5.3.1) 的最优解 x^* 必为原多目标规划问题 (5.2.1) 的有效解.

5. **乘除法**

在多目标规划问题中, 若有些目标函数要求极小化, 有些目标函数要求极大化, 可采用乘除法. 例如, 对于实际问题中的投资问题, 需要涉及此方面的知识. 乘除法的基本思想为: 首先, 将分量目标函数分成两类. 不妨设

求极小化的目标函数为 $f_1(x), \cdots, f_t(x)$;

求极大化的目标函数为 $f_{t+1}(x), \cdots, f_m(x)$.

然后, 将 t 个求极小化的目标函数作乘积再除以 $m-t$ 个求极大化目标函数的乘积, 将这个表达式作为评价函数 $u(F(x))$, 即

$$u(F(x)) = \frac{\Pi_{i=1}^{t} f_i(x)}{\Pi_{i=t+1}^{m} f_i(x)}.$$

再求解对应单目标最优化问题 (5.3.1), 得其最优解为 x^*, 以 x^* 作为原多目标规划问题 (5.2.1) 某种意义下的最优解.

5.3.2 权系数的确定

在这一小节中, 我们介绍评价函数中权系数 $\lambda_1, \cdots, \lambda_m$ 的确定方法.

在多目标规划问题 (5.2.1) 中, 各个分量目标函数 $f_i \quad (i \in \{1, \cdots, m\})$ 之间可能会存在数量级的差别. 为了能给出一个合理的权系数, 不导致权系数作用失效, 在确定权系数之前, 一般对各个分量目标函数值做一个统一量纲的处理. 处理方法如下.

首先, 对各个分量目标函数 f_i 都加上一个适当大的正数, 使变化后的目标函数都满足: 对任意的 $x \in \mathscr{F}$, 都有

$$f_i(x) > 0, \quad \forall i \in \{1, 2, \cdots, m\}.$$

然后, 对变化后的各个分量目标函数在可行域 $\mathscr{F}$ 上求其极小值, 不妨令

$$f_i^* := \min_{x \in \mathscr{F}} f_i(x), \quad \forall i \in \{1, 2, \cdots, m\},$$

把函数 $\dfrac{f_i(x)}{f_i^*}$ $(\forall i \in \{1, \cdots, m\})$ 作为后面求解的各个分量目标函数. 上述过程即为对各个分量目标函数值做统一量纲处理的过程.

经过上述统一量纲处理, 下面将介绍确定各个分量目标函数权系数的方法.

1. *α-法*

α-法是由КарЛеЛевиц等在 1975 年提出的. 这种方法是根据各个分量目标函数 $f_i \quad (i \in \{1, \cdots, m\})$ 在可行域 $\mathscr{F}$ 上的极小值点, 与事先引进的参数 α 建立一个

线性方程组, 通过求解该线性方程组来确定相应的权系数. 为了便于说明, 我们通过 $m=2$ 的情况来说明这种方法的具体思路.

首先, 求出分量目标函数 $f_i \ (i \in \{1,2\})$ 在可行域 $\mathscr{F}$ 上的极小值点, 不妨设为 x_1^* 和 x_2^*. 若 $x_1^*=x_2^*$, 则 (x_1^*,x_2^*) 为原多目标规划问题的绝对最优解; 否则, 令

$$f_{11}=f_1(x_1^*),\quad f_{12}=f_1(x_2^*),\quad f_{21}=f_2(x_1^*),\quad f_{22}=f_2(x_2^*).$$

然后构造含参数 α 和权系数 $\lambda_i(i \in \{1,2\})$ 的线性方程组

$$\begin{cases} \lambda_1 f_{11}+\lambda_2 f_{21}=\alpha, \\ \lambda_1 f_{12}+\lambda_2 f_{22}=\alpha, \\ \lambda_1+\lambda_2=1. \end{cases}$$

求解上述线性方程组, 得唯一解为

$$(\lambda_1,\lambda_2)=\frac{e^{\mathrm{T}}A^{-1}}{e^{\mathrm{T}}A^{-1}e},\quad \alpha=\frac{1}{e^{\mathrm{T}}A^{-1}e},$$

其中 $A=\begin{pmatrix} f_{11} & f_{12} \\ f_{21} & f_{22} \end{pmatrix}$, $e=\begin{pmatrix} 1 \\ 1 \end{pmatrix} \in \mathbb{R}^2$.

对于一般具有 $m \ (m \geqslant 2)$ 个目标函数的情况, 类似于 $m=2$ 的情况, 可求出相应的权系数 $\lambda_i \ (i \in \{1,\cdots,m\})$ 的值. 但是, 值得注意的是: 当 m 值不太大的时候, 使用 α-法求权系数比较简单、方便. 然而, α-法本身存在一些不足, 就是 α-法不能保证所有的权系数 $\lambda_i \geqslant 0 \ (i \in \{1,\cdots,m\})$. 实际上, 这与权系数的条件是不相符的.

2. *老手法 (专家评估法)*

老手是指对所研究问题有深刻见解或者有丰富经验的实际工作者. 老手法就是一种凭借经验评估, 通过数理统计方法处理确定权系数的方法. 具体的操作方法如下.

首先, 邀请一批 (N 个) 老手 (专家), 请他们各自独立地对各个分量目标函数进行评估. 假设详细的评估见表 5-1.

表 5-1

	$f_1(x)$	$f_2(x)$	$\cdots$	$f_m(x)$
	λ_1	λ_2	$\cdots$	λ_m
1	λ_{11}	λ_{12}	$\cdots$	λ_{1m}
$\vdots$	$\vdots$	$\vdots$		$\vdots$
N	λ_{N1}	λ_{N2}	$\cdots$	λ_{Nm}

其中, $\lambda_{ij} > 0(i \in \{1, \cdots, N\}, j \in \{1, \cdots, m\})$ 表示第 i 位老手 (专家) 对第 j 个分量目标函数 f_j 赋予的权系数, 且 $\sum_{j=1}^{m} \lambda_{ij} = 1$. 根据 λ_{ij} 的值, 可计算出各个分量目标函数 f_i 权系数的平均值为

$$\lambda_j = \frac{1}{N} \sum_{i=1}^{N} \lambda_{ij}, \quad \forall j \in \{1, 2, \cdots, m\}.$$

易知: $\lambda_j > 0$ 且 $\sum_{j=1}^{m} \lambda_j = 1$. 然后, 对每个老手 $i \ (i \in \{1, \cdots, N\})$, 计算老手提供的权系数 λ_{ij} 与平均值 λ_j 之间的偏差, 即

$$\delta_{ij} = |\lambda_{ij} - \lambda_j|, \quad \forall j \in \{1, 2, \cdots, m\}.$$

若令 $\varepsilon > 0$ 为选定的最大允许偏差. 如果偏差 $\delta_{ij} \leqslant \varepsilon \ (i \in \{1, \cdots, N\}, \ j \in \{1, \cdots, m\})$, 则表示老手们的评估没有显著差异, 此时, $\lambda_1, \cdots, \lambda_m$ 即为所求各个分量目标函数的权系数. 否则, 请偏差较大的老手重新评估, 对权系数进行适当调整, 再重复上述过程, 以便获得较为可靠满意的权系数.

注 老手法的特点: 简便实用, 但主观性比较强. 为了得到更客观一些的权系数数据, 要求老手的人数不能太少, 但是这样的话, 工作量就变得比较大了.

3. 判断矩阵法

对于多目标规划问题, 当分量目标函数的个数很大时, 同时对所有分量目标函数的权重做出一个有把握合适的判断, 往往是比较困难的. 但是, 对两两目标函数之间的重要程度做出判断是比较容易的, 于是, 把两两目标函数之间的比较关系, 用数字 $1 \sim 9$ 表示, 构造所谓的判断矩阵, 然后再计算出所有分量目标函数的权系数, 这也就是判断矩阵法的基本思想. 具体详细的讨论, 可参考相关文献 (解可新等, 2004).

5.3.3 分层求解法

评价函数法的基本思想是把多目标规划问题按照某种规则, 转化成一个单目标最优化问题, 然后通过求解单目标最优化问题, 得到原多目标规划问题某种意义下的最优解. 对求解多目标规划问题, 另外一种求解思路是: 把多目标规划问题 (5.2.1) 转化成有一定顺序的多个单目标最优化问题; 然后, 分别求解这些单目标最优化问题, 并把最后一个单目标最优化问题的最优解作为原多目标规划问题 (5.2.1) 某种意义下的最优解, 而且保证是多目标规划问题的有效解或弱有效解.

1. **分层排序法**

分层排序法的基本思想是: 把所有 m 个的分量目标函数 $f_1, f_2, \cdots, f_m$ 按照其重要程度进行排序；然后, 分别在前一个分量目标函数的最优解集中, 寻找后一个分量目标函数的最优解集, 并把最后一个分量目标函数的最优解作为原多目标规划问题 (5.2.1) 某种意义下的最优解. 具体的操作步骤如下:

不妨设 m 个分量目标函数按其重要程度由大到小的排序为

$$f_1, f_2, \cdots, f_m,$$

先求解单目标最优化问题

$$\min_{x \in \mathscr{F}} f_1(x),$$

得到的最优解集为 S^1. 然后, 对 $i \in \{2, 3, \cdots, m\}$, 依次求解对应的单目标最优化问题

$$\min_{x \in S^{i-1}} f_i(x),$$

得到的最优解集为 S^i $(i \in \{2, \cdots, m\})$；最后, 可将 S^m 中的最优解作为原多目标规划问题 (5.2.1) 某种意义下的最优解. 同时, 也可以证明: 分层排序法得到的最优解 $x^* \in S^m$ 必是原多目标规划问题 (5.2.1) 的有效解, 即如下定理.

定理 5.3.5 *若 $x^* \in S^m$ 是由分层排序法得到原多目标规划问题 (5.2.1) 的解, 则 x^* 必是多目标规划问题 (5.2.1) 的有效解.*

证明 用反证法证明. 假设 $x^* \in S^m$ 不是原多目标规划问题 (5.2.1) 的有效解, 则必存在一个 $y \in S^1$ 使得 $F(y) \preccurlyeq F(x^*)$. 注意到

$$x^* \in S^m \subseteq S^{m-1} \subseteq \cdots \subseteq S^1,$$

所以,

$$f_i(x^*) \leqslant f_i^* = \min_{x \in S^{i-1}} f_i(x), \quad \forall i \in \{1, \cdots, m\}.$$

再由 $F(y) \preccurlyeq F(x^*)$, 则至少存在 $k \in \{1, \cdots, m\}$ 使得 $f_k(y) < f_k(x^*)$. 因而,

$$f_k(y) < f_k(x^*) \leqslant f_k^* = \min_{x \in S^{k-1}} f_k(x).$$

结合 $F(y) \preccurlyeq F(x^*)$ 以及 S^i $(i \in \{1, \cdots, m\})$ 的定义, 不难验证: $y \in S^k$, 这说明 x^* 不是单目标最优化问题 $\min\limits_{x \in S^{k-1}} f_k(x)$ 的最优解, 即 $x^* \notin S^k$, 这与 $x^* \in S^m \subseteq S^k$ 相矛盾. 定理得证. □

注 由上述定理 5.3.5 可知, 若其中某个最优解集 S^i $(i = 1, \cdots, m)$ 是一个单点集, 即对应的单目标最优化问题

$$\min_{x \in S^{i-1}} f_i(x)$$

只有唯一的最优解, 则后面所有单目标最优化问题都具有唯一的最优解, 即

$$S^i = S^{i+1} = \cdots = S^m.$$

出现这种情况, 实际上, 计算过程可以被终止. 另外一种情况, 即其中的某个最优解集 $S^i = \varnothing$, 也可以被终止. 为了扩大搜索多目标规划问题 (5.2.1) 最优解的范围, 常将分层排序法修改如下:

选取一组适当的正数 $\varepsilon_1, \varepsilon_2, \cdots, \varepsilon_{m-1}$ (称为宽容值), 若求出单目标最优化问题

$$\min_{x \in \mathscr{F}} f_1(x)$$

的最优值 f_1^*, 则对于 $i \in \{2, 3, \cdots, m\}$, 令集合

$$S^{i-1}(\varepsilon) = \left\{x \in \mathscr{F} \mid f_j(x) \leqslant f_j^* + \varepsilon_j,\ \forall j \in \{1, \cdots, i-1\}\right\},$$

并求解相应的单目标最优化问题

$$\min_{x \in S^{i-1}(\varepsilon)} f_i(x),$$

得其最优值为 f_i^*. 于是, 可得集合

$$S^m(\varepsilon) = \{x \in \mathscr{F} \mid f_i(x) \leqslant f_i^* + \varepsilon_i,\ \forall i \in \{1, \cdots, m\}\},$$

称为原多目标规划问题 (5.2.1) 在宽容意义下的最优解集.

此外, 可以证明: 多目标规划问题 (5.2.1) 在宽容意义下的最优解必是弱有效解.

2. 分组排序法

分组排序法的基本思想是: 根据具体的某种规则, 首先将多目标规划问题 (5.2.1) 的各个分量目标函数 f_i $(i \in \{1, \cdots, m\})$ 分成若干组, 使得处于同一组的目标函数的重要程度相差不多. 这样每组的目标函数都可以重新组成一个新的小规模的多目标规划问题; 我们可以采用 5.3.1 节和 5.3.2 节所介绍的方法求解小规模的多目标规划问题的最优解; 然后, 依次在前一组目标函数对应小规模多目标规划问题的最优解集中, 寻找后一组目标函数所对应小规模多目标规划问题的最优解集, 并把最后一组目标函数所对应多目标规划问题的最优解作为原多目标规划问题 (5.2.1) 某种意义下的最优解.

注　实际上, 分组排序法是分层排序法的一种推广形式. 分层排序法是指在每一个分层中只有且仅有一个分量目标函数, 再求解相应的单目标最优化问题; 而分组排序法是在每一层中可以含有多个分量目标函数, 再求解相应小规模的多目标规划问题.

习　题　5

5.1　试求解下列单变量双目标无约束最优化问题的绝对最优解集 Z^*、有效解集 P 以及弱有效解集 P_w:

(1) $V-\min \quad F(x)=(x+1,x-1)^{\mathrm{T}}$;

(2) $V-\min \quad F(x)=(f_1(x),f_2(x))^{\mathrm{T}}$,

其中

$$f_1(x)=\begin{cases} x^2, & |x|>1, \\ 1, & |x|\leqslant 1; \end{cases} \qquad f_2(x)=\begin{cases} |x-1|, & |x-1|>1, \\ 1, & |x-1|\leqslant 1. \end{cases}$$

5.2　对于多目标最优化问题 (VMP)

$$\begin{aligned} V-\min \quad & F(x)=(f_1(x),f_2(x))^{\mathrm{T}} \\ \text{s.t.} \quad & x\geqslant 0,\ x\in\mathbb{R}, \end{aligned}$$

其中

$$f_1(x)=(x-1)^2+1, \quad f_2(x)=\begin{cases} -x+4, & x\leqslant 3, \\ 1, & 3\leqslant x\leqslant 4, \\ x-3, & x\geqslant 4. \end{cases}$$

(1) 试求 Z_1^*, Z_2^*, P 和 P_w;

(2) 用图形表示 $P_w=P\cup(\bigcup\limits_{i=1}^{2}Z_i^*)$.

5.3　对于多目标最优化问题 (VMP)

$$\begin{aligned} V-\min \quad & F(x)=(f_1(x),f_2(x))^{\mathrm{T}} \\ \text{s.t.} \quad & x\in\mathscr{F}, \end{aligned}$$

其中 $f_1(x)=\sin x$, $f_2(x)=\cos x$ 且 $\mathscr{F}=\{x\mid 0\leqslant x\leqslant 2\pi\}$.

(1) 试求 Z_1^*, Z_2^*, Z^*, P 以及 P_w;

(2) 试求像集 $F(\mathscr{F})$.

5.4　用线性加权和法求解下列多目标最优化问题 (VMP)

$$\begin{aligned} (1)\ V-\min \quad & F(x)=(-2x_1-8x_2,-6x_1-x_2)^{\mathrm{T}} \\ \text{s.t.} \quad & 3x_1+8x_2\leqslant 12, \\ & x_1+x_2\leqslant 3, \\ & 0\leqslant x_1\leqslant 1.5, x_2\geqslant 0, \end{aligned}$$

其中权系数分别取为 $w_1=\dfrac{2}{3}$ 和 $w_2=\dfrac{1}{3}$.

$$\begin{aligned} (2)\ V-\min \quad & F(x)=(-x_1-8x_2,-6x_1-x_2)^{\mathrm{T}} \\ \text{s.t.} \quad & 3x_1+8x_2\leqslant 12, \\ & x_1+x_2\leqslant 2, \\ & x_1,x_2\geqslant 0, \end{aligned}$$

其中权系数分别取为 $w_1=\dfrac{1}{2}$ 和 $w_2=\dfrac{1}{2}$.

5.5 用"极大 - 极小"法求解下列多目标最优化问题 (VMP):

(1)
$$\begin{aligned} V-\min\quad & F(x)=(x_1+x_2,x_1-x_2,3x_1+2x_2)^{\mathrm{T}} \\ \text{s.t.}\quad & x_1+x_2\leqslant 1, \\ & x_1\geqslant 0,\quad x_2\geqslant 0; \end{aligned}$$

(2)
$$\begin{aligned} V-\min\quad & F(x)=(f_1(x),f_2(x))^{\mathrm{T}} \\ \text{s.t.}\quad & x_1-x_2\leqslant 4, \\ & x_1+x_2\leqslant 8, \\ & x_1\geqslant 0,\quad x_2\geqslant 0, \end{aligned}$$

其中 $f_1(x)=x_1^2-x_2$, $f_2(x)=2x_2$, 权系数分别取为 $w_1=\dfrac{1}{3}$ 和 $w_2=\dfrac{2}{3}$.

5.6 用乘除法求解下面的多目标最优化问题 (VMP)

$$\begin{aligned} \max\quad & f_1(x)=2x_1+x_2, \\ \min\quad & f_2(x)=x_1-x_2 \\ \text{s.t.}\quad & x_1-x_2\leqslant 4, \\ & x_1+x_2\leqslant 8, \\ & x_1\geqslant 1,\ x_2\geqslant 0. \end{aligned}$$

5.7 对于下面的多目标最优化问题 (VMP)

$$\begin{aligned} V-\min\quad & F(x)=(f_1(x),f_2(x))^{\mathrm{T}} \\ \text{s.t.}\quad & x_1+x_2+x_3=6, \\ & x_1,x_2,x_3\geqslant 0, \end{aligned}$$

其中

$$f_1(x)=(x_1-1)^2+(x_2-2)^2+(x_3-3)^2,\quad f_2(x)=x_1^2+2x_2^2+3x_3^2.$$

(1) 用 α-法确定各个分量目标函数的权系数;

(2) 根据 (1) 中求得权系数的结果, 用线性加权和法求解上述多目标最优化问题 (VMP).

5.8 用分层序列法求解下面的多目标最优化问题 (VMP)

$$\begin{aligned} V-\min\quad & F(x)=(f_1(x),f_2(x))^{\mathrm{T}} \\ \text{s.t.}\quad & x_1+x_2=3, \\ & x_1+x_2+x_4=5, \\ & x_i\geqslant 0,\ \forall i\in\{1,2,3,4\}, \end{aligned}$$

假设分量目标函数 $f_1(x)=-2x_1-x_2$ 比 $f_2(x)=-x_1$ 重要.

5.9 某工厂生产 A,B 两种产品, 两种产品均需要经过两道相同工序, 其中第 1 道工序 (简称工序 1) 每日最大加工能力为 8 小时, 第 2 道工序 (简称工序 2) 每日最大加工能力为 7 小时. 每种产品的加工时间单耗、利润见表 5-2.

表 5-2

产品	单耗/(小时/台)		利润/(元/台)
	工序 1	工序 2	
A	2	1	50
B	1	3	60

该工厂的经营目标按照优先级排列顺序如下:

(1) 每日总利润不低于目标值 $f^0 = 200$ 元;

(2) 希望充分利用加工能力, 即工序 1 的加工能力目标值为 $f_1^0 = 8$ 小时, 工序 2 的加工能力目标值 $f_2^0 = 7$ 小时, 并且尽可能达到或超过其目标值;

(3) 每日至少生产 A 产品的目标值 $\bar{f} = 3$ 台.

试建立此问题的线性目标规划模型.

5.10　某厂明年可用于投资的资金总额为 a 万元, 有 n 个项目 $A_1, A_2, \cdots, A_n$ 可供选择, 假设第 i 个项目 A_i 所需要的资金为 a_i 万元, 消耗的能源为 b_i 吨煤, c_i 吨水, 能获得的收益为 q_i 万元, 若该厂的能消耗限额为 b 吨煤, c 吨水, 决策者追求的目标如下:

(1) 总收益达到 q 万元;

(2) 投资总金额不超过 a 万元;

(3) 耗水量不超过 c 吨;

(4) 耗煤不超过 b 吨.

问应如何选择投资项目, 才能尽可能依次达到上述各个目标, 试建立其数学模型. 此外, 假设第 i 个项目 A_i 需要用的劳动力为 p_i, 占地面积为 g_i 亩, 在已有上述 4 个目标的基础上, 决策者希望再增加如下目标:

(5) 安置劳动力达到 p 个人;

(6) 占地面积不超过 g 亩.

试建立修改后的投资决策问题的目标规划模型.

参 考 文 献

陈宝林. 2005. 最优化理论与算法. 北京: 清华大学出版社

陈开明. 1991. 非线性规划. 上海: 复旦大学出版社

胡毓达. 1990. 实用多目标最优化. 上海: 上海科学技术出版社

黄红选, 韩继业. 2006. 数学规划. 北京: 清华大学出版社

李董辉, 童晓娇, 万中. 2005. 数值最优化. 北京: 科学出版社

孙文瑜, 徐成贤, 朱德通. 2004. 最优化方法. 北京: 高等教育出版社

唐焕文, 秦学志. 2005. 实用最优化方法. 大连: 大连理工大学出版社

王宜举, 修乃华. 2012. 非线性最优化理论与方法. 北京: 科学出版社

谢政, 李建平, 汤泽滢. 2003. 非线性最优化. 长沙: 国防科技大学出版社

解可新, 韩健, 林友联. 2004. 最优化方法. 2 版. 天津: 天津大学出版社

熊洪允, 曾绍标, 毛云英. 2004. 应用数学基础 (上册). 天津: 天津大学出版社

薛毅. 2001. 最优化理论与方法. 北京: 北京工业大学出版社

袁亚湘, 孙文瑜. 1997. 最优化理论与方法. 北京: 科学出版社

Grippo L, Lampariello F, Lucidi S. 1986. A nonmonotone line search technique for Newton's method. SIAM Journal on Numerical Analysis, 23(4): 707–717

Hu S L, Huang Z H, Lu N. 2010. A non-monotone line search algorithm for unconstrained optimization. Journal of Scientific Computing, 42: 38–53

Huang Z H, Han J. 2003. Non-interior continuation method for the monotone semidefinite complementarity problem. Applied Mathematics and Optimization, 47: 195–211

Huang Z H. 2005. The global linear and local quadratic convergence of a non-interior continuation algorithm for the LCP. IMA Journal of Numerical Analysis, 25: 670–684

Liu D C, Nocedal J. 1989. On the limited memory BFGS method for large scale optimization. Mathematical Programming, 45: 503–528

Monterio R D C, Adler I. 1989. Interior path following primal-dual algorithms. Part I: linear programming. Mathematical Programming, 44: 27–41

Nocedal J, Wright S J. 2006. Numerical Optimization. New York: Springer

Xiu N H. 1999. One-step quadratic convergence of non-interior continuation method for NCP. Chinese Science Bulletin, 44: 1483–1488

Ye Y Y, Todd M J, Mizuno S. 1994. An $O(\sqrt{n}L)$-iteration homogeneous and self-dual linear programming algorithm. Mathematics of Operations Research, 19: 53–67

Ye Y Y. 1997. Interior Point Algorithms: Theory and Analysis. New York: John Wiley & Sons, Inc

Zhang H C, Hager W W. 2004. A nonmonotone line search technique and its application to unconstrained optimization. SIAM Journal on Optimization, 14: 1043–1056